高等职业院校精品教材系列

省级精品课
配套教材

电子产品维修技术
（第2版）

李雄杰　编著

U0240074

电子工业出版社·

Publishing House of Electronics Industry

北京·BEIJING

内 容 简 介

本书第 1 版出版后得到广大院校师生的认可与选用，先后已重印 9 次，在充分听取职教专家和一线教师的意见后进行修订编写，采用最新的职业教育教学改革成果，应用"项目导向、任务驱动、学做合一"的方法开展教学。本书主要内容包括：维修基本功训练、元器件级故障检测、电路级故障检修、产品级（电视机、智能手机、笔记本电脑）维修技术。全书内容由浅入深，由简单到复杂，由基本功训练到具体产品故障检修，符合学生学习的基本规律。本书以项目为导向设计若干个工作任务，通过任务实施，将知识学习与技能训练有机地进行结合，有利于学生掌握知识和顺利就业。本书项目配有"职业导航"、"学习导航"、"知识梳理与总结"和"思考与练习"，便于学生高效率开展学习。

本书为高等职业本专科院校电子信息类、计算机类等专业作为电子产品维修技术课程的教材，也可作为开放大学、成人教育、自学考试、中职学校、培训班的教材，以及电子产品维修人员的一本参考工具书。

本教材配有电子教学课件、习题参考答案与**精品课**网站，详见前言。

图书在版编目（CIP）数据

电子产品维修技术 / 李雄杰编著. —2 版. —北京：电子工业出版社，2016.8（2025.1重印）
全国高等院校规划教材. 精品与示范系列
ISBN 978-7-121-29348-1

Ⅰ. ①电… Ⅱ. ①李… Ⅲ. ①电子产品—维修—高等学校—教材 Ⅳ. ①TN07

中国版本图书馆 CIP 数据核字（2016）第 157849 号

策划编辑：陈健德（E-mail:chenjd@phei.com.cn）
责任编辑：陈健德
印　　刷：北京天宇星印刷厂
装　　订：北京天宇星印刷厂
出版发行：电子工业出版社
　　　　　北京市海淀区万寿路 173 信箱　邮编　100036
开　　本：787×1 092　1/16　印张：15　字数：397 千字　插页：1
版　　次：2009 年 5 月第 1 版
　　　　　2016 年 8 月第 2 版
印　　次：2025 年 1 月第 19 次印刷
定　　价：45.00 元

第 2 版前言

随着职业教育教学改革的不断深入，专业课程内容要与行业技术的发展与需求紧密融合，并结合实际教学环境要逐步进行调整与创新，尤其对电子类专业的学生来说，其就业与发展能力应满足电子行业各类型企业的岗位技能需求。

所有电子产品的生产过程离不开在线维修，电子产品出厂后必须有售后维修服务。因此，高等职业院校的电子类专业应开设"电子产品维修技术"岗位课程。同时，电子类专业学生的课程设计、毕业设计及国家和省级教育等部门组织举办的各类电子设计竞赛等，通常都是设计制作一件电子产品，在设计与制作过程中需要排除电路中的故障。因此，学习电子产品维修技能是很重要的。

本教材以常用电子元器件、典型电子电路及电子产品为载体，注重介绍电子产品维修技术的基本技能，以便为从事电子产品测试、调试、维修工作打下一个比较扎实的基础。

任何一个电子产品均由若干个电路组成，任何一个电路均由若干个元器件组成。因此，本教材将电子产品维修技术分为三个层次，即元器件级故障检测、电路级故障检修、产品级（电视机、智能手机、笔记本电脑）维修技术，做到由浅入深，由简单到复杂，由基本功训练到具体产品故障检修，符合学生学习的基本规律，符合学生从新手到专家的成长与培养过程。

本书第 1 版出版后得到广大院校师生的认可与选用，先后已重印 9 次，在充分听取职教专家和一线教师的意见后进行修订编写，采用最新的职业教育教学改革成果，应用"项目导向、任务驱动、学做合一"的方法开展教学。首先，以项目为导向设计若干个工作任务，一个任务就是一个知识点，主题鲜明，重点突出。然后按照完成工作任务过程中所需的知识结构和能力要求精选教材内容，包括学习目标、活动设计、相关知识等。学生在完成具体工作任务的过程中，既训练了职业能力（故障排除能力、电路测试调试能力、仪器仪表使用能力、元器件识别及检测能力、整机电路图阅读能力），又掌握相应的理论知识。本书项目配有"职业导航"、"学习导航"、"知识梳理与总结"和"思考与练习"，便于读者高效率地学习操作技能和对所学知识进行归纳总结。

本书为高等职业本专科院校电子信息类、计算机类等专业作为电子产品维修技术课程的教材，也可作为开放大学、成人教育、自学考试、中职学校、培训班的教材，以及电子产品维修人员的一本参考工具书。

本教材在编写过程中，力求内容的正确性、实用性与先进性，学习的灵活性，结构的合理性及文字的可读性。学生完成本课程学习后可参加家用**电子产品维修工**职业资格评定。本教材参考课时如下表所示，各院校可根据不同专业的教学需要和实验实训环境对内容和课时进行适当调整。

序　号	项目名称	参考课时
项目 1	维修基本功训练	8
项目 2	元器件级故障检测技术	16
项目 3	电路级故障检修技术	28
项目 4	电视机维修技术	20
项目 5	智能手机维修技术	12
项目 6	笔记本电脑维修技术	12

本教材是李雄杰教授 30 多年来在电子产品维修领域不断耕耘的结晶，宁波飞利浦、索尼、松下、TCL 等公司的电子产品维修中心提供了编写指导意见及许多宝贵资料和维修案例，其中还得到了韩包海、叶建波、张波、洪列平、郑琼等同志的帮助，并参考了大量的相关资料和文献，在此表示衷心的感谢。

由于编者水平有限，时间仓促，书中错误和缺点难免，敬请广大读者批评指正。

为方便教师教学，本书配有电子教学课件、习题参考答案，请有需要的教师登录华信教育资源网（www.hxedu.com.cn）免费注册后再进行下载，如有问题时，请在网站留言或与电子工业出版社联系（E-mail:hxedu@phei.com.cn）。读者也可通过该精品课网站（http://61.153.19.88/dzcpgzjx/）浏览和参考更多的教学资源。

编　者

电子类专业的毕业生主要面向中小型电子产品生产企业，在广泛的企业调研基础上，通过对电子产品的生产过程作基本序列分析、职业岗位分析、职业能力分析，可建立基于"电子产品生产过程"的应用电子技术专业职业课程体系。

基于电子产品生产过程、职业岗位、职业能力、职业课程分析的职业导航如下图所示。

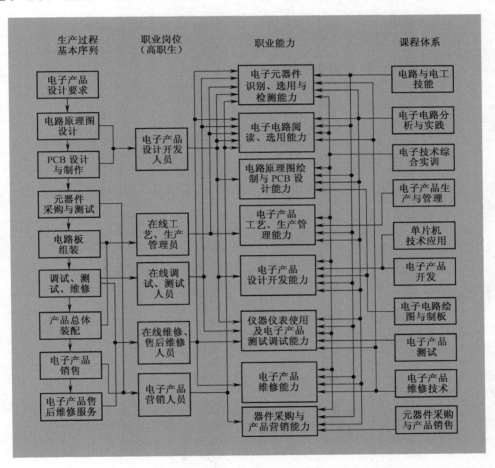

由职业导航可知，"电子产品维修技术"课程在基于"电子产品生产过程"的专业课程体系中占据十分重要的地位，它不但是电子产品维修职业岗位课程，而且可以培养学生的电路检测与调试能力、仪器仪表使用能力、电子元器件识别与检测能力、电子产品整机电路的阅读能力。

本课程的前期课程是：电路与电工技能、电子电路分析与实践（模电、数电）、基础英语、计算机基础等。

目　录

项目 1
维修基本功训练

电子技术的发展日新月异，电子产品种类繁多，新产品层出不穷。电子产品维修工作技术性很强，维修人员不仅需要知识、技能及经验，还需要有扎实的维修基本功。

本项目共有三个任务：任务 1-1 是电子产品使用环境及维护，任务 1-2 是维修常用工具使用，任务 1-3 是维修方法、程序及注意事项。在这三个工作任务的驱动下，学生将进行维修基本功训练。

学习 目标	最终目标	掌握电子产品维修基本功	
	促成目标	1．能做好电子产品日常维护工作；	2．能正确使用常用维修工具；
		3．能在印制板上拆装电子元器件；	4．能正确地选用维修方法；
		5．能做到少犯维修过程中的错误	
教师 引导	知识引导	维修概念；环境影响；维护常识；工具使用；焊接技术；维修方法；维修注意事项	
	技能引导	应加强对学生的电铬铁使用训练，尤其是对多脚元器件拆卸的训练。另外就是万用表、示波器的正确使用训练	
	重点把握	工具使用；元器件拆卸	
	建议学时	8 学时	

任务 1-1 电子产品使用环境及维护

我们将电子产品丧失规定功能的现象称为故障。任何电子产品都是在一定的环境中工作，环境不良将加速或造成电子产品发生故障。因此，熟悉环境对电子产品的影响，认真做好电子产品的日常维护工作，对于延长电子产品寿命，减少电子产品故障，确保电子产品正常工作具有十分重要的作用。

学习目标

最终目标：能做好电子产品日常维护工作。

促成目标：（1）了解电子产品故障概念；

（2）熟悉电子产品故障分类；

（3）熟悉电子产品故障规律；

（4）了解环境对电子产品性能的影响；

（5）能做好电子产品日常维护工作。

活动设计

通过上网资料查找，设计一份 LCD 电视机（或智能手机、笔记本电脑、数码相机等）电子产品的日常维护方案。

相关知识

相关知识部分将在介绍电子产品故障分类、电子产品故障规律的基础上重点介绍电子产品使用环境（温度、气压、盐雾、霉菌、湿度、振动、电磁场等）及日常维护常识。

电子产品是由具有特定功能的电子电路组合成的，而电子电路又由若干个电子元器件组成，其中每个元器件都有自己特定的作用。如果某个元器件损坏，电路及产品的功能必将发生变化。

1.1.1 电子产品故障分类

电子产品的故障类型很多，若按故障现象分类，如电视机中的无光栅故障、无图像故障、无伴音故障等；若按已损坏的元器件分类，有电阻器故障、电容器故障、集成电路故障等；若按已损坏的电路分类，有放大电路故障、电源故障、振荡电路故障等；若按维修级别分类，有板级故障、芯片级故障等；若按故障性质分类，有软故障与硬故障。

1. 软故障与硬故障

软故障又称为渐变故障或部分故障，指元器件参数超出容差范围而造成的故障。这时元器件功能通常并没有完全丧失，而仅仅引起功能的变化。例如，电阻阻值稍增大、电容器漏电、变压器绕组局部短路、三极管温度特性差、印制板受潮等，这都可能使电子产品发生软故障，因为它们并没有导致电路功能的完全丧失。当然，软故障有时是可以容忍的，有时则是不许可的，特别是电路关键元器件不许出现软故障。软故障检修难度大，因为元器件没有完全损坏，这种元器件不容易被检测出来。

硬故障又称为突变故障或完全故障，如电阻阻值增大甚至开路、电容器击穿短路、二极管或三极管电极间击穿短路等。这样的故障往往引起电路功能的完全丧失、直流电平的剧烈变化等现象。硬故障一般容易检修，因为元器件损坏是一种完全损坏，损坏的元器件容易被检测出来。

2．永久性故障与间歇性故障

永久性故障是指，一旦出现就长期存在的故障，在任何时刻进行检测均可检测到。永久性故障通常由元器件的永久性损坏引起。

间歇性故障是指，在某种特定条件下才出现的或随机性的、存在时间短暂的故障。由于难以把握其出现的规律与时机，这种故障不易检测。例如，元器件虚焊是一种间歇性故障，是一种不容易检修的故障，因为当你动手检修的时候，故障又消失了。

3．单故障和多故障

若某一时刻仅有一个故障，称为单故障；若同时可能发生若干个故障，则称为多故障。通常诊断多故障比诊断单故障更为困难。电子产品一般都是单故障，同时发生多个故障的概率总是很低的，因为多个元器件同时损坏的概率很低。

1.1.2　电子产品故障规律

研究电子产品故障出现的客观规律，分析电子产品发生故障的原因，可进一步提高电子产品的可靠性和可维修性。每一种产品出现故障虽然是个随机事件，是偶然发生的，但是大量产品的故障却呈现出一定的规律性。从产品的寿命特征来分析，大量使用和试验结果表明，电子产品故障率 $\lambda(t)$ 曲线的特征是两端高、中间低，呈浴盆状，习惯称之为"浴盆曲线"，如图 1-1 所示。

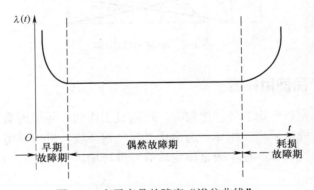

图 1-1　电子产品故障率"浴盆曲线"

从曲线上可以看出，电子产品的故障率随时间的发展变化大致可分为三个阶段。

1．早期故障期

早期故障出现在产品开始工作的初期，这一阶段称为早期故障期。在此阶段，故障率高，可靠性低，但随工作时间的增加而迅速下降。电子产品发生早期故障的原因主要是由于设计、制造工艺上的缺陷，或者是由于元件和材料的结构上的缺陷所致。

2．偶然故障期

偶然故障出现在早期故障之后，此阶段是电子设备的正常工作期，其特点是故障率比早期故障率小得多，而且稳定，故障率几乎与时间无关，近似为一常数。通常所指的产品寿命就是指这一时期。这个时期的故障是由偶然不确定因素所引起的，故障发生的时间也是随机的，故称为偶然故障期。

3．耗损故障期

耗损故障出现在产品的后期。此阶段特点刚好与早期故障期相反，故障率随工作时间增加而迅速上升。损耗故障是由于产品长期使用而产生的损耗、磨损、老化、疲劳等所引起的。它是构成电子产品元器件的材料长期化学、物理不可逆变化所造成的，是电子产品寿命的"终了"。

上述是大量电子产品的统计规律。对于实际电子产品不一定都出现上述三个阶段。"浴盆曲线"也可看成是在成批电子产品中，有些电子产品故障率曲线是递增型的，如图 1-2 中的 $\lambda_3(t)$；有些是递减型的，如图 1-2 中的 $\lambda_1(t)$；而有些是常数型的，如图 1-2 中的 $\lambda_2(t)$；宏观表现出来的是三种故障率曲线叠加而成的，如图 1-2 中的 $\lambda(t)$。

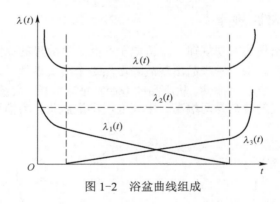

图 1-2　浴盆曲线组成

1.1.3　电子产品使用环境

任何电子产品都是在一定的环境中储存、运输及工作的，环境因素会对电子产品产生一定的影响，加速或造成电子产品损坏。通常接触到气候环境、机械环境及电磁环境，有的使用场合还存在着腐蚀性气体、粉尘或金属尘埃等特殊环境。

1．温度

温度是环境因素中影响最广泛的一个，高温与低温都不利于电子产品正常工作。

高温环境对电子产品的主要影响有：

（1）氧化等化学反应，造成绝缘结构、表面防护层迅速老化，加速被破坏。

（2）增强水汽的穿透能力和水汽的破坏能力。

（3）使有些物质软化、融化，使结构在机械应力下损坏。

（4）使润滑剂黏度减小和蒸发，丧失润滑能力。

（5）使物体发生膨胀变形，从而导致机械应力加大，运行零件磨损增大或结构损坏。

（6）对于发热量大的电子产品来说，高温环境会使机内温度上升到危险程度，使电子元器件损坏或加速老化，使用寿命大大缩短。

低温环境对电子产品的主要影响有：

（1）低温使空气的相对湿度增大，有时可能达到饱和而使机内元器件及印制板上产生"凝露"现象，使产品故障率大大增加。"凝露"现象在电子产品连续使用时几乎不会发生。而经常发生在长期闲置后，特别是在低温高湿的状况下刚刚开机的一段时间里。

（2）使润滑剂黏度增大或凝固而丧失润滑性能，甚至把转动部分胶住。

（3）低温可以使装置内的水分结冰，使某些材料变脆或严重收缩，造成结构损坏，发生开裂、折断和密封衬垫失效等现象。

2. 湿度

湿度也是环境中起重大作用的一个因素，特别是它和温度因素结合在一起时，往往会产生更大的破坏作用。高湿度使物理性能下降、绝缘电阻降低、介电常数增加、机械强度下降，以及产生腐蚀、生锈和润滑油劣化等。无论在电子产品使用状态还是运输保管状态都会引起这些问题。相反，干燥会引起干裂与脆化，使机械强度下降，结构失效及电气性能发生变化。

湿热是促使霉菌迅速繁殖的良好条件，也会助长盐雾的腐蚀作用，因此将湿热、霉菌和盐雾的防护合称"三防"，是湿热气候区产品设计和技术改造需要考虑的重要一环。

3. 气压

气压降低、空气稀薄所造成的影响主要有：散热条件差、空气绝缘强度下降、灭弧困难。气压主要随海拔的增加而按指数规律降低。空气绝缘强度与海拔的关系大体上是：海拔每升高 100 m，绝缘强度约下降 1%。气压降低，灭弧困难，主要是影响电气接点的切断能力和使用寿命。

4. 盐雾

盐雾对电子产品的影响主要表现为其沉降物溶于水（吸附在机上和机内的水分），在一定温度条件下对元器件、材料和线路的腐蚀或改变其电性能。结果使电子产品的可靠性下降，故障率上升。

盐雾是一种氯溶胶，主要发生在海上与海边，在陆上则可因盐碱被风刮起或盐水蒸发而引起。盐雾的影响主要在离海岸约 400 m，高度约 150 m 的范围内。再远，其影响就迅速减弱。在室内，盐雾的沉降量仅为室外的一半。因此，在室内、密封舱内、盐雾的影响将变小。

5. 霉菌

霉菌是指生长在营养基质上面形成绒毛状、蜘蛛网状或絮状菌丝体的真菌。霉菌种类繁多。霉菌的繁殖是指它的孢子在适宜的温湿度、pH 值及其他条件下发芽和生长。最宜霉殖的温度是 20～30 ℃。霉菌的生长还需营养成分与空气。元器件上的灰尘、人手留下的汗迹、油脂等都能为它提供营养。

霉菌的生长直接破坏了作为它的培养基的材料，如纤维素、油脂、橡胶、皮革、脂肪酯脂、某些涂料和部分塑料等，使材料性能劣化，造成表面绝缘电阻下降，漏电增加。霉菌的代谢物也会对材料产生间接的腐蚀，包括对金属的腐蚀。

6. 机械环境

机械环境主要是指产品在储存、运输及使用的过程中所承受的机械振动、冲击和其他形式的机械力。在运输过程中电子产品必然会受到机械振动的影响。当然，在运输和储存的情况下生产厂家会设计合理的包装来减小机械振动对它的影响。在安装和搬动时，要防止摔打、滚动等情况发生，以免使紧固件松脱、机械构件或元器件损坏。在运行中则要靠产品本身和安装时采用的防振措施来抵消机械振动的影响。对于电子产品，最具破坏的现象是整机或其组成部件与外界的机械振动发生共振，严重的共振可使元器件、组件和机箱结构断裂或损坏。

一般情况下，电子产品都要求安装在专门的电气控制室或其他基本没有机械振动的地方。所谓基本没有振动，通常是指当振动频率在 0.1～14 Hz 范围内时，振动幅度不超过 0.25 mm。

有些电子产品，安装在有较强振动的主机上，如柴油机、码头装卸机械或车辆、船舶等运输工具上，则应按照应用现场的振动条件，考虑必要的防振措施。

7. 电磁场

在电子产品各种使用场所的空间里充满着各种电磁场，其中有各个广播电台、无线电通信设备发射的高频电磁波，各种电气设备产生的电磁场与电磁波，雷电与宇宙射线造成的电磁波及地球磁场等。

在相对湿度较低的干燥环境中，身穿化纤衣服的工作人员在绝缘较好的地板上行走时，会因摩擦而带上电荷，从而使其对地电位达到数千伏或更高，当电压超过 6 kV 时，作为带电体的人，将通过其较突出的部位，如手指等，向周围尖端放电。在放电过程中会产生高频电磁波。当带电人员接近电子产品时，也会对产品的外壳等金属部件放电，产生电火花。

数字式、智能式电子产品，对一般高频电磁波和电磁场并不十分敏感。这是因为它们的工作电平较高。一般都超过 1 V。有些电子产品的模拟信号输入电路的电平可低到 10 μV，但它们的频率响应范围很窄，一般只有几十到几百赫兹。所以不大于数百毫伏的射频感应电动势并不足以影响电子产品的正常工作。

由于电子产品的信号频率日益提高，电子元器件的工作电平，尤其是工作电流大幅度降低，静电放电干扰对电子产品安全使用的危害越来越严重。

8. 供电电源品质

理想的供电电源应是一个频率、幅值均等于规定值且恒定不变，波形为理想正弦曲线的交流电压源。实际供电电源只能接近理想状态。

品质较好的电网频率波动范围为±0.5%，幅度波动范围为+5%～-10%；较差电网的电网频率波动可达到±1%，幅度波动为+10%～-15%。在用电紧张地区，波动幅度更大，已属于不正常运行状态。

电子产品一般都内设直流稳压电源，必要时还要加接交流稳压器，可适应很大的电源波动范围。大多数电子产品对电网频率波动不敏感。影响电子产品使用可靠性的主要因素是：尖刺形与高频阻尼振荡形的瞬态干扰电压及电源电压的瞬时跌落。

尖刺形与高频阻尼振荡形的瞬态电压对电子产品威胁最大，因为各种瞬时电压的幅值高（可达几千伏），频谱宽（可达几百兆赫兹）。其产生原因主要是：由于某一负载回路发生短路故障，使附近其他负载上的端电压突然跌落，当故障回路的断路器或熔断器因过流而自动

切断故障电路时，线路电压会立即回升，并产生尖刺形瞬时过电压；另外是雷电感应。

9．信号线路中的电气噪声干扰

电子产品一般都有较多的输入、输出信号连接线。连接线短则几米，长则几十米甚至可达数百米。在实际现场中，信号线路所用电线、电缆往往与其他电力电缆敷设在一起，它们之间会产生电或磁的耦合。因此信号线上不仅有信号在传输，而且还有各种耦合进来的不需要的电信号——电气噪声干扰。

同时，还有一个电子产品内部相互干扰问题。

1.1.4　电子产品日常维护

认真做好电子产品的日常维护工作，对于延长电子产品寿命，减少电子产品故障，确保电子产品正常工作具有十分重要的作用。电子产品日常维护的措施大致可归纳为防热、防潮、防尘、防腐蚀、防磁等多个方面。

1．防热

因为绝缘材料的抗电强度会随温度的升高而下降，且电路中元器件的电参数受温度的影响也很大，所以对于电子产品的"温升"有一定限制，通常规定不超过 40 ℃；电子产品的最高工作温度也不应超过 65 ℃。用手背触及电子产品中的发热部位，以不烫手为限。电子产品在摆放时，应与墙壁保持一定的距离，确保通风散热性能良好。

2．防潮

电子产品内部的变压器及其他线绕元器件的绝缘程度会因受潮而下降，从而发生漏电、击穿、霉烂和断线等问题，使电子产品出现故障。因此，对电子产品必须采取有效的防潮与驱潮措施。对于长期闲置不用的电子产品，应按说明书要求或在每年雨季后定期通电驱潮。

温度的剧变也会吸附潮气。在我国北方地区，冬季室内外温差可达 40～50 ℃。当电子产品从室外移至室内时，电子产品表面附有潮气，应及时检查擦净。

3．防尘

由于灰尘有吸湿性，故当电子产品内积有灰尘时，会使电子产品绝缘性能变坏，或使活动部件和接触部件磨损加剧，或导致电击穿，以致电子产品不能正常工作。因此，要保证电子产品处于良好的工作状态，首先应保持其外表清洁。

平时要用毛刷、干布或沾有绝缘油的抹布、纱团，将电子产品的外表擦刷干净。禁止使用沾水的湿布抹擦。如设备外壳沾附松香或焊油，应使用沾有酒精或四氯化碳的棉花擦除。

对电子产品内部的积尘，通常利用检修的机会，使用橡胶气囊或长毛刷吹刷干净。吹刷过程中应避免触动石英钟体、振动子等插接式器件。若要拆卸，应事先做好记号，以免复位时插错位置。

4．防腐蚀

电子产品应避免靠近酸性或碱性物体。对装有干电池的遥控器、收录机等电子产品，应定期检查，以免发生漏液或腐烂。如遥控器、收录机等较长时间不用时，应取出电池另行存放。

5. 防磁

有些电子产品应避免靠近磁性物体。如彩色电视机的防磁十分重要，若电视机靠近磁性物体，则显像管中的电子束受外磁场影响，将偏离正确的扫描轨迹，导致色纯度不良。

任务 1-2　维修常用工具使用

电子产品维修常用工具有：万用表、示波器、信号发生器、电铬铁、螺丝刀、镊子钳等。本任务将介绍这些常用工具的正确使用方法与技巧，并要求学生掌握好这项基本功。

学习目标

最终目标：能使用电子产品维修常用工具。

促成目标：（1）能正确使用万用表。

（2）能正确使用示波器。

（3）能正确使用信号发生器。

（4）能正确使用电烙铁及各种拆装工具。

（5）能将多脚电子元器件从印制电路板中拆下来。

活动设计

（1）万用表、示波器、信号发生器使用练习。

（2）电子元器件的拆卸往往比焊上去更难。可采购一些废旧电视机电路板，让学生练习电子元器件的拆卸，尤其要练习多脚电子元器件（如变压器、集成电路）的拆卸。

（3）在印制电路板上进行贴片元件的焊接练习。

相关知识

由于万用表、示波器、信号发生器的常规使用已在前面课程中介绍，因而相关知识部分将重点介绍这些工具的使用注意事项。另外，重点介绍多脚电子元器件的拆卸技巧及贴片元件焊接技巧。

1.2.1　万用表

万用表是最常用的维修工具，有指针式（模拟式）万用表和数字式万用表两大类，如图 1-3 所示。电路中的电阻、电压、电流等都是采用万用表来测量，万用表的使用技巧很多，本任务仅介绍万用表使用中的一些注意事项。

1. 测量电阻时的注意事项

（1）首先应调零，将两表棒短路，调节"调零"控制器，直到指针指示零欧姆。

（2）注意选择使指针偏向刻度中心右方的电阻量程。由于电阻刻度是对数刻度，因此，高阻端数值很密集，从而降低了这些区域上精确度。

（3）绝不能用手接触或握住电阻来进行电阻测量，因为皮肤的电阻可能影响读数。

（4）不能在通电的电路中测量电阻。

（5）对于电路板上电阻的测量，要确信没有别的元件与被测量的电阻器相并联。与电阻

器相并联的变压器、晶体管、线圈及其他的电阻器可能影响电阻值的测量。当有疑问时，要断开被测电阻器的一个端头。

（a）指针式万用表　　　　　　　（b）数字式万用表

图 1-3　万用表外形图

2．测量直流电压时的注意事项

（1）在测量之前，首先选择直流电压挡，并选择合适的电压量程，在不明确被测电压大小的情况下，电压量程尽量选择得大一些。

（2）万用表表棒连接必须正确，即红表棒接在高电位端、黑表棒接在低电位端。

（3）要注意万用表可能对待测电路的加载，亦即万用表自身的电阻与待测量元件并联时，减小总的组合电阻，从而降低了元件两端的电压。

3．测量交流电压时的注意事项

（1）万用表灵敏度在交流测量时比直流测量时要小，因此负载效应可能更严重。

（2）要确信被测交流电压的频率是处在仪器制造厂的规定范围内。某些万用表的最高允许频率可能低到 60 Hz。

（3）万用表只对平均值有响应，因此，若交流电压具有直流分量，则读数将出错，因为它不能单独表示交流分量的有效值或峰值。为了隔离直流电平，可以将一外部电容器与万用表相串联。

4．测量直流电流时的注意事项

（1）在测量之前，首先选择直流电流挡，并选择合适的电流量程，在不明确被测电流大小的情况下，电流量程尽量选择得大一些。

（2）万用表表棒连接必须正确，即红表棒接在高电位端、黑表棒接在低电位端。

（3）注意万用表可能对进行电流测量的电路加载，亦即当万用表内阻与待测电路串联时，流过电路的总电流可能要减小。通常，选择大的电流量程时，万用表内阻很小，但在微安量程上则可能大到 1 kΩ左右。

1.2.2　示波器

示波器是电子产品故障检修中最有用的仪器，利用示波器能观察各种不同信号幅度随时间变化的波形曲线，还可以用它测试各种不同的信号参数，如电压、电流、频率、相位差、幅度等。示波器通常由示波管和电源系统、同步系统、X 轴偏转系统、Y 轴偏转系统、延迟扫描系统、标准信号源等组成。下面以 DF4320 型示波器为例，介绍示波器使用注意事项。

DF4320 型双踪示波器如图 1-4 所示。它具有两个独立的 Y 通道，可同时测量两个信号。同步系统具有 TV 同步，能很方便观察测量电视信号。同步电路具有"锁定电路"，能自动同步各种波形，无须再调电平，从而简化操作。仪器内附有 1 kHz、0.5 Vp-p 的探极调整信号，可供仪器内部校准。

图 1-4　DF4320 双踪示波器

1. 示波器使用前的调整与自校

示波器使用前的调整与自校方法如下：

（1）接通电源，电源指示灯亮，稍等预热，屏幕中出现光迹，分别调整亮度和聚焦旋钮，使光迹的亮度适中、清晰。

（2）V/div 置 0.1 V/div，t/div 置 0.5 ms/div。

（3）用示波器附件中的探极，分别接到 CH1 输入端和校准信号输出端。

（4）调整电平旋钮使波形稳定，分别调节垂直移位和水平移位旋钮，使波形与图 1-5 吻合。

（5）将探极移到 CH2 输入端，重复 4）操作。

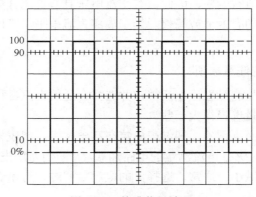

图 1-5　校准信号波形

2. 电压波形测量注意事项

（1）选择正确的输入耦合方式。DC 为直流耦合，适用于包括直流成分的被测信号，AC 为交流耦合，输入信号中的直流被隔断。

（2）如果要测量波形的幅度，则应将 Y 微调按顺时针旋转并接通开关，即"校准"位置。

（3）根据被测信号波形幅度选择合适 V/div 量程，V/div 选得太小，只能观察波形垂直方向的局部；V/div 选得太大，波形垂直方向被压缩。例如，被测信号幅度为 0.5 Vp-p，V/div 应选为 0.1 V/div；被测信号幅度为 100 Vp-p，V/div 应选为 20 V/div；被测信号幅度为 1 000 Vp-p，除 V/div 选为 20 V/div 以外，探极上的衰减比开关应拨在 10:1 位置。

（4）根据被测信号波形周期选择合适的 t/div 量程。t/div 选得太大，波形水平方向压缩；t/div 选得太小，波形水平方向拉长。例如，被测波形周期为 20 ms，t/div 应选为 5 ms/div 较合适；如被测波形周期为 64 μs，t/div 应选为 20 μs/div 较合适。

（5）如果测试时无波形，可能是垂直移位或水平移位旋钮没有调整好。如果示波管出现一条垂直线，则只要调节触发"电平"按钮，可使波形稳定出现在示波管中。

（6）波形的幅度计算。被测电压峰–峰值计算公式为：

$$峰–峰值 \ Vp\text{-}p = n \times A \times B$$

式中，n 为探极衰减比，B 为 Y 轴 V/div 开关所处量程，A 为波形的峰–峰值，如图 1-6 所示。例如，探极衰减比 n 为 1，Y 轴灵敏度 B 为 0.2 V/div，波形的峰–峰值 A 为 2 div，则被测信号的峰–峰值为：Vpp=1×2 div×0.2 V/div=0.4 V。

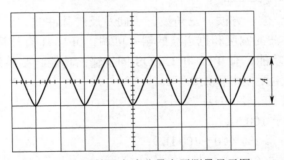

图 1-6 示波器交流分量电压测量显示图

（7）波形的周期（频率）计算。波形周期 T 的计算公式为：

$$周期 \ T = a \times b$$

式中，b 是 t/div 开关所处量程，a 是被测波形上 P、Q 两点的距离，如图 1-7 所示。例如，扫描时间 t/div 置于 2 ms/div，被测两点 P、Q 之间的距离为 5 div，则 P、Q 两点时间间隔就是波形的周期 T，$T=5$ div×2 ms/div=10 ms。

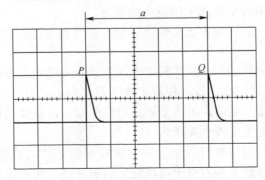

图 1-7 示波器周期测量显示图

1.2.3　函数信号发生器

在电子产品维修过程中，有时需要向电路注入相应信号，然后通过观察注入信号后的反映来检测故障。函数信号发生器是一种多波形信号源，如图1-8所示，它能产生正弦波、三角波、锯齿波、矩形波以及各种脉冲信号，输出电压的大小和频率都能方便地进行调节。由于其输出波形均可以用数学函数描述，因而称为函数信号发生器。

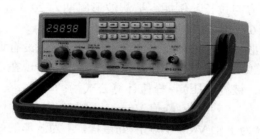

图 1-8　函数信号发生器

1. DF1641 函数信号发生器

DF1641 能产生正弦波、方波、三角波、正向及反向脉冲波、正向及反向锯齿波、TTL和 CMOS 脉冲波。脉冲波的宽度和锯齿波的斜率可调。DF1641 有外接电压控制频率（VCF）输入功能、有直流偏置功能、有 TTL 和 CMOS 同步输出功能。A 系列频率计可作内部频率显示，也可外测频率。主要技术参数如下。

（1）频率范围：0.1 Hz～2 MHz；

（2）方波边沿：小于 100 ns；

（3）正弦波的失真：≥1%（10～100 Hz）；

（4）VCF 范围：1:1 000；

（5）直流偏置范围：0～±10 V 连续可调；

（6）输出幅度：大于 20 Vp-p；

（7）输出阻抗：50 Ω；

（8）频率计测频范围：10 Hz～10 MHz。

2. 函数信号发生器的使用注意事项

（1）将信号输出插座与示波器 Y 轴输入端相连。

（2）开启电源开关，LED 屏幕上有数字显示，示波器上可观察到信号的波形，此时说明函数发生器工作正常。

（3）按照所需要的信号频率，按下频率范围选择开关适当的按键，然后调节频率微调旋钮，通过 LED 屏上显示的频率观察，使频率符合要求为止。

（4）调节输出幅度调节旋钮，可改变输出电压的幅度，首先选择适当的误差倍数按键，再通过调整微调旋钮，使幅度符合要求为止。

（5）若需调整信号的对称性或占空比，则应按下占空比/对称度选择开关，调节占空比/对称度调节旋钮，可使方波变为占空比可以变化的脉冲波，或者使三角波变为斜波，而对正弦波无效。

（6）在使用中，输出端的两根引线不可任意放置，以防止短路而造成仪器损坏。

（7）使用结束时，应将输出衰减置于最大挡，输出细调置于零位，以备下次使用。

1.2.4 电烙铁与焊接方法

电子元器件焊接技术是维修过程中必须要掌握好的一项基本功。在维修过程中，当查出故障元器件后，须将有故障元器件从印制电路板中拆下来，然后将新的元器件装上去，这都离不开电烙铁焊接拆装技术。焊接技术不过硬，在拆装过程中会损坏印制电路板，甚至可能导致印制板电路报废，造成重大损失。

1. 电铬铁

电烙铁是必不可少的工具，一般有外热式电烙铁、内热式电烙铁、吸锡电烙铁，如图1-9所示。

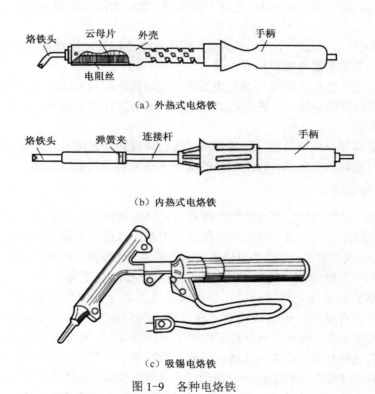

（a）外热式电烙铁

（b）内热式电烙铁

（c）吸锡电烙铁

图 1-9 各种电烙铁

外热式电烙铁是将发热元件包在烙铁芯外面来加热，外热式电烙铁功率大，工艺复杂、效率低、价格高。60 W 左右外热式电烙铁，可焊接一些引脚较粗的元器件，如电池夹、电视机中的行输出变压器、插座引脚等。

内热式电烙铁的发热元件装在烙铁头里面，芯子是采用极细的镍铬电阻丝绕在瓷管上制成的，在外面套上耐高温绝缘管。烙铁头的一端是空心的，它套在芯子外面，用弹簧夹紧固。内热式电烙铁结构简单，热效率高，轻巧灵活。20 W 内热式电烙铁主要用来焊接晶体管、集成电路、电阻器和电容器等元器件。

吸锡电烙铁能够方便地吸附印制板焊点上的焊锡，使焊接件与印制板脱离，从而可以方便地拆下某些已损坏的电子元器件。吸锡电烙铁主要用于拆卸集成电路等多引脚元器件。也可采用热气流枪（熔锡）拆卸多引脚集成电路。

电烙铁使用中的注意事项有：

（1）新电烙铁要进行安全检查，具体方法是，用万用表的 R×10 k 挡，分别测量插头两根引线与电烙铁头（外壳）之间的绝缘电阻，应该均为开路，若测量有电阻，说明这个电烙铁存在漏电故障。

（2）新电烙铁要先烫锡，具体方法是，用锉刀将烙铁头锉一下，使之露出铜芯，然后通电，待电烙铁刚有些热时，将烙铁头接触松香，使之粘些松香，待电烙铁全热后，给烙铁头吃些焊锡，这样电烙铁头上就烫了焊锡。

（3）通电后的电烙铁，在较长时间不用时，应拔下电源引线，不要让其长时间加热，否则会烧死电烙铁。烙铁烧死后，烙铁头就不能焊锡，此时要用锉刀锉去烙铁头表面的氧化物，再烫上焊锡。

（4）在维修中，要养成一个良好的习惯，即电烙铁要放置在修理桌上的某一固定位置上，不能随便乱放，千万不要与塑料机壳相碰。

（5）买来的电烙铁电源引线一般是橡胶线，当烙铁头碰到引线时就会烫坏皮线，为了安全起见，应换成防烫的导线。在更换电源线之后，还要进行安全检查，主要是引线头不能碰在电烙铁的外壳上。

（6）对于晶体管和集成电路，如果焊接温度较高或焊接时间较长，都可能造成元器件损坏。另外，印制板铜箔在高温长时间加热的情况下也很容易与基板脱离。

2. 焊接材料

（1）焊锡丝：最好使用低熔点的细的焊锡丝，细焊锡丝管内的助焊剂量正好与焊锡用去量一致，而粗焊锡丝焊锡的量较多。在焊接过程中若焊点成为豆腐渣状，这很可能是焊锡质量不好，或是高熔点的焊锡丝，或是电烙铁的温度不够，这种焊点的质量是不过关的。

（2）助焊剂：用助焊剂来辅助焊接，可以提高焊接的质量和速度。在焊锡丝的管芯中有助焊剂，当烙铁头去熔化焊锡丝时，焊锡丝芯内的助焊剂便与熔化的焊锡融合在一起。专门的助焊剂主要有成品助焊剂和松香。成品助焊剂是酸性的，对线路板有一定的腐蚀作用，所以用量不要太多，焊完焊点后最好擦去多余的助焊剂；松香是平时常用的助焊剂，松香对线路板没有腐蚀作用，但使用松香后的焊点有斑点，不美观，此时可以用酒精棉球擦净。

（3）清洗液：维修中用的清洗液有纯酒精、专用高级清洗液及专用清洗液。一定要使用纯酒精清洗液，纯酒精不含水分，所以它是绝缘的，不会引起电路短路，也不会使铁质材料生锈，它挥发快，成本低。

3. 普通元器件的焊接方法

普通的电阻、电容、电感、晶体管引脚比较粗大，焊装方法如图 1-10 所示。先将元器件引脚弯曲，尺寸与安装孔距相等，如图 1-10（a）所示；将元器件引脚插入电路板孔中，如图 1-10（b）所示；插入后，将引脚向两侧变曲，如图 1-10（c）所示；用电烙铁将引脚焊牢，如图 1-10（d）所示；焊接时要使焊锡充分熔化，如图 1-10（e）所示；焊接后电烙铁离开焊点时，应使焊点成圆形，如图 1-10（f）所示；最后剪去多余引脚。

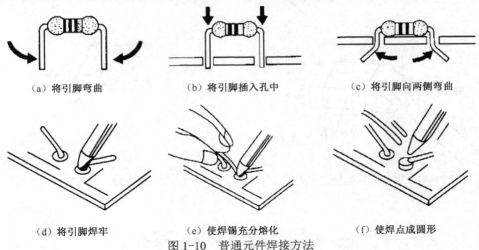

（a）将引脚弯曲　　　　　（b）将引脚插入孔中　　　　（c）将引脚向两侧弯曲

（d）将引脚焊牢　　　　　（e）使焊锡充分熔化　　　　（f）使焊点成圆形

图 1-10　普通元件焊接方法

4．多脚元器件的拆装方法

在现代电子产品中，多脚元器件日益增多，特别是各种集成电路和转换开关，往往有几十个焊脚。在维修过程中，要拆焊这些零件比较困难，这里介绍几种常用的拆焊方法。

（1）用锡焊电烙铁拆装多脚元器件。锡焊电烙铁是拆焊的专用工具，其烙铁头中间为一个细管，当烙铁烫熔了接点上的焊锡之后，按烙铁上的按键，弹簧活塞弹出，细管即把焊锡吸掉，焊脚脱离印制板。如此一个一个引脚的拨离，直到全部引脚均脱离印制板后，即可取下多脚元件。

（2）用注射器针头拆装多脚元件。当电烙铁熔化引脚上的焊锡后，迅速将注射器针头套入元件引脚中并转动，使元件引脚与印制板焊孔隔离。注射器针头应磨平，粗细适当，针孔能套入元件引脚，针头能穿入到印制板焊孔中。

（3）用金属网带拆装多脚元器件。这是一种毛细管吸锡的方法，就是将易吃锡的金属网带置于待拆焊的接点上，将电烙铁放在金属网带上面，当焊锡熔化时即被金属网带吸收，元件脚自然脱开印制电路板。

5．贴片元件的焊接方法

随着电子技术的发展，电路朝微型化的方向发展，目前大量采用的是贴片元件。这种元件体积小，质量轻，检测和更换都有一定难度。下面介绍其检查和更换的方法。

（1）检查断裂和损坏的贴片元件。贴片元件断裂损坏等情况是不易发现的，检查方法如图 1-11 所示。将电烙铁焊开一个贴片元件的焊点（2～3 s），如果是断裂的元件，它的一端就会脱落下来。注意在印制板上的停留时间不要过长，否则会烫坏印制板或元件。

（2）取下贴片电阻、电容。取下贴片电阻、电容的方法如图 1-12 所示。首先将元件的一端焊开，然后用镊子夹往元件再焊开另外一端，同时用镊子在水平方向扭转取下元件。

（3）取下三极管。取下三极管的方法如图 1-13 所示。首先焊开一个焊点（用镊子夹住另一端），如图 1-13（a）所示；然后将一端焊脚撬起，如图 1-13（b）所示，注意如果一端抬起过高容易损坏印制板；三极管另一端焊点有两个，要同时焊开两个焊点，元件才能取下，如图 1-13（c）所示。

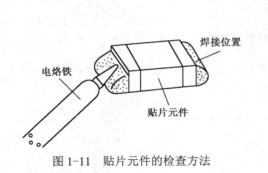

图 1-11　贴片元件的检查方法

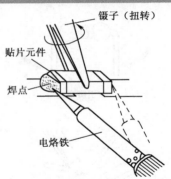

图 1-12　取下贴片元件的方法

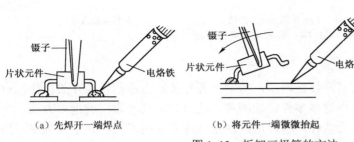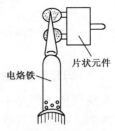

（a）先焊开一端焊点　　　（b）将元件一端微微抬起　　　（c）同时焊开两个焊点

图 1-13　拆卸三极管的方法

（4）重新安装新元件。首先将损坏的元件焊掉，清洁板面和焊点。再将一端焊点烫上一点锡，用镊子夹住元件，分别将两端焊点焊好，如图 1-14 所示。

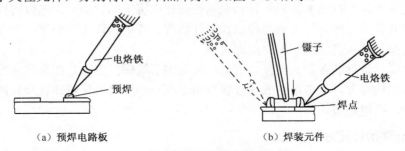

（a）预焊电路板　　　　　　　　　　（b）焊装元件

图 1-14　重新安装新元件的方法

（5）取下贴片集成电路。集成电路的引线脚比较多，取下来很不容易，一不小心就会把印制板上的铜皮弄掉，或者折断引线脚。有条件的话，可以使用专门的集成电路焊取设备，如图 1-15 所示。它有很多加热点，可以同时加热集成电路的各引线脚，使焊锡同时熔化，从而取下贴片集成电路。

如无上述条件，可按如图 1-16 所示的方法，用吸锡绳（也可用电缆屏蔽层代替）将所有引线脚上的焊锡全部吸掉。

再按如图 1-17 所示的方法，将各引线脚一个个地撬起，就可以取下集成电路了。

也可以采用如图 1-18 所示的方法，将一根金属线穿过引线脚空隙。焊开焊点可以用热气流枪，也可以用电烙铁，一边熔化焊点一边拉过金属丝，当金属丝从引脚下通过时就把一排引脚线焊开了。

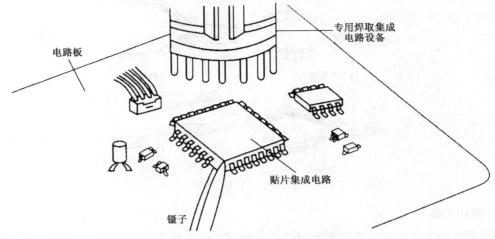

图 1-15　使用专门集成电路焊取设备

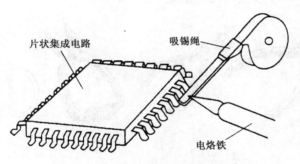

图 1-16　用吸锡绳将焊锡吸掉

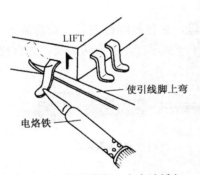

图 1-17　将引线脚一个个地撬起

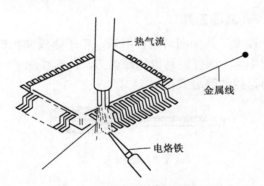

图 1-18　使用金属丝焊取集成电路

1.2.5　其他工具

1. 钳口工具

在元器件拆装过程中，需要用工具夹持元器件的引脚或导线等，或将元器件的引脚弯绕成某一形状，这就需要用到钳口工具。钳口工具有尖嘴钳、平嘴钳、圆嘴钳及镊子钳等，如图 1-19 所示。

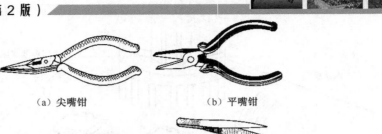

（a）尖嘴钳 （b）平嘴钳

（c）圆嘴钳 （d）镊子钳

图 1-19 钳口工具

2. 剪切工具

在元器件装配过程中，需要采用剪切工具剪切导线，需要将元器件过长的引脚剪除。剪切工具有偏口钳、剪刀等，如图 1-20 所示。

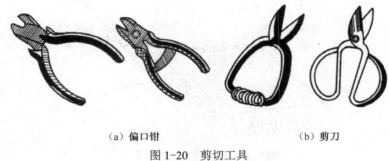

（a）偏口钳 （b）剪刀

图 1-20 剪切工具

3. 紧固工具

紧固工具如图 1-21 所示，用于紧固和拆卸螺钉螺母，它包括螺钉旋具、螺母旋具和各类扳手等。螺钉旋具也称螺丝刀，改锥或起子，常用的有一字形、十字形两大类，并有自动、电动、风动等形式。

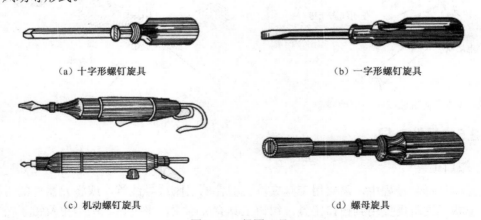

（a）十字形螺钉旋具 （b）一字形螺钉旋具

（c）机动螺钉旋具 （d）螺母旋具

图 1-21 紧固工具

任务 1-3　维修方法、程序及注意事项

电子产品维修工作一定要注意它的科学性，采用科学的维修方法、遵循科学的维修程序，是维修人员必须掌握的基本功之一。另外，要养成注意维修安全的好习惯。

学习目标

最终目标：能正确选用电子产品故障检修方法，在维修过程中不犯错误。

促成目标：（1）熟悉各种检修方法与技巧；

（2）熟悉各种检修方法的应用场合；

（3）能正确选用故障检修方法；

（4）在电子产品维修过程中不犯错误。

活动设计

写一份某音频功率放大电路无声故障的检修方案（方法选用、检修步骤及安全检修方案）。

相关知识

相关知识部分将介绍电子产品维修常用方法：感观法、电阻测量法、电压测量法、电流测量法、信号注入法、波形测量法、替代法等，并介绍电子产品维修程序及电子产品维修注意事项。

1.3.1　电子产品维修方法

电子产品故障检修方法很多，有以万用表、示波器为主要工具的浅知识故障检修方法，如电阻测量法、电压测量法、电流测量法、信号注入法、短路与开路法等，这些方法易学又实用；也有以专家系统、小波分析、模糊推理、神经网络、Agent 理论、强跟踪滤波器、信息融合等理论应用的智能化故障诊断方法，这些方法虽然科学，但理论性太强、实用性差。本任务将介绍浅知识故障检修方法的使用技巧及应用场合。

1. 观察法

观察法就是凭感官的感觉进行故障判断，即一看、二听、三闻、四摸。观察法是检修时的首要方法，并且贯穿于整个检修过程。观察法是对故障的初步判断，还需要进一步测试才能确定故障部位。观察法分为不通电观察法和通电观察法。

不通电观察法就是在不通电情况下，仅凭眼、鼻、耳、手等感官的感觉对故障原因进行判断的方法。在不通电的情况下，先仔细观察待修电子产品的外表，查看开关、旋钮、按键、插口、电源连线等有无松脱、卡阻、滑位、断线等现象。然后打开电子产品的外壳盖板，观察内部元器件、零部件、插件、电路连线、印制电路板、电源变压器和行输出变压器等有无烧焦、漏液、发霉、变色、脱焊、击穿、松脱、断开和接触不良等问题。

通电观察法是在通电情况下，凭眼、鼻、耳、手等感官的感觉对故障部位及原因进行分析判断的方法。通电观察法特别适用于检查引起跳火、冒烟、异味、发热、打火和烧熔丝等故障现象的部位与原因的判断。为了防止故障的扩大，以及便于反复观察，通常通电时间不宜过长。

2．电阻测量法

电阻检查法就是通过测量电路中的元器件引脚之间或引脚对地之间的电阻值是否正常来判断故障的方法。电子产品的电路中若有元器件损坏，必然以电阻值不正常的形式反映出来，因此，电阻测量法是普遍、简捷、有效、迅速的检修方法。

当电阻、电容、电感、三极管、集成电路等电子元器件损坏后，其引脚之间的电阻值往往发生变化，引脚对地之间电阻值也往往发生变化。因此，判断电子元器件是否损坏的主要方法是测量其引脚的电阻值。

在用万用表测量时，由于集成电路或晶体管 PN 结的作用，有时测试正反向电阻不一致，一般正反向电阻均要测试。万用表型号不同，其内阻也不同、测试结果也不一定完全相同。

对于熔丝烧断、机内冒烟、打火等故障的电子产品，在通电前一定要先进行电阻测量法检查，以防止故障扩大和引发不安全事故。

需说明的是，电子产品的电阻测量法必须在关机状态下进行。

3．电压测量法

电压测量法是通过测量待修电子产品的电源电压、集成电路各脚电压、晶体管各脚电压、电路中各关键点的电压，与正常工作时的电压值进行对比，通过分析，找出故障所在部位的方法。电子产品的电路中若有元器件损坏，必然以电压不正常的形式反映出来，因此，电压测量法也是普遍、简捷、有效、迅速的检修方法。

测量三极管 b-e 结之间的电压值，可判断三极管的工作状态是否正常。

（1）放大电路类：以 NPN 型晶体放大管为例，正常情况时，发射结正偏，即 $U_b > U_e$，硅管 U_{be} 为 0.7 V 左右，锗管 U_{be} 为 0.3 V 左右，这是判断三极管是否工作在放大状态的重要依据。

（2）振荡电路类：在电子产品中，对于分立元件振荡电路，当正常工作时，振荡三极管的 b-e 结电压明显比放大管小，甚至出现反偏。因此，振荡三极管 b-e 结电压值偏小或反偏是判断振荡器正常工作的一个很重要的依据。

（3）开关电路类：在电子产品中，一些三极管工作在开关状态。如电视机中的行推动管工作在开关状态，导通时 U_{be} 为 0.7 V，截止时 U_{be} 为 0 V，其平均电压为 0.3～0.4 V。又如电视机中的行输出管，导通时 U_{be} 为 0.7 V，截止时 b-e 结反偏，故 b-e 结的平均电压为接近于零的负压。由此可以判断行输出级与行推动级的工作状态。

需说明的是，对于集成电路引脚电压测量，由于各引脚焊点间距很小，测量时万用表表棒不要造成相邻引脚短路。

4．电流测量法

电流测量法是通过测量电路中的直流电流是否正常来判断故障所在的方法。电流测量往往比电阻、电压测量更能定量反映各电路的工作正常与否。

电流测量法需要把万用表串在电路中进行测量，因此操作比较麻烦。可采用间接测量方法来测量电阻，即测量电阻两端电压降，通过计算求得电流值。如在测量彩色显像管束电流时，由于在束电流回路中常有取样电阻供测束电流用，因此可用间接测量法测量。

电流测量法常用于检查电路是否过流。

5. 信号注入法

信号注入法是通过将信号注入到待检修电子产品的某些电路中，然后观察信号注入后的反应来判断故障所在的方法。

注入的信号应与电路相匹配，若电路是低频电路，则应注入低频信号；若电路是高频电路，则应注入高频信号。如在音频放大电路的故障检修中，将低频信号从后级至前级逐步注入，若电路正常，扬声器中应有低频声，若信号输入至某点时扬声器中没有低频声，则故障在该点后面的电路。如在音视频电子产品中，信号注入法对于确定无图像或无声音故障的发生部位非常有效。

在实际检修过程中，信号注入法要用到信号发生器，这很不方便，比较实用的是用万用表电阻挡作干扰信号的注入方法。利用万用表电阻挡接有电池的功能，将万用表置于电阻 R×1 k 挡，并将其正表笔接地，用负表笔从后到前逐级碰触电路的输入端，此时，将产生一系列干扰脉冲信号，由于这种干扰脉冲的谐波分量频率范围很宽，故能通过各种电路。对于电视机，当实施万用表电阻挡干扰法检修时，通过观察屏幕干扰噪波或扬声器干扰噪声，可以判断故障的部位。在某些反应较迟钝的点，可采用万用表 R×100 挡或 R×10 挡，因为不用表电阻挡越小，万用表内阻也越小，其输出电流就越大，反应就越明显。

6. 波形测量法

波形测量法就是用示波器对各被测点的信号波形或频率特性进行测量、观察、比较和分析，根据波形正确与否来判断电路是否正常工作的方法。电压测量法只能测直流电压，而波形测量法则能检查电路的动态功能是否正确，因此检测结果更为准确可靠。当用万用表不能确定故障部位时，用示波器测交流波形往往能收到很好效果。如电视机中的振荡信号、色度信号、色同步信号及副载波信号的有无检查，只能采用波形测量法。

由于扫频仪是一种扫频信号发生器与示波器结合的测试仪器，所以可直观地观测被测电路的频率特性曲线，便于在电路工作的情况下观察其频率特性是否正常，并调整电路，使其频率特性符合规定要求。用它来观察频率特性也称为波形测量法。另外，扫频仪除检测频率特性外，还可测量增益、品质因素、输入/输出阻抗和传输线特性阻抗等。

7. 替代法

替代法就是对于可疑的元器件、印制电路板、插入式单元部件等，通过试换来查找故障的方法，又称试换法。

在检修电子产品时，通常先使用相同型号、规格的元器件、印制电路板、插入式单元部件等，暂时替代有疑问的部分。如故障现象消失，说明被替代部分存在问题，然后再进一步检查故障的原因。这对于缩小检测范围和确定元器件的好坏很有帮助，特别对于检修结构复杂的电子产品的故障最为有效。替代法可确定故障部位或缩小故障范围，但不一定能确定故障原因。

替代法在板级检修中经常使用，如笔记本电脑、液晶电视机检修。更换一块电路板虽然排除了故障，但检修成本较高。元器件级检修应尽量少用替换法，因为将可疑元器件从印制板上拆下来再将替代元器件焊上去，很不方便。

8. 隔离分割法

隔离分割法又称开路法，就是把可疑部分从整机电路或单元电路中断开，即脱焊电路连线的一端或取出有关的元器件和单元板插件，观察其对故障现象的影响，也叫断路法、分段查找法。隔离分割后如故障现象消失，则故障部位就在被断开的电路上。也可单独测试被分割电路的功能，以期发现问题所在部位，便于进一步检查产生故障的原因。特别是在当今电子产品越来越复杂，在多插件、积木式结构的情况下，隔离分割法应用越来越广。

对于一些存在反馈的电路，因前后电路相互牵制，不宜采用隔离分割法。例如，断开负反馈系统的反馈网络，整个系统变为开环系统，性能发生改变，所测得的数据不可能准确。

对于多路负载的电源过流故障等，可采用隔离分割法来确定故障部位。以收音机过流故障为例，如图 1-22 所示，若收音机电池很快用完，则就是过流故障，可在电源开关处测量总电流，若电流确实很大，可分别在 a、b、c、d、e 处断开供电，若 a 处断开后总电流恢复正常，则是功率放大级过流；若 b 处断开后总电流恢复正常，则是音频放大级过流；若 c 处断开后总电流恢复正常，则是检波级过流；若 d 处断开后总电流恢复正常，则是中频放大级过流；若 e 处断开后总电流恢复正常，则是变频级过流。

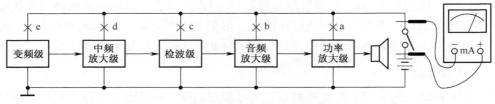

图 1-22　用隔离分割法确定故障范围

9．整机比较法

整机比较法就是将待修电子产品与同类型完好的电子产品进行比较，比较电路的工作电压、波形、工作电流、对地电阻和元器件参数的差别，找出故障部位的方法，又称为同类比对法。

整机比较法适用于检修缺少正常工作电压数据和波形参数等维修资料的电子产品，或适用于检修难于分析故障的复杂电子产品。

10．故障字典法

故障字典法故障诊断的基本思想是：首先提取电子电路在各种故障状态下的特征（如各电路节点电位等），然后将特征与故障一一对应地建立一个故障字典，在实际诊断时，只要获取电路的实时特征，就可以从故障字典中查出与此对应的故障。

故障字典分为直流故障字典与交流故障字典两大类。故障字典法的缺点是：建立故障字典的工作量是很大的，通常只能建立硬故障字典及单故障字典。

11．短路法

短路法又称交流短路法和电容旁路法，该方法是利用电容对交流阻抗小的特点，将电子产品电路中的某些信号对地短路，以观察其对故障现象的反应。此法对于噪声、纹波、自激及干扰等故障的判断比较方便。如在检修收音机噪声大故障时，如图 1-23 所示，可用一只电容从后向前逐级（a、b、c、d、e 各点）将信号的输入或输出端对地短路，若噪声消失，则说明故障在前面电路。

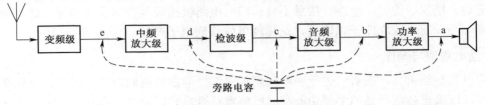

图1-23 用短路法来确定故障范围

12. 升降温法

升降温法通常用于检修热稳定性不好的电子产品。产品热稳定性差通常是某元器件热稳定性差引起的。

（1）升温法：用电吹风对某元器件适当加热，促使其故障发生，以便于判断。

（2）降温法：用酒精棉花对被怀疑为热稳定性不好的元器件进行冷却，若冷却到某元器件后，故障消失，则被冷却的元器件肯定就是热稳定性差的元器件。

1.3.2 电子产品维修程序

电子产品维修是一项理论与实践紧密结合的技术工作，既要熟悉电子产品的基本原理，又要熟悉单元电路工作过程及其调试技能；另外，维修经验的积累也十分重要。要做好电子产品的维修工作，必须遵循一套科学的维修程序。电子产品维修程序通常包括以下7个方面。

1. 客户询问

检修前，向客户了解电子产品发生故障的过程及其出现的故障现象，这对于进行故障诊断很有帮助。需了解的情况主要有以下几个方面：

（1）故障发生的时间。故障是发生在运行一段时间还是一开机就有故障等。

（2）故障发生的现象。即故障是突发的还是渐变的，面板上的指示灯或荧光屏上的图像有何变化，机内有无打火声或不正常声响，有无焦煳味、发光或冒烟等故障现象。

（3）故障发生时操作人员的动作行为。例如动过什么旋钮，按过什么开关，操作步骤是否有误等。

（4）故障史及维修史。以往的故障史，对确定目前故障的类型很有帮助，尤其对一些曾经发生过相类似的故障，可借鉴以前的故障检修方法，以提高维修效率。以往的维修史，对现在故障检修也很有帮助，要了解以前发生故障时是怎样检修的。

2. 查阅资料，熟悉工作原理

对于复杂电子产品，查阅电子产品的档案资料是维修的前提。电子产品的档案资料应包括产品使用说明书、电路原理图、电路结构框图、装配图等图样资料，产品检验书、维修手册、运行维修记录、合格证等。

3. 不通电观察

为尽快查出故障原因，通常先初步检查电子产品面板上的开关、按键、旋钮、插口、接线柱等有无松脱、滑位、断线、卡阻和接触不良等问题，然后打开外壳，检查内部电路的电阻、电容、电感、晶体管、集成电路、电源变压器、石英晶体、熔丝和电源线等是否烧焦、漏液、霉烂、松脱、虚焊、断路、接触不良和印制电路板插接是否牢靠等问题。这些明显的表面故障一经发现，应立即予以修复，这样就可能修好电子产品。

4．通电观察与操作

不通电观察结束后，接着应进行通电观察与操作，即在开机通电的情况下，进行必要的操作运行，以确定被测产品的主要功能和面板装置是否良好，对进一步观察故障部位和分析故障性质很有帮助。但当出现烧熔丝、跳火、冒烟和焦味等故障现象时，通电观察应慎重。

5．故障检测诊断

根据故障现象以及对电子产品工作原理的研究，只能初步分析可能产生故障的部位和原因，要确定发生故障的确切部位，必须进行检测，通过检测—分析、再检测—再分析，才能查出损坏的元器件。在进行故障检测诊断时应遵循：先思考后动手、先外部后内部，先直流后交流、先电源后其他，先粗后细、先易后难，先一般后特殊，先大部位后小部位的原则。

6．故障处理

电子产品的故障，大都是由个别元器件松脱、损坏、变值、虚焊，或个别接点短路、断开、虚焊和接触不良等原因引起的。通过检测查出故障后，就可进行故障处理，即进行必要的选配、更新、清洗、重焊、调整和复制等整修工作，使电子产品恢复正常的功能。

7．试机检验

电子产品故障修复后，要通电试机检验，当确保电子产品正常工作后，再移交给用户。

1.3.3　电子产品维修注意事项

电子产品维修工作一定要注意它的科学性和技术性，并要注意维修工作中的安全性：一是维修人员的人身安全；二是电子产品的安全。要养成一个大胆细心，随时注意安全的好习惯。避免因操作不当而损坏电子产品、扩大电子产品故障范围或发生触电事故。在维修过程中应注意以下几个事项。

1．维修前准备事项

维修前要向用户了解清楚电子产品损坏的经过；准备好电子产品图纸，掌握该机器的信号流程及各关键点的工作电压和信号波形，使维修过程中有正确的依据。

在开始检修之前，应仔细阅读待修电子产品的使用说明书、检修手册中的"产品安全性能注意事项"和"安全预防措施"等相关内容。

在检修经过长期使用的电子产品或机内积满灰尘的电子产品时，可先除去灰尘并将相关接插件和可调元器件清洗一下，这样通常能起到很好的效果，有些故障也会因此而自然排除。

维修场所的环境应该确保安全、整洁、通风。在地面和工作台面上，都要铺上绝缘的橡皮垫，以进一步保证人身的安全。工作台上的橡皮垫，还可以防止对电子产品外壳的磨损和产生划痕。

2．维修安全注意事项

目前国内外生产的大多数电子产品（如电视机、计算机等），采用开关电源电路，其特点之一就是对 220 V/50 Hz 交流电直接进行桥式整流电容滤波,这使得电路底板(接地点)成为热底板,即底板通过整流二极管与 220 V/50 Hz 交流电的火线相连,如图 1-24 所示。人身触及电路底板就可能造成触电事故。另外由于仪器外壳与底盘的静电电位不等会造成电源短路,从而导致机器内部元器件损坏。

所以,检修热底板电子产品时,应使用隔离变压器。这个电源隔离变压器的匝数比为 1:1。初级接 220 V/50 Hz 交流电源,次级接电子产品。通过变压器初、次级的隔离,使电子产品的底板为冷底板,即产品接地点与 220 V/50 Hz 交流电是隔离的。

对于电视机维修,其显像管高压极一般有 28～30 kV 高压,这容易产生放电和电击事故。由于显像管高压极与玻壳之间的电容量较大,即使关机后较长时间还会有电荷积存,如果要检查显像管高压极,须进行放电,才能接触电极。放电时,万用表置直流电压挡,红笔接显像管高压极,黑笔接地,大约需 30 s,万用表电压读数才降为 0 V,放电如图 1-25 所示。

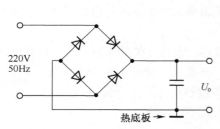

图 1-24　电路底板带电示意图

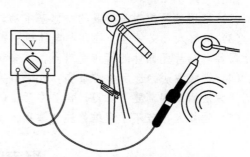

图 1-25　电视机高压极放电示意图

3．维修过程注意事项

工作台上的电烙铁要妥善安置,防止烫坏电子产品的外壳或其他零部件。拆下来的螺钉、螺母、旋钮、后盖、底板、晶体管等零部件和元器件要妥善放置,防止无意中丢失或损坏。

拆下元器件时,原来的安装位置和引出线要有明显标志,可采取挂牌、画图、文字标记等方法。拆开的线头要采取安全措施,防止浮动线头和元件相碰,造成短路或接地等故障。

掉入机内的螺钉、螺母、导线、焊锡等,一定要及时清除,以免造成人为故障或留下隐患。

在带电测量时,一定要防止测试探头与相邻的焊点或元件相碰,否则可能造成新的故障,检测集成电路引脚时尤为重要。

当拆下或拉出电子产品的底盘进行检修,放置在工作台上时,要保证桌面清洁和绝缘,特别注意不要把金属工具放在电子产品下面,防止发生人为的短路故障。

在未搞清情况之前,不能随意调整机内的各种连线,特别是中高压部分连线,以免出现干扰而造成电路不稳定。

电视机遇到水平或垂直一条亮线的故障时,要把亮度调至最小,如果遇到亮度失控的故障,应尽量缩短开机时间,以防止损坏显像管或大功率晶体管。

对于一些不太了解或不能随便调整的元件,如中频变压器、高频调谐线圈等,在没有仪器配合调整的情况下,不要随便调动,否则一旦调乱,没有仪器很难恢复。

4．更换元器件注意事项

在更换元器件时,要认真仔细地检查代用件与电路的连接是否正确,特别要注意接地线的连接。有的电子产品某部分印制电路地线的连通，是靠某个元件的外壳实现的。在更换元器件后一定要将这两部分地线连接起来，以免造成人为的故障。

遇到熔丝烧断或其他保护电路发生动作的情况，不要轻易地恢复供电。要查明熔丝烧断或保护电路发生动作的原因，不允许换用大容量的熔丝或用导线代替熔丝，以免扩大故障，损坏其他元件。

电视机的显像管是高真空器件，在更换安装时，双手应抓住屏幕边缘两侧，切不可只抓管颈搬运显像管，以免造成人为损坏。

知识梳理与总结

（1）维修人员应了解电子产品故障类型及规律，熟悉环境对电子产品的影响，才能做好电子产品日常维护工作。

（2）常用工具使用是重要的维修基本功，尤其是万用表、示波器的使用，必须非常熟练。

（3）维修人员必须学会在印制电路板中拆装电子元器件，这是重要的维修基本功，其中多脚元器件、贴片元器件的拆装是难点，应多练习。

（4）维修方法的选用非常重要，方法不妥，事倍功半。本项目仅对各种维修方法作简单的介绍，方法的掌握需要多练习，需要在后面的电路级、产品级故障检修中加以巩固。

（5）维修人员若不了解维修注意事项，就会在维修过程中犯人为错误。

思考与练习 1

1．什么是硬故障？什么是软故障？

2．为什么电子产品故障率 $\lambda(t)$ 曲线的特征是两端高、中间低，呈浴盆状？

3．请各举一个例子，说明温度、湿度对电子产品的影响。

4．供电电源质量对电子产品有哪些影响？

5．在万用表的使用中，你经常会犯哪些错误？今后怎样避免？

6．500 型万用表电阻挡的量程有：1 Ω、10 Ω、100 Ω、1 kΩ、10 kΩ。如果被测电阻为分别：2 Ω、15 Ω、200 Ω、6.3 kΩ、56 kΩ、150 kΩ，应分别选用什么量程测量为好？

7．500 型万用表直流电压挡的量程有：2.5 V、10 V、50 V、250 V、500 V。如果被测电压为分别：0.7 V、5 V、12 V、24 V、100 V、300 V，应分别选用什么量程测量为好？

8．在示波器的使用中，你经常会犯哪些错误？今后怎样避免？

9．普通示波器 Y 轴量程有：20 V/div、10 V/div、5 V/div、2 V/div、1 V/div、0.5 V/div、0.2 V/div、0.1 V/div。如果被测交流波形的幅度分别为：0.1 Vp-p、1 Vp-p、50 Vp-p、1 000 Vp-p，应分别选用什么量程测量为好？

10．普通示波器 X 轴量程有：10 μs/div、20 μs/div、50 μs/div、0.1 ms/div、0.2 ms/div、0.5 ms/div、1 ms/div、2 ms/div、5 ms/div、10 ms/div，若被测波形的频率分别为：50 Hz、1 kHz、15 625 Hz，应分别选用什么量程测量为好？

11．三极管放大状态、振荡状态、开关状态下的 b-e 结之间的电压测量值为什么不一样？

12．电子产品故障检修常用方法有哪些？这些方法各适用于什么场合？

13．在测量集成电路有些引脚的对地电阻时，为什么红表棒（黑表棒接地）测出来的电阻值与黑表棒（红

表棒接地）测出来的电阻值不一样？

14．在用信号注入法排查故障时，为什么万用表可用作信号源？

15．在电子产品电路中，接地点又称为底板，何为热底板与冷底板？

16．电子产品维修一般要经过哪些程序？

17．怎样才能做到安全检修？

项目2
元器件级故障检测

学习导航

电子产品由各种元器件组成，元器件损坏的原因主要有两个，一是不正常的电气条件，二是不正常的环境条件。电子产品发生故障的原因是因为元器件有故障，维修的最终结果就是在电子产品中找出有故障的元器件并更换之，从而使电子产品的功能恢复正常。因此，电子产品元器件故障的在路检测是维修技术中的一项重要基本功。

本项目共有 6 个任务：任务 2-1 是电阻器故障检测，任务 2-2 是电容器故障检测，任务 2-3 是电感线圈及变压器故障检测，任务 2-4 是半导体器件故障检测，任务 2-5 是集成电路故障检测，任务 2-6 是电声器件故障检测。

<table>
<tr><td rowspan="2">学习
目标</td><td>最终目标</td><td colspan="2">能在印制板中检测常用电子元器件故障</td></tr>
<tr><td>促成目标</td><td colspan="2">1. 熟悉常用元器件的故障现象；   2. 掌握常用元器件故障在路检测技巧；
3. 会进行常用元器件故障在路检测</td></tr>
<tr><td rowspan="4">教师
引导</td><td>知识引导</td><td colspan="2">元器件质量的非在路检测，通常在电子技术基础课程中有介绍。本项目在知识引导中主要对元器件的故障现象及在路检测技巧进行分析</td></tr>
<tr><td>技能引导</td><td colspan="2">在印制板中对常用元器件进行人为故障设置，然后要求学生检测出有故障的元器件。只有反复训练，才能掌握技巧</td></tr>
<tr><td>重点把握</td><td colspan="2">电阻器用量大，三极管故障率高，应作为重点训练。</td></tr>
<tr><td>建议学时</td><td colspan="2">16 学时</td></tr>
</table>

任务 2-1　电阻器故障检测

学习目标

最终目标：能在印制电路板中对电阻器故障进行检测。

促成目标：（1）熟悉电阻器故障现象；

　　　　　（2）掌握电阻器故障在路检测技巧；

　　　　　（3）能用万用表在路检测电阻器故障。

活动设计

活动内容：以东芝 TA 两片机芯电视机伴音功放电路为例进行操作设计，电路如图 2-1 所示。

（1）用万用表测量图 2-1 所示电路中各电阻器的阻值，注意万用表的红/黑表棒使用技巧，将实测阻值与实际阻值列表比较，分析哪些电阻器的实测值与实际值相近。

（2）在图 2-1 所示电路中，人为地将一些电阻器设置为开路损坏，要求能用万用表找出阻值为无穷大的损坏电阻。

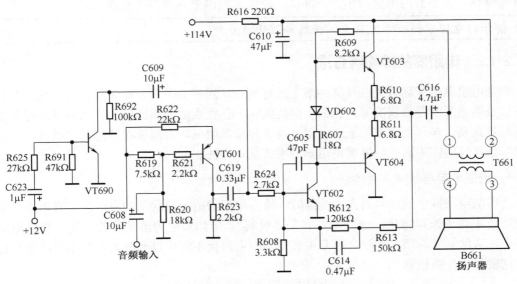

图 2-1　电阻器故障在路检测操作电路

工具准备：东芝 TA 两片机、万用表、电烙铁等。

时间安排：20 min。

相关知识

相关知识部分主要分析电阻器的故障现象，并重点介绍普通电阻器的故障在路检测技巧，以及其他特殊电阻器的故障检测技巧。

2.1.1　电阻器故障现象

电阻器在电子产品中用量最大。电阻器按其构造形式分为线绕电阻器和非线绕电阻器；按其阻值是否可调分为固定电阻器和可调电阻器（电位器）；按其功率分为 1/8 W、1/4 W、1/2 W、1 W、2 W、5 W 等规格；按材料可分为碳膜电阻器、金属膜电阻器、氧化膜电阻器、线绕水泥电阻器等；按用途可分为普通电阻器、压敏电阻器、热敏电阻器、光敏电阻器及熔丝电阻器等；按阻值可分为 1 Ω、2 Ω、3.3 Ω、4.7 Ω、5.6 Ω、6.2 Ω等。

> **！提示：**选用电阻器的依据是：阻值、功率、用途。

由电阻器故障导致的电子产品故障的比率相当高，据统计约占 15%。电阻器故障有使用故障与质量故障两大类。使用故障是因为电阻器是一种发热元件，当电阻器功率不够大时，则电阻器在使用过程中就要发热烧坏，电阻器烧坏后表面发黑，阻值变为无穷大，眼睛很容易观察出来。

质量故障是由于电阻器质量不好引起，眼睛不能观察出质量故障，必须用万用表测量出来。电阻器质量与其结构及工艺特点等有关，电阻器失效可分为致命失效和参数漂移失效两类，从实际使用统计表明，电阻器失效的 85%～90% 属于致命失效，致命失效即导致电阻器的阻值变为无穷大，即开路，主要原因有引线断裂、接触不良等。参数漂移失效即向阻值增大方向漂移，但不会向阻值减小方向漂移，通常大电阻更容易发生此现象。

> **！提示：**电阻器的故障现象是：开路、阻值增大。

2.1.2　电阻器故障检测方法

判别电阻器的好坏首先应从其外观上进行判别，观察电阻器表面涂层是否变色、有无损伤，以及通电后的发热情况等。因为电阻烧毁时，往往表面发黑或变色，从外观进行判别，快速而且直观。在判别外观的基础上用万用表测量其阻值，若阻值在误差范围以内，则说明此电阻器是好的。下面介绍各类电阻器的主要检查方法。

1．普通电阻器故障在路检测

当印制电路板中的电阻器发生故障时，检查电阻器故障最准确的办法是：将电阻器从印制电路板中焊下来再测量，这称为"非在路检测"，但如果电阻器是好的，则又要将电阻器焊回去，这就非常麻烦。实际上用万用表在印制电路板中就可以判断大部分电阻器是否有故障，这就是"在路检测"。

1）采用指针式万用表检测

将万用表两表笔分别与电阻的两端引脚相接即可测出实际电阻值。为了提高测量精度，应根据被测电阻标称值的大小来选择量程。由于欧姆挡刻度的非线性关系，它的中间一段分度较为精细，因此应使指针指示值尽可能落到刻度的中段位置，即全刻度起始的 20%～80% 弧度范围内，以使测量更准确。根据电阻误差等级不同，读数与标称阻值之间分别允许有 ±5%、±10% 或 ±20% 的误差。若超出误差范围，则说明该电阻值变值了。

测试时，特别是在测量几十千欧以上阻值的电阻时，手不能触及表笔和电阻的导电部分；

在电路中检测电阻时，要注意并联在被测电阻两端的其他元器件的阻值对被测结果的影响。若要精确测量其阻值，则至少要焊开一个头，以免电路中的其他元件对测试产生影响，造成测量误差；色环电阻的阻值虽然能以色环标志来确定，但在使用时最好还是用万用表测试一下其实际阻值。

受印制板中其他元器件的影响，在印制电路板中不可能准确地测量电阻器的阻值，测出来的电阻值总要比实际值小，如果测出来的电阻值比实际值大，则这个电阻器一定是发生了开路故障。

由于指针式万用表电阻挡的红、黑表棒的输出直流电压大于 0.7 V，当红、黑表棒搭在被测电阻两端时，被测电阻旁边的二、三极管可能截止，也可能导通，若导通将严重影响检测。如果万用表的红、黑表棒使用得当，在印制电路板中测量一些电阻器的阻值还是非常准确的。下面以图 2-2 所示电路为例，说明电阻器在路测量技巧。

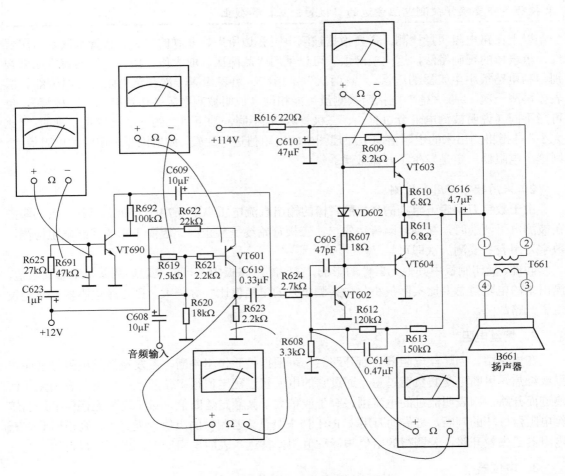

图 2-2　电阻器故障在路检测示意图

R691 的测量：当红表棒搭在 R691 的上方，则 VT691 的 be 结反偏截止，再由于 C623 对万用表中的直流是开路的，所以 R691 的测量与非在路测量一样，非常准确。

R622 的测量：当红表棒搭在 R622 的右端，则 VT601 的 be 结反偏截止，VT601 不影响 R622 的测量，阻值测量非常准确。

R623 的测量：当红表棒搭在 R623 的上方，则 VT601 的 bc 结反偏截止，再加上 C619 对万用表中的直流是开路的，所以 R623 的测量与非在路测量一样，非常准确。

R609 的测量：当黑表棒搭在 R691 的左方，则 VT603 的 bc 结正偏导通，再加上 VD602 也正向导通，这将影响 R609 的阻值测量。如果将红、黑表棒对调一下，则测量结果就准确了。

R608 的测量：当红表棒搭在 R608 的上方，则 VT602 的 be 结反偏截止，再加上 C605、C609、C619、C614 对万用表测量中的直流是开路的，R612 阻值也很大，对 R608 测量的影响较小，所以 R608 的阻值测量也是比较准确的。

同理，R625、R607、R610、R611 等电阻器的阻值电路测量也可以做到非常准确。

> ⓘ **小结**：印制电路板中的很多电阻都可以准确地测量，关键是万用表的红、黑表棒使用有技巧，即要确保被测电阻旁边的二极管、三极管截止。

以上在路电阻质量检测，需要根据被测电阻旁边所串、并联的二、三极管来决定万用表红、黑表棒的正确搭法，这比较麻烦。可以采用"测两次、取大值、比大小"的盲方法来判别印制电路板中电阻器的质量。"测两次"是指红、黑表棒测一次在路电阻后，对调红、黑表棒再测一次；"取大值"是指两次测量可能相同（说明被测电阻旁边没有二、三极管），也可能不同（说明被测电阻旁边有二、三极管），若不同，则阻值大的一次检测是正确的；"比大小"是指将测出来的电阻值与电原理图中的电阻值进行比较，如果比原理图中的电阻值大，则这个电阻器一定是发生了开路故障。

2）采用数字万用表检测

由于数字万用表电阻挡的红、黑表棒的输出直流电压小于 0.7 V，因此，当红、黑表棒搭在被测电阻两端时，被测电阻旁边的二、三极管始终是截止的，因而不影响在路电阻检测，数字万用表只要测一次即可。

同理，受印制板中其他元器件的影响，在印制电路板中不可能准确地测量电阻器的阻值，测出来的电阻值总要比实际值小，如果测出来的电阻值比实际值大，则这个电阻器一定是发生了开路故障。

2. 熔丝电阻

在电路中，当熔丝电阻器熔断开路后，可根据经验作出判断。若发现熔丝电阻器表面发黑或烧焦，可断定是其负荷过重，通过它的电流超过额定值很多倍所致；如果其表面无任何痕迹而开路，则表明流过的电流刚好等于或稍大于其额定熔断值。对于表面无任何痕迹的熔丝电阻器好坏的判断，可借助万用表 R×1 挡来测量，若测得的阻值为无穷大，则说明此熔断电阻器已失效开路；若测得的阻值与标称值相差甚远，表明电阻变值，已不宜再使用。

3. 电位器

检查电位器时，首先要转动旋柄，看看旋柄转动是否平滑，开关是否灵活，开关通、断时"喀哒"声是否清脆，并听一听电位器内部接触点和电阻体摩擦的声音，如有"沙沙"声，说明质量不好。用万用表测试时，先根据被测电位器阻值的大小，选择好万用表的合适电阻

挡位，然后可按下述方法进行检测。

普通电位器如图 2-3 所示。用万用表的欧姆挡测"1"、"3"两端，其读数应为电位器的标称阻值，如万用表的指针不动或阻值相差很多，则表明该电位器已损坏。

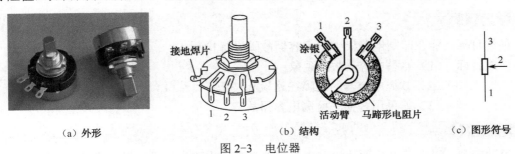

（a）外形　　　　　　　　　　（b）结构　　　　　　　　　（c）图形符号

图 2-3　电位器

检测电位器的活动臂与电阻片的接触是否良好。用万用表的欧姆挡测"1"、"2"（或"2"、"3"）两端，将电位器的转轴按逆时针方向旋至接近"关"的位置，这时电阻值越小越好。再顺时针慢慢旋转轴柄，电阻值应逐渐增大，表头中的指针应平稳移动。当轴柄旋至极端位置"3"时，阻值应接近电位器的标称值。如万用表的指针在电位器的轴柄转动过程中有跳动现象，说明活动触点有接触不良的故障。

4．热敏电阻

检测时，用万用表 R×1 挡，具体可分两步操作：一是常温检测（室内温度接近 25 ℃），将两表笔接触热敏电阻的两引脚测出其实际阻值，并与标称阻值相对比，二者相差在±2 Ω内即为正常。实际阻值若与标称阻值相差过大，则说明其性能不良或已损坏。二是加温检测，将一热源靠近热敏电阻（PTC）对其加热，同时用万用表检测其电阻值是否随温度的升高而变化，其中正温度系数热敏电阻随温度的升高而增大，而负温度系数热敏电阻（NTC）随温度的升高而减小，说明热敏电阻正常；若阻值无变化，说明其性能变劣，不能继续使用。

5．压敏电阻

用万用表的 R×1 k 挡测量压敏电阻两引脚之间的正、反向电阻应均为无穷大；否则，说明漏电流大。若所测电阻很小，说明压敏电阻已损坏，不能使用。

6．光敏电阻

用一黑纸片将光敏电阻的透光窗口遮住，此时万用表的指针基本保持不动，阻值接近无穷大。此值越大说明光敏电阻性能越好；若此值很小或接近为零，说明光敏电阻已烧穿损坏，不能再继续使用。

将一光源对准光敏电阻的透光窗口，此时万用表的指针应有较大幅度的摆动，阻值明显减小，此值越小说明光敏电阻性能越好。若此值很大甚至无穷大，表明光敏电阻内部开路损坏，不能再继续使用。

将光敏电阻透光窗口对准入射光线，用小黑纸片在光敏电阻的遮光窗上部晃动，使其间断受光，此时万用表指针应随黑纸片的晃动而左右摆动。如果万用表指针始终停在某一位置不随纸片晃动而摆动，说明光敏电阻的光敏材料已经损坏。

任务 2-2　电容器故障检测

学习目标

最终目标：能在印制电路板中对电容器故障进行检测
促成目标：（1）熟悉电容器故障现象；
　　　　　（2）掌握电容器的故障在路检测技巧；
　　　　　（3）能采用替换法检测电容器故障。

活动设计

活动内容：以东芝 TA 两片机芯电视机伴音功放电路为例进行操作设计，电路如图 2-1 所示。

（1）选择万用表电阻挡量程，对印制板电路中的各电容器进行充放电测试，记录哪些电容器有充放电现象供观察。

（2）人为地将一些 C808、C619、C616 耦合电容器中的一只设置为失效损坏，于是扬声器无声，要求用替换法找出失效电容。

工具准备：东芝 TA 两片机、万用表、若干电容器等。

时间安排：20 min。

相关知识

相关知识部分主要介绍电容器击穿、开路、电参数退化的故障现象，并重点介绍电容器故障现象与在路检测技巧。

2.2.1　电容器故障现象

电容器主要由金属电极、介质层和电极引线组成，可以储能、充电、放电，具有通交流隔直流的特性，是电子产品电路中的主要元件。电容器种类很多、耐压也不尽相同，按容量是否可调可分为：固定电容器、可调电容器、微调电容器。固定电容器按绝缘介质不同可分为：金属化电容器、云母电容器、瓷片电容器、涤纶电容器、玻璃釉电容器、铝电解电容器、钽电解电容器等，如图 2-4 所示。电容在电子产品中的主要作用是耦合、滤波、旁路、谐振、退耦、隔直及充、放电等。

> ⚠ 提示：选用电容器的主要依据是：容量、耐压。
> 　　　　电容器常见故障有击穿、开路、电参数退化、漏电等。

（1）击穿：①介质中存在疵点、缺陷、杂质或导电粒子；②介质材料的老化；③金属离子迁移形成导电沟道或边缘飞弧放电；④介质材料内部气隙击穿或介质电击穿；⑤介质在制造过程中机械损伤；⑥介质材料分子结构的改变。

（2）开路：①引出线与电极接触点氧化而造成低电平开路；②引出线与电极接触不良或绝缘；③电解电容器阳极引出金属箔因腐蚀而导致开路；④工作电解质的干涸或冻结；⑤在机械应力作用下工作电解质和电介质之间的瞬时开路。

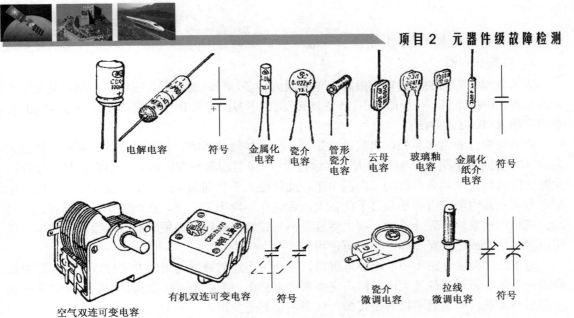

图 2-4　各类电容器及符号

（3）电参数退化：①潮湿或电介质老化与热分解；②电极材料的金属离子迁移；③残余应力存在和变化；④表面污染；⑤材料的金属化电极的自愈效应；⑥工作电解质的挥发和变稠；⑦电极的电解腐蚀或化学腐蚀；⑧杂质和有害离子的影响。

电容器击穿后，两电极之间的电阻值为零。电容器开路后，完全失去充放电功能。电容器电参数退化表现为容量减小，电解电容尤其经常发生。另外就是漏电，瓷介小电容最易发生。

> ！请注意：电容器的容量通常是不会增大的。

2.2.2　电容器故障检测方法

电容器常见故障是短路击穿、开路失效、漏电、介损增大或容量减小。电容器短路击穿用万用表很容易检查出；电容器开路失效可以采用好的电容器与其并联的方法来判断；至于漏电、介损增大及电容量减小等现象，用万用表直接测量较难判别。下面介绍各类电容器的主要检查方法。

1. 普通电容器

检测 10 pF 以下的小电容器。因 10 pF 以下的固定电容器容量太小，用万用表进行测量只能定性地检查其是否有漏电、内部短路或击穿现象。测量时，可选用万用表 R×10 k 挡，用两表笔分别任意接电容的两个引脚，阻值应为无穷大。若测出阻值为一固定值，则说明电容器漏电损坏或内部击穿。

对于 0.01 μF 以上的固定电容器，可用万用表的 R×10 kΩ挡直接测试电容器有无充电过程以及有无内部短路或漏电，并可根据指针向右摆动的幅度大小估计出电容器的容量。

检测 10 pF～0.01 μF 的固定电容。将万用表选用 R×1 kΩ挡，选两只 β 值均为 100 以上的三极管组成复合管，让万用表的红表笔和黑表笔分别与复合管的发射极 e 和集电极 c 相接，被测电容器跨接在复合三极管的 b、c 极之间，由于复合三极管的放大作用，把被测电容器的充放电过程予以放大，使万用表指针摆幅加大，从而便于观察和判断。

2. 电解电容器

因为电解电容器的容量较一般固定电容器大得多，所以测量时，应针对不同容量选用合适的量程。根据经验，一般情况下，1～47 μF 间的电容，可用 R×1 kΩ 挡测量，大于 47 μF 的电容可用 R×100 Ω 挡测量。

将万用表红表笔接负极，黑表笔接正极，在刚接触的瞬间，万用表指针即向右偏转较大角度（对于同一电阻挡，容量越大，摆幅越大），接着逐渐向左回转，直到停在某一位置。此时的阻值便是电解电容器的正向漏电阻，此值略大于反向漏电阻。实际使用经验表明，电解电容器的漏电阻一般应在几百千欧以上，否则便不能正常工作。在测试中，若正向、反向均无充电的现象，即表针不动，则说明容量消失或内部断路；如果所测阻值很小或为零，说明电容漏电大或已击穿损坏，不能再使用。

对于正、负极标志不明的电解电容器，可利用上述测量漏电阻的方法加以判别。即先任意测一下漏电阻，记住其大小，然后交换表笔再测出一个阻值。两次测量中阻值大的那一次便是正向接法，即黑表笔接的是正极，红表笔接的是负极。

3. 电容器故障在路检测

在印制电路板中检测电容器故障，难度很大。当电容器击穿时，因其两个电极之间电阻为零，此时用万用表可测量出来。对于电容器失效、容量变小、漏电故障，是很难在印制电路板中直接测出来的，只能将电容器焊下来测量。

对于电容器的失效，可采用替换法来检查。这个替换法不是将被怀疑的电容器焊下来而换上一只新电容器，而是用手直接将一只新电容的两个电极搭在被怀疑电容器的两个焊点上，若故障能排除，说明被怀疑的电容器确已失效，再焊下来更换之。

对于电解电容器，由于其容量一般较大，当万用表电阻挡的表棒搭在印制板中的电容器的两个焊点上时，会观察到充、放电现象，以此可证明电容器是好的。

任务 2-3　电感线圈及变压器故障检测

学习目标

最终目标：能在印制电路板中对电感、变压器故障进行检测。

促成目标：（1）熟悉电感、变压器的故障现象；

　　　　　（2）掌握电感、变压器故障的在路检测技巧；

　　　　　（3）能在印制电路板中将损坏的电感、变压器检测出来。

活动设计

活动内容： 以东芝 TA 两片机芯电视机电路为例进行操作设计，电路见附图 A。

（1）用万用表测量各电感线圈（消磁线圈 L901、交流输入滤波线圈 801、行偏转线圈、场偏转线圈、5 V 滤波电感 L907、12 V 滤波电感 L410 等）的直流电阻，并判别是否发生开路故障。

（2）用万用表测量各种变压器（音频输出变压器、行推动变压器、行输出变压器、开关电源变压器、遥控板电源变压器）各绕组的直流电阻。

工具准备：东芝 TA 两片机、万用表、电烙铁等。

时间安排：20 min。

相关知识

相关知识部分主要介绍电感线圈及变压器的故障现象，重点介绍电感线圈及变压器故障的在路检测技巧。

2.3.1　电感线圈及变压器故障现象

电感线圈及变压器均是用漆包线、纱包线等绝缘导线绕制而成的电磁感应元件，也是电子产品中常用的元件。常见的高频阻流圈、低频阻流圈、行偏转线圈、场偏转线圈、高频振荡线圈、中波本振线圈、短波本振线圈、天线线圈、天线阻抗变换器等都属于电感线圈。

> ！　提示：电感线圈常见故障是开路。

在电子产品中常用的变压器有普通电源变压器、开关电源变压器、行扫描推动变压器、行扫描输出变压器、中频调谐变压器、脉冲变压器、音频输出变压器及信号耦合变压器等。虽然所用变压器数量不多，但故障概率比较高，因为它们工作在高电压、大电流的状态，其中以电源变压器和行输出变压器尤为容易损坏。

> ！　提示：变压器常见故障是绕组匝间局部短路或开路。

2.3.2　电感线圈及变压器故障检测方法

1．外貌观察

通过观察变压器的外貌来检查其是否有明显异常现象。如线圈引线是否断裂、脱焊，绝缘材料是否有烧焦痕迹，铁芯紧固螺杆是否有松动，硅钢片有无锈蚀，绕组线圈是否有外露等。

2．线圈通断的检测

线圈通断的检测有电阻测量与电压测量两种方法。电阻测量应关机，用万用表 R×1 Ω 挡测试各绕组的电阻值，若某个绕组的电阻值为无穷大，则说明该绕组有断路性故障。

电压测量应开机，测电感线圈两端焊点对地的直流电压值应相等，否则视为线圈开路，如图 2-5 所示是对 L907 的测量，其两端电压值均应为 5 V，这表示 L907 正常。

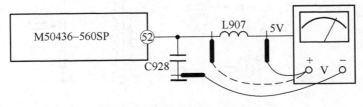

图 2-5　线圈通断的电压检测法

3. 绝缘性测试

用万用表 R×10 kΩ 挡分别测量铁芯与初级、铁芯与各次级、初级与各次级、静电屏蔽层与初次级、次级各绕组间的电阻值，万用表指针均应指在无穷大位置不动。否则，说明变压器绝缘性能不良。

4. 判别初、次级线圈

电源变压器初级引脚和次级引脚一般都是分别从两侧引出的，并且初级绕组多标有 220 V 字样，次级绕组则标出额定电压值，根据这些标记可以进行识别初、次级线圈。

5. 电源变压器的空载电流检测

（1）直接测量法。把电源变压器次级所有绕组全部断开，将万用表置于 500mA 交流电流挡，串入初级绕组。当初级绕组接入 220 V 交流市电时，万用表所指示的便是空载电流值，此值不应大于变压器满载电流的 10%～20%，如果超出太多，则说明变压器有短路性故障。当短路严重时，变压器在空载加电后几十秒钟之内便会迅速发热，用手触摸铁芯会有烫手的感觉，此时不用测量空载电流便可断定变压器有短路点存在。

（2）间接测量法。在变压器的初级绕组中串联一个 10 Ω/5 W 的电阻，次级仍全部空载。把万用表拨至交流电压挡。加电后，用两表笔测出电阻 R 两端的电压降 U，然后用欧姆定律算出空载电流 U/R。如果太大，则说明变压器有短路性故障。

6. 变压器绕组局部短路故障检测

变压器绕组漆包线若绝缘性能不好，易发生局部短路故障。局部短路必使得绕组的直流电阻值减小，若事先知道变压器被测绕组的正常电阻值，则可以测量绕组的实际电阻值，并与正常电阻值进行比较来判别是否发生局部短路。

7. 行扫描输出变压器故障检测

在 CRT 电视机行扫描电路中，有一个行输出变压器，如图 2-6 所示的 T402，它采用一体化技术将行输出变压器各绕组线圈、高压整流二极管及相关电阻、电容总装在一起，并用环氧树脂灌封成形。

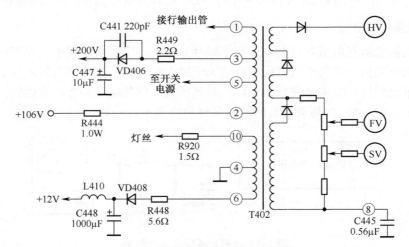

图 2-6　电视机中的行输出变压器

T402 的①②绕组是初级绕组，绕组中有频率为 15 625 Hz、幅度为 1 000 V$_{P-P}$ 的脉冲。T402 的其他绕组对初绕组脉冲进行升压或降压，以满足电路及显像管工作的各种需要。T402 左边为高压绕组，产生 25 kV 以上高压 HV，产生 8 kV 左右显像管聚焦极电压 FV，产生 800 V 左右显像管加速极电压 SV。

由于高压绕组中的脉冲幅值太高，对高压绕组线圈的绝缘性能要求很高，通常高压绕组极易发生局部短路故障，造成内部打火，严重时将 T402 烧穿一个洞。不严重时看不出来，但引起 VT404 电流大增，可通过测量初绕组电流（断开 R444 来测量）判断 T402 内部的局部短路，若电流超过 500 mA，则可判别为 T402 局部短路。

任务 2-4 半导体器件故障检测

学习目标

最终目标：能在印制电路板上检测二、三极管故障。

促成目标：（1）熟悉二、三极管的故障现象；

（2）掌握二、三极管故障的在路检测技巧；

（3）能在印制电路板中将已损坏的二、三极管检测出来。

活动设计

活动内容： 以东芝 TA 两片机芯电视机伴音功放电路为例进行操作设计，电路如图 2-1 所示。

（1）测量图 2-1 所示电路中的各三极管的两个 PN 结的正、反向电阻，并对各三极管的正、反向电阻的实测值进行分析。

（2）人为地将 VT601、VT602、VT603、VT604 三极管中的一只设置为开路或击穿损坏，于是扬声器无声，要求用万用表找出损坏的三极管。

工具准备： 东芝 TA 两片机、万用表、电烙铁、若干三极管等。

时间安排： 20 min。

相关知识

相关知识部分主要介绍半导体器件的故障现象，介绍各种二极管的故障检测技巧，并重点介绍三极管故障的非在路与在路检测技巧。

2.4.1 半导体器件故障现象

半导体器件主要是二、三极管，半导体器件故障有使用故障与质量故障两大类。使用故障有：因电流太大、功率不够、散热条件差而发热烧坏；因电压太高、耐压不够而击穿；因使用环境潮湿而导致引脚霉断等。半导体器件质量故障包括开路、短路、温度特性差、参数退化等，其机理如表 2-1 所示。

> ❗ **提示：** 半导体器件主要故障现象是：开路、短路、温度特性差、参数退化。开路与短路属于硬故障，硬故障比率高，也容易检测；温度特性差与参数退化属于软故障，软故障比率低，但不易检测。

表 2-1 半导体器件故障机理

失效机理	污染	体积	基片键合	倒置	沟道	参数漂移	粒子	气密性	基片破裂	封装缺陷	引线过长	外引线缺陷	引线键合	氧化物缺陷	金属化	二次击穿
硅合金管	✓		✓			✓	✓	✓	✓			✓		✓	✓	
硅扩散管		✓		✓	✓									✓	✓	✓
硅平面外延管		✓		✓	✓									✓		✓
锗扩散管	✓	✓	✓			✓			✓				✓	✓		
锗合金管	✓		✓			✓	✓		✓			✓	✓	✓		
锗台面管	✓		✓			✓	✓					✓	✓	✓		

2.4.2 二极管故障检测方法

二极管是由一个 PN 结和两条电极引线做成管芯，并用管壳封装而成的电子器件，其 P 型区的引出线为正极，N 型区的引出线为负极。按其用途可分为小功率晶体二极管、开关二极管、双向触发二极管、高频变阻二极管、变容二极管、单色发光二极管、红外发光二极管和红外接收二极管等。

通过测量正反向电阻，可以检查二极管的好坏。一般要求反向电阻比正向电阻大几百倍，换言之，正向电阻越小越好，反向电阻越大越好。万用表选择 R×1 kΩ 挡，分别测出正、反向电阻。正常情况下，硅二极管的正向电阻一般为几百欧到几千欧，而锗二极管的正向电阻为 100 Ω 到 1 kΩ，它们的反向电阻通常为几十 kΩ 到几百 kΩ，则说明二极管正常；若正、反向电阻都为 0，则说明二极管短路损坏；若正、反向电阻都为无穷大，则说明二极管开路损坏；若正、反向电阻比较接近，则说明二极管单向导电性能失效。

判别二极管正、负电极。一是观察外壳上的黑色符号标记，通常在二极管的外壳上标有电极的符号，带有三角形箭头的一端为正极，另一端是负极；二是观察外壳上的色点，在点接触二极管的外壳上，通常标有白色或红色的极性色点，标有色点的一端即为正极；三是观察外壳上的色环，带色环的一端通常为负极；四是以阻值较小的一次测量为准，黑表笔所接的一端为正极，红表笔所接的一端为负极。

> ⓘ 提示：二极管是非线性元件，若万用表选择的电阻挡越低，如 R×100 挡、R×10 挡或 R×1 挡，则向被测二极管提供的电流越大，测出的电阻值也就越小。

下面介绍各类特殊二极管的检测方法。

1. 二极管故障的在路检测

要求能检测印制板中的二极管质量。首先，二极管在路故障检测必须在断电状态下进行。其次，由于受被测二极管周围元器件的影响，二极管的反向电阻值可能不是很大。以如图 2-7 所示的桥式整流电路为例，若检测 VD2 正向电阻，则黑表笔搭 VD2 正极，红表笔搭 VD2 负极，如图 2-7（a）所示，此时 VD2 导通，VD1、VD3 及 VD4 均截止，这表明 VD2 正向电阻的测量不受 VD1、VD3 及 VD4 影响，测量是非常准确的。测反向电阻时，红表笔搭 VD2 正极，黑表笔搭 VD2 负极，如图 2-7（b）所示，此时不应该导通的 VD1 却导通了，使 VD2 的反向电阻不为无穷大，而是为 VD1 正向电阻与负载 R 的串联阻值。同理，对 VD1、VD3

及 VD4 的测量也是如此。所以，不要以为三极管的反向电阻在路测量不为无穷大，就认为二极管已损坏。

虽然二极管在路检测不很准确，但是，当二极管发生击穿短路或开路故障，通常可直接在印制板中检测。仍以如图 2-7 所示的桥式整流电路为例，若 VD2 发生开路故障，则其正向电阻测量为无穷大；若 VD2 发生击穿短路故障，则其正、反向电阻测量均为零。

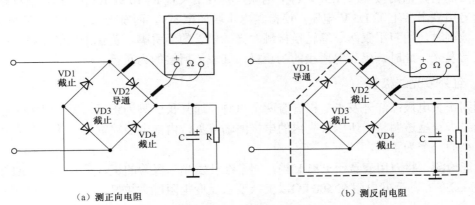

（a）测正向电阻 　　　　　　　　　　（b）测反向电阻

图 2-7　桥式整流二极管的在路测量

> **！结论：** 可在路检测二极管的击穿短路或开路故障。

2．开关二极管

检测开关二极管的方法与检测普通二极管的方法相同。不同的是，这种管子的正向电阻较大。用 R×1 k 电阻挡测量，一般正向电阻值为 5～10 kΩ，反向电阻值为无穷大。

3．双向触发二极管

性能检测：将万用表置于 R×1 k 挡，测双向触发二极管的正、反向电阻值都应为无穷大。若交换表笔进行测量，万用表指针向右摆动，说明被测管有漏电性故障。

对称性判断：将万用表置于相应的直流电压挡，测试电压由兆欧表提供。测试时，摇动兆欧表，万用表所指示的电压值即为被测管子的 V_{BO} 值。然后调换被测管子的两个引脚，用同样的方法测出 V_{BR} 值。最后将 V_{BO} 与 V_{BR} 进行比较，两者的绝对值之差越小，说明被测双向触发二极管的对称性越好。

4．高频变阻二极管

判别正负电极：高频变阻二极管与普通二极管在外观上的区别是其色标颜色不同，高频变阻二极管的色标颜色一般为浅色。其极性规律与普通二极管相似，即带绿色环的一端为负极，不带绿色环的一端为正极。

性能检测：通过测量正、反向电阻来判断其好坏，具体方法与测量普通二极管正反向电阻的方法相同，当使用 500 型万用表 R×1 k 挡测量时，正常的高频变阻二极管的正向电阻为 5～55 kΩ，反向电阻为无穷大。

5．变容二极管

将万用表置于 R×10 k 挡，无论红、黑表笔怎样对调测量，变容二极管的两引脚间的电阻值均应为无穷大。如果在测量中，发现万用表指针向右有轻微摆动或阻值为零，说明被测变容二极管有漏电故障或已经击穿损坏。对于变容二极管容量消失或内部的开路性故障，用万用表是无法检测判别的。通常用替换法进行检查判断。

6. 单色发光二极管

在万用表外部附接一节 1.5 V 的干电池，将万用表置 R×10 或 R×100 挡。这种接法就相当于给万用表串接上了 1.5 V 电压，使检测电压增加至 3 V，而发光二极管的开启电压为 2 V 左右。检测时，用万用表两表笔轮换接触发光二极管的两引脚。若管子性能良好，必定有一次能正常发光，此时，黑表笔所接的为正极，红表笔所接的为负极。

7. 红外发光二极管

判别正负电极：红外发光二极管有两个引脚，通常长引脚为正极，短引脚为负极。因红外发光二极管呈透明状，所以管壳内的电极清晰可见，内部电极较宽较大的一个为负极，而较窄且小的一个为正极。

性能检测：将万用表置于 R×1 k 挡，测量红外发光二极管的正、反向电阻，通常正向电阻在 30 kΩ 左右，反向电阻在 500 kΩ 以上，要求反向电阻越大越好。

8. 红外接收二极管

判别正负电极：一是从外观上识别，常见的红外接收二极管外观颜色呈黑色，识别引脚时，面对受光窗口，从左至右分别为正极和负极。另外，在红外接收二极管的管体顶端有一个小斜切平面，通常带有此斜切平面一端的引脚为负极，另一端为正极。二是将万用表置于 R×1 kΩ 挡，用判别普通二极管正负电极的方法进行检查，即交换红、黑表笔两次测量管子两引脚间的电阻值，正常时，所得阻值应为一大一小。以阻值较小的一次为准，红表笔所接的引脚为负极，黑表笔所接的引脚为正极。

性能检测：用万用表电阻挡测量红外接收二极管正、反向电阻，根据正、反向电阻值的大小，即可初步判定红外接收二极管的好坏。

2.4.3 三极管故障检测方法

三极管有两个 PN 结，它在电路中具有放大、振荡、开关和调制等多种作用，是电子产品中常用的电子器件。

要判断三极管的好坏首先要认定晶体管的三个电极，可用万用表 R×100 Ω 挡或 R×1 kΩ 挡进行测量。对于 NPN 型三极管，将黑表笔接基极，红表笔分别接集电极和发射极，测出两个 PN 结的正向电阻，应为几百欧至几千欧，如图 2-8（a）所示。然后把表笔对调一下再测反向电阻，两次阻值都应在几百千欧以上，如图 2-8（b）所示。最后测量集电极与发射极之间的电阻，如图 2-8（c）所示，两次都应在几百千欧以上。这样的三极管基本上是好的。

在测量中，如果发现 PN 结构的正反向电阻均为无穷大，则是内部断路；如果 PN 结正反向电阻均为零，或者集电极与发射之间的电阻为 0，则说明三极管内部击穿或短路；如果 PN 结正反向电阻相差不大，或者集电极与发射之间的电阻很小，这样的三极管基本上是坏的。对于 PNP 型三极管，测试 PN 结正向电阻时须将红表笔接基极，黑表笔分别接集电极和发射极。

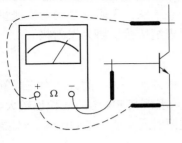　　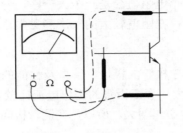　　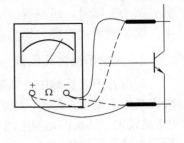

（a）测正向电阻　　　　　　　　（b）测反向电阻　　　　　　　　　（c）测c-e电阻

图2-8　万用表测量三极管的好坏

下面介绍各类三极管的主要检查方法。

1. 中、小功率三极管

1）测量极间电阻

将万用表置于 R×100 Ω或 R×1 kΩ挡，按照红、黑表笔的6种不同接法进行测试。其中，发射结和集电结的正向电阻值比较低，其他4种接法测得的电阻值都很高，约为几百 kΩ至无穷大。但不管是低阻还是高阻，硅材料三极管的极间电阻要比锗材料三极管的极间电阻大得多。

2）估测 I_{CEO} 的大小

将万用表的电阻量程选用 R×100 Ω或 R×1 kΩ挡，对于 PNP 管，黑表表接e极、红表笔接c极；对于 NPN 型三极管，黑表笔接c极、红表笔接e极，如图2-9（a）所示。要求测得的电阻越大越好。e-c 间的阻值越大，说明管子的 I_{CEO} 越小，管子的性能越稳定；反之，所测阻值越小，说明被测管的 I_{CEO} 越大，管子的性能越不稳定。一般来说，中、小功率的硅材料和锗材料低频管，其阻值应分别在几百千欧、几十千欧及十几千欧以上，如果阻值很小或测试时万用表指针来回晃动，则表明 I_{CEO} 很大，管子的性能很不稳定。

3）估测放大倍数

在图2-9（a）所示测穿透电流的基础上，再在集电极与发射极之间搭接一个 100 kΩ（可采用人体电阻）的电阻，如图2-9（b）所示，这时万用表指示的阻值应明显减小，减得越小，说明放大能力越强。有些型号的万用表具有测量三极管 h_{FE} 的刻度线以及测试插座，可以很方便地测量三极管的电流放大系数。先将万用表量程开关拨到 ADJ 位置，把红、黑表笔短接，调整调零旋钮，使万用表指针指示为零，然后将量程开关拨到 h_{FE} 位置，并使两短接的表笔分开，把被测三极管插入测试插座，即可从 h_{FE} 刻度线上读出管子的电流放大系数。

4）判定基极

用万用表 R×100 或 R×1 k 挡测量，当用第一根表笔接某一电极，而第二表笔先后接触另外两个电极均测得低阻值时，则第一根表笔所接的那个电极即为基极。这时，要注意万用表表笔的极性，如果黑表笔接的是基极，则被测三极管为 NPN 型管；如果红表笔接的是基极，则可判定被测三极管为 PNP 型管。

5）判定集电极和发射极

以 PNP 型为例，将万用表置于 R×100 或 R×1 k 挡，红表笔接基极，用黑表笔分别接触另外两个引脚时，所测得的两个电阻值会是一个大一些，一个小一些。在阻值小的一次测量中，黑表笔所接引脚为集电极；在阻值较大的一次测量中，黑表笔所接引脚为发射极。

2．大功率晶体三极管

利用万用表检测中小功率三极管的极性、管型及性能的各种方法，对检测大功率三极管来说基本上适用。但是，由于大功率三极管的工作电流比较大，因而其PN结的面积也较大，PN结较大，其反向饱和电流也必然增大。所以，在测量极间电阻时通常使用R×10或R×1挡检测大功率三极管。

3．行输出三极管

在CRT电视机行输出电路中，有一种带阻尼二极管与电阻器的大功率三极管，如图2-10所示。将万用表置于R×1挡，通过单独测量带阻尼行输出三极管各电极之间的电阻值，即可判断其是否正常。具体测试方法如下：

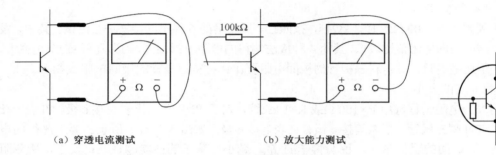

（a）穿透电流测试　　　　　（b）放大能力测试

图2-9　穿透电流与放大能力测试　　　　　图2-10　行输出三极管

将红表笔接e，黑表笔接b，此时相当于测量大功率管b-e结的等效二极管与保护电阻R并联后的阻值，由于等效二极管的正向电阻较小，而保护电阻R的阻值一般也仅有20～50Ω，所以，二者并联后的阻值也较小；反之，将表笔对调，即红表笔接b，黑表笔接e，则测得的是大功率管b-e结等效二极管的反向电阻值与保护电阻R的并联阻值，由于等效二极管反向电阻值较大，所以，此时测得的阻值即是保护电阻R的值，此值仍然较小。

将红表笔接c，黑表笔接b，此时相当于测量管内大功率管b-c结等效二极管的正向电阻，一般测得的阻值也较小；将红、黑表笔对调，则相当于测量管内大功率管b-c结等效二极管的反向电阻，测得的阻值通常为无穷大。

将红表笔接e极，黑表笔接c极，相当于测量管内阻尼二极管的反向电阻，测得的阻值一般都较大，在300Ω～∞；将红、黑表笔对调，则相当于测量管内阻尼二极管的正向电阻，测得的阻值一般都较小，在几欧到几十欧。

4．三极管故障在路检测

三极管的在路测量非常重要，当怀疑印制电路板中的某三极管损坏，将三极管焊下来测量，如果这个三极管没有坏，则又要焊上去，这就非常麻烦。如果先在印制电路板中测量一下，当确定三极管确实已损坏，再焊下来换上新管。

1）在路电阻测量法

以如图2-11所示放大电路为例，三极管在路测量也是测量两个PN结的正、反向电阻，由于受电路中其他元器件的影响，三极管在路测出来的 PN 结正、反向电阻的阻值均比非在路测量值小。例如测图 2-11 所示电路中三极管 b-e 结电阻，由于 b-e 并联了（$R_{b2}+R_e$）电阻，所以反向电阻不可能大于 13.3 kΩ，正向电阻也比 13.3 kΩ 小得多。又如测图 2-11 所示电路中三极管 b-c 结电阻，由于 b-c 并联了（$R_{b1}+R_c$）电阻，所以反向电阻不可能大于 23.3 kΩ，正向电阻也比 23.3 kΩ 小得多。

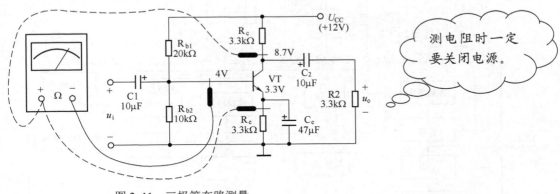

图 2-11　三极管在路测量

> **提示：** 在路测量三极管的两个 PN 结正反向电阻，只要反向电阻明显大于正向电阻，就可以基本判定两个 PN 结是好的。大多数三极管的两个 PN 结正常，则三极管一般就没有损坏。

2）在路电压测量法

也可以在路测试三极管各引脚对地电压来判别三极管是否损坏。如对于图 2-11 所示放大电路，若测出来的引脚对地电压值与图纸所标的电压值接近，就可以认为三极管没有损坏。

对于三极管软故障，如温度特性差等，则不能利用万用表来检测。可利用酒精棉花对印制电路板中的三极管进行冷却，若故障消失，则该三极管温度特性差，可更换之。当然，将三极管焊下来，放在晶体管特性图示仪测试，则三极管的软故障将一目了然。

任务 2-5　集成电路故障检测

学习目标

最终目标：能检测集成电路故障。

促成目标：（1）掌握集成电路故障的电压测量方法；

（2）掌握集成电路故障的电阻测量方法与技巧；

（3）能检测集成电路故障。

活动设计

活动内容：以东芝 TA 两片机芯电视机 TA7680AP 集成电路为例进行操作设计，电路如图 2-12 所示。

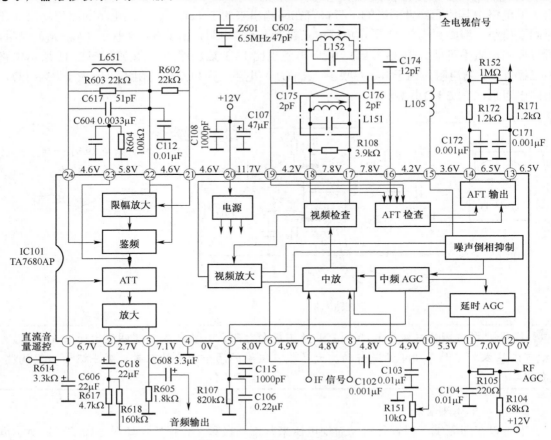

图 2-12　TA7680AP 集成电路

（1）在无故障状态下测 TA7680AP 集成电路各引脚对地电压及对地电阻，测电阻时应用万用表的红、黑表棒各测 1 次。

（2）设置一个故障，再通过测量 TA7680AP 各引脚对地电压或对地电阻，并与无故障状态下的测量值进行比较，从而找出故障元件。

工具准备： 东芝 TA 两片机、万用表、电烙铁等。

时间安排： 20 min。

相关知识

相关知识部分在介绍集成电路故障机理的基础上，重点介绍集成电路故障的引脚电压、引脚电阻，引脚波形检测方法。

2.5.1 集成电路故障机理

集成电路是采用半导体制作工艺，在一块较小的单晶体硅片上制作出许多二极管、三极管及电阻、电容、电感等元器件，并按照多层布线或隧道布线的方法将各元器件组合成完整的电子电路，再封装外壳，从而制成便于安装，能够插接、焊接的电子器件，被广泛应用于各类电子产品中。

集成电路的故障分为两种情况，一种是集成电路本身不良；另一种是集成电路外围元器件的故障。要确认是集成电路本身还是外围元器件故障，需从各个方面来反映集成电路的正常工作状态，从而可以比较正确有效地判断故障的所在。

集成电路本身故障机理如表 2-2 所示。

表 2-2　集成电路本身故障机理

失效机理＼筛选项目	高温储存	热冲力	反偏压	检漏	工作寿命试验	离心加速度	冲击	振动	温度循环	电测试	目测	X射线试验	高压试验	低压试验
划分错位					√					√				
表面或电阻率不均匀					√									
污染	√		√		√				√	√	√			
龟裂、刻痕、碎裂、针孔									√	√				
纯化缺陷	√				√				√					
光刻清洗、切割不良	√									√				
扩散掺杂控制不当	√				√				√					
金属化	√				√				√					
芯片分选龟裂、碎裂		√				√	√	√	√					
芯片键合					√	√			√					
引线键合	√				√	√			√					
密封不良或残存金属物				√										√
可伐玻璃土封装龟裂、空洞	√								√	√			√	
封装气体不良	√		√		√									
标记不对										√				

2.5.2　集成电路故障检测方法

1．检测集成电路各引脚直流电压

事先了解正常时集成电路的各引脚直流工作电压，然后用万用表测量集成电路各引脚与地之间的直流电压，并与正常值进行比较，从而可以发现其不正常的部位。

实际检查时，因为各引脚直流工作电压的变化比较小，有时会错过不正常部位的判断，或有几个脚的电压都改变了，增加判断难度。为此最好能事先了解该集成电路的内部电路图，至少要了解内部方框图。要掌握各引脚的电压是由内部输出的还是外部供给的，这样给判断带来很大的方便，就容易判断故障的原因是集成电路内部还是外围元器件引起的。在实际检测时要注意以下几个方面：

（1）万用表要有足够大的内阻，至少要大于被测电路电阻的 10 倍以上，以免造成较大的测量误差。

（2）通常把电子产品中相应的各电位器旋到中间位置，并在接收标准信号时进行测量。

（3）当测得某一引脚电压与正常值不符时，应根据该引脚电压对集成电路正常工作有无重要影响以及其他引脚电压的相应变化进行分析，才能判断集成电路的好坏。

（4）集成电路引脚电压会受外围元器件影响。当外围元器件发生漏电、短路、开路或变

值时，都会使引脚电压发生变化。

（5）若集成电路各引脚电压正常，则一般认为集成电路正常；若集成电路部分引脚电压异常，则应从偏离正常值最大处入手，检查外围元件有无故障，若无故障，则集成电路很可能损坏。

（6）在有信号或无信号两种状态下，集成电路有些引脚电压是不同的，如图 2-12 中的 TA7680AP⑤脚电压。如发现引脚电压不该变化的反而变化，应该变化的反而不变化，就可确定集成电路损坏。

（7）检测时防止表笔在测量点之间的滑动，集成电路的相邻引脚焊点靠得很近，任何瞬间短路都容易损坏集成电路。

2．检测集成电路各引脚与地之间的电阻值

集成电路引脚内部元件损坏，或集成电路引脚外部元件损坏，都会使集成电路引脚对地电阻值发生变化。因此，通过测量故障机的集成电路引脚对地电阻值，并与正常机的集成电路引脚对地电阻进行比较，若发现某引脚的电阻值的比较有明显差异，则故障部位就发生在该引脚，可能是该引脚外接元件损坏，也可能是集成电路该引脚内部损坏。

测量前要先断开电源，以免测试时损坏万用表和元件；万用表电阻挡的内部电压不得大于 6 V，量程最好用 R×100 Ω或 R×1 kΩ挡。

由于电路的非线性，不同型号万用表测出来的集成电路引脚对地电阻可能不一样；若万用表型号相同，但电阻挡量程不同，则测出来的电阻值也不一样；若万用表型号及电阻挡量程一样，红、黑表棒测出来的引脚电阻又是不一样的。因此，测量引脚电阻时，在故障机与正常机上测量的万用表型号应一样，采用的电阻挡量程也应一样，要用万用表的红、黑表棒各测一次，即先将红表棒接地，用黑表棒去测量引脚电阻值，再将黑表棒接地，用红表棒去测量引脚电阻值。只有这样，故障机与正常机的引脚电阻值比较才有意义。

有些集成电路引脚外部可能通过一个电解电容器接地，测电阻时万用表指针会动，这是电容器充放电引起的，是正常的，可等待万用表指针稳定后再读出电阻值。

3．检查集成电路的输入与输出波形

用示波器测量集成电路的输入和输出信号的波形，并将此信号波形与正常波形相比较，以判断不正常的部位。如图 2-12 中的 TA7680AP⑦⑧脚输入中频信号，⑮脚输出视频信号，③脚输出音频信号。

4．检查集成电路的外围元器件

在采用上述三种方法均无法找到不正常部位时，就应逐一检查其外围元件或更换集成电路。检查外围元器件时，应将元器件的一端脱开电路来测试，这样就不会受其他元器件的影响。

由于现在所用集成电路引脚越来越多，印制板铜箔条又很细，因此拆换集成电路容易损坏铜箔条。为此，通常先检查各引脚铜箔条是否有断裂，外围元器件是否有损坏现象后再换集成电路。这样比较有效。

上面介绍了检查集成电路的方法，实际上单凭一种方法有时是较难判断的，因此最好综合运用以上各种方法进行检查分析，以达到事半功倍的效果。

任务 2-6　电声器件故障检测

学习目标

最终目标：能对电声器件进行故障检测。

促成目标：（1）了解扬声器种类及电动式扬声器结构与原理；

（2）了解耳机耳塞、驻极体传声器结构与原理；

（3）熟悉扬声器、耳机耳塞、驻极体传声器常见故障现象；

（4）能检测扬声器、耳机耳塞、驻极体传声器故障。

活动设计

活动内容：扬声器、耳机耳塞及驻极体传声器质量检测练习。

工具准备：万用表、扬声器若干只、耳机耳塞若干只、驻极体传声器若干只。

时间安排：20 min。

相关知识

相关知识部分将介绍扬声器、耳机和耳塞、驻极体传声器的结构、基本原理及故障检测技巧。

2.6.1　扬声器故障检测

很多电子产品都有扬声器这个电子器件，扬声器俗称喇叭，是一种将电信号转换成声音的电子元器件。扬声器种类很多，按电–声换能的方式可分为电动式、电磁式、静电式及压电陶瓷式。电磁式扬声器是当音频电流流过已磁化了的振动部分，与磁体的磁性相互吸引和排斥而产生作用力，推动扬声器的振膜移动而产生声音。静电式是将两个极性相反的电极安装在一起，形成一个电容，当音频电流加在此电容的两端时，两个电极之间的电场产生作用力，使扬声器的振动膜振动。压电陶瓷式是利用某些材料的压电效应制成，当晶体表面加上音频电压时，晶体能够产生和音频电压相对应的振动，从而使扬声器发声。

按扬声器工作的频带可分为高频扬声器、中频扬声器、低频扬声器及全频扬声器。

按扬声器振膜的形状可分为锥形、球顶形及平板形。

按扬声器振动膜（盆）的制作材料的不同可分为纸盆、碳纤维盆、PP 盆、玻璃纤维盆、防弹布盆、钛膜及丝绸扬声器。

按扬声器膜边缘使用的不同材料可分为纸边、布边、橡皮边及泡沫边。

1．电动式扬声器结构与原理

电动式扬声器应用最为广泛，其结构如图 2-13 所示。它由磁路系统、振动系统及盆架等组成。纸质振膜通常呈圆锥形，称为纸盆。纸盆的厚度为 0.1～0.5 mm。纸盆的中心部分与可运动的线圈连接，此可运动线圈叫做音圈。音圈的圈数通常有数十圈，处在磁路的磁缝隙间，支持纸盆的是纸盆外缘的折环，支持音圈的是中心部分的定心支片，纸盆和音圈只能沿轴向运动。音圈、定心支片、纸盆等构成了扬声器的振动系统。扬声器的另一部分是磁路系统，它包括磁体和导磁系统（导磁夹板、导磁柱）。盆架、压边等对各部件起着连接、支持、固定作用。若通过音圈的电流为音频电流，则音圈就受到一个大小与音圈电流成正比、方向随音频电流变化而变化的力，从而产生振动，音圈又带动纸盆振动发出声音来。

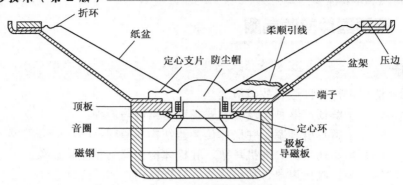

图 2-13　电动式扬声器的结构

电动式扬声器按磁体结构不同分为：内磁式扬声器和外磁式扬声器。内磁式扬声器的磁路系统多采用合金磁体，特点是漏磁小，价格稍贵。外磁式扬声器多采用铁氧磁体，特点是漏磁大，体积大，但价格便宜。

2．扬声器故障现象与检测方法

扬声器常见故障现象是：音圈振断或霉断、音圈卡住、纸盆破。

扬声器的好坏可用万用表电阻挡来测量判断。将万用表置于 R×1 Ω挡，把任一表笔与扬声器的任一引出端相接，用另一表笔断续触碰扬声器另一引出端，此时，扬声器将发出"喀喀"声，万用表指针亦相应摆动，如图 2-14 所示。如触碰时扬声器不发声，指针也不摆动，说明扬声器内部音圈断路或引线断裂。音圈一般断在引出线上，因为音圈引出线与纸盆固定在一起，纸盆的强烈振动，易将音圈引出线振断，通常可将音圈引出线重新连接起来。

扬声器的纸盆与音圈相连，当用手轻轻按压扬声器纸盆，如图 2-15 所示，手感柔和有弹性，表明音圈没有卡住，这样的扬声器才能发出柔和动听、宏亮悦耳的声音来。

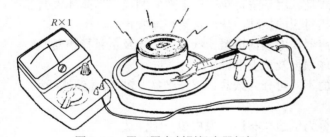

图 2-14　用万用表判别扬声器好坏

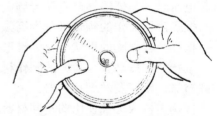

图 2-15　扬声器纸盆弹性试验

2.6.2　耳机和耳塞故障检测

耳机和耳塞也是一种电/声转换器件，它们的结构与电动式扬声器相似，也是由磁铁、音圈和振动膜片等组成。但耳机和耳塞的音圈大多是固定的。

耳机多为双声道式，相应地引出插头上有三个引出点，一般插头后端的接触点为公共点，前端和中间接触点分别为左右声道引出端。检测时，将万用表任一表笔接在耳机插头的公共点上，然后用另一表笔分别触碰耳机插头的另外两个引出点，相应的左声道或右声道的耳机应发出"喀喀"声，指针应偏转，指示值分别为 20 Ω或 30 Ω左右，而且左右声道的耳机阻值应对称。如果测量时耳机不发声，指针也不偏转，说明相应的耳机有引线断裂或内部焊点脱开的故障。若指针摆至"0"位附近，说明相应耳机内部引线或耳机插头处有短路的地方。若指针指示阻值正常，但发声很轻，一般是磁铁与耳机振膜片之间的间隙不对造成的。

耳塞一般为单声道式，相应地引出插头上只有两个引出点。检测时，将任一表笔固定接触在耳塞插头的一端，用另一表笔去触碰耳塞插头的另一端，如图 2-16 所示，此时耳塞应发出"喀喀"声，指针应偏转，指示值应为：低阻 8～10 Ω，高阻 800 Ω左右；如果耳塞无声，同时指针也不偏转，说明耳塞引线断裂或耳塞内部焊线脱开；若触碰时耳塞内无声，但指针却指示在"0"附近，表明耳塞内部引线或耳塞插头处存在短路故障。

2.6.3 驻极体传声器故障检测

驻极体传声器是一种声/电转换器件，如图 2-17 所示，其作用是将声音信号转换成电信号，通常又称为话筒（MIC）。它的突出特点是体积小、质量轻、结构简单、使用方便、寿命长、频率响应范围宽、灵敏度高，且价格比较低廉。因而被广泛应用于盒式录音机、无线话筒、声控开关、手机、电话机、MP3/MP4、数码相机、摄像机、语音识别系统、计算机等电子产品中。驻极体传声器的检测通常有电阻测量法和灵敏度测量法两种。

图 2-16　用万用表判别耳塞好坏

图 2-17　驻极体传声器外形

1. 驻极体传声器结构与原理

驻极体传声器由声电转换和阻抗转换两部分组成，如图 2-18（a）所示。声电转换部分的关键元件是驻极体振动膜，它是一个极薄的塑料膜片，在它上面蒸发一层纯金薄膜，然后经高压电场驻极后，两面分别驻有异性电荷。膜片的蒸金面向外与金属外壳相连通，膜片的另一面用薄的绝缘垫圈隔开，这样蒸金膜面与金属极板之间就形成了一个电容器。阻抗转换部分由场效应管担任，它的主要作用就是把几十兆欧的阻抗转变为与放大器匹配的阻抗。场效应管的 G 极接金属极板，通过 D 极或 S 极输出音频信号，电路形式如图 2-18（b）所示。

2. 电阻测量法

通过测量驻极体传声器引线间的电阻，可以判断其内部是否开路或短路。测量时，将万用表置于 R×100 或 R×1 k 挡，红表笔接驻极体话筒的芯线或信号输出端，黑表笔接引线的金属外皮或话筒的金属外壳。一般所测阻值应在 500 Ω～3 kΩ 范围内，若测得阻值接近零时，表明驻极体话筒有短路性故障；若所测阻值为无穷大，则说明驻极体话筒开路；如果阻值比正常值小得多或大得多，都说明被测话筒性能变差或已经损坏。

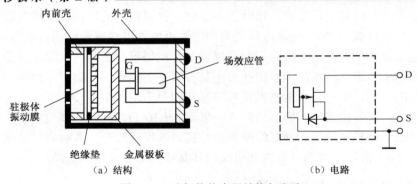

（a）结构　　　　　　　　　　　　　（b）电路

图2-18　驻极体传声器结构与电路

3．灵敏度测量法

将万用表置于 R×100 挡，红表笔接驻极体话筒的芯线或信号输出端，黑表笔接引线的金属外皮或话筒的金属外壳。此时，万用表指针应有一阻值（如 1 kΩ），然后正对着驻极体话筒吹一口气，仔细观察指针，应有较大幅度的摆动。万用表指针摆动的幅度越大，说明驻极体话筒的灵敏度越高，若指针摆动幅度很小，则说明驻极体话筒灵敏度很低，使用效果不佳。假如发现指针不动，可交换表笔位置再次吹气试验，若指针仍然不摆动，则说明驻极体话筒已经损坏。另外，如果在未吹气时，指针指示的阻值便出现漂移不定的现象，则说明驻极体话筒热稳定性很差，这样的驻极体话筒不宜继续使用。

知识梳理与总结

电子产品发生故障的原因是因为元器件有故障，维修的最终结果就是在电子产品中找出有故障的元器件并更换之，从而使电子产品的功能恢复正常。因此，电子产品元器件故障的在路检测是维修技术中的一项重要基本功。

电子产品元器件故障检测有两种，即单独故障检测与在路故障检测。单独故障检测是指电子元器件没有焊在电路板中的检测，即单独拿在手中的故障检测，通常在电子技术基础课程中有这种检测的训练，因此从略介绍。在路故障检测是指印制板中的电子元器件故障检测，在电子产品维修中，这种检测更加重要，因而重点介绍。

我们不能盲目地将印制板中元器件拆下来，应事先通过在路检测，证实某元器件确实有故障，然后再拆下来，这就是在路检测的重要性。受周围电子元器件连接的影响，有些电子元器件可以准确地检测，有些很难检测。因此，在路检测技巧很高。

电声器件在电子产品中经常用到，本项目也作了详细介绍，这也是为后面的电路级、产品级维修作准备。

思考与练习2

1．电阻器的故障现象有哪些？

2．采用指针式万用表在路检测电阻器故障，为什么要测二次？

3．为什么有些电阻器的在路实测值与实际值相近，有些差别很大？

4．若电阻器的在路实测值与实际值相差很大，是否说明被测电阻器已损坏？

5．如果电阻器两次测试的在路阻值不一样，请问哪一次测试是准确的？为什么？

6．若测试 10 Ω、390 Ω、1.5 kΩ、5.6 kΩ、47 kΩ、150 kΩ，应分别采用 500 型万用表的何挡量程？

7．若某一个电阻器已发生开路损坏，如何通过在路测试进行判别？

8．电容器的故障现象有哪些？怎样用万用表在路检查电容器故障？

9．采用指针式万用表在路测量电容器，为什么有些电容器有充放电现象，而有些没有？

10．如何在印刷板中测出电容器的击穿故障？

11．对于非电解电容，能在路测试质量的好坏吗？

12．变压器的故障现象有哪些？怎样用万用表在路检查变压器故障？

13．测试电感线圈、变压器绕组的电阻值，应采用万用表的哪一挡量程？

14．当电感线圈或变压器某绕组开路时，你能把它测出来吗？如何测？

15．当电感线圈或变压器某绕组局部短路时，你能把它测出来吗？如何测？

16．二极管的故障现象有哪些？怎样用万用表在路检查二极管故障？

17．通常二极管的反向电阻为无穷大，而在路实测结果不是无穷大，为什么？

18．如何通过在路测试来判别二极管断极（开路）故障？

19．如何通过在路测试来判别二极管击穿（短路）故障？

20．如何通过在路测试，判别桥式整流二极管有没有损坏？

21．三极管的故障现象有哪些？怎样用万用表在路检查三极管故障？

22．采用指针式万用表非在路测试三极管的质量，通常需要测哪 6 次？各次正确阻值是什么？

23．通常三极管的 b-e 结反向电阻为无穷大，而在路实测结果不是无穷大，为什么？

24．如何通过在路测试来判别三极管断极（开路）故障？

25．如何通过在路测试来判别三极管击穿（短路）故障？

26．检测集成电路是否损坏可采用哪些方法？

27．如何检查扬声器、耳机耳塞及驻极体传声器的好坏？

项目 3
电路级故障检修

学习导航

　　电子产品是由各种单元电路组成的，如收音机由音频放大电路、中频放大电路、检波或鉴频电路、立体声解码等电路组成；电视机由电源电路、扫描电路、高频电路、音视频放大电路、彩色解码及微处理器控制电路等组成；笔记本电脑是由待机与开机电路、CPU 电路、充电电路、时钟及接口电路等组成。因此，电路级故障检修是电子产品维修技术的基础。

　　本项目共有 6 个任务：任务 3-1 是放大电路故障检修，任务 3-2 是电源电路故障检修，任务 3-3 是高频电路故障检修，任务 3-4 是行扫描电路故障检修，任务 3-5 是场扫描电路故障检修，任务 3-6 是微处理器待机控制电路故障检修。

学习 目标	最终目标	能检修典型电子电路的常见故障	
	促成目标	1. 熟悉典型电子电路组成及原理；	2. 掌握典型电子电路故障检修技巧；
		3. 能对典型电子电路进行调整；	4. 能检修典型电子电路常见故障
教师 引导	知识引导	每次技能操作之前，应有知识引导，内容应包括：典型电子电路组成与工作原理分析；故障分析；电路测试与调整方法；故障检修技巧	
	技能引导	技能操作可以彩色电视机、收音机为载体，先完成电路测试，以便熟悉电路，然后设置难度适宜的人为故障，让学生独立进行检修操作，并写出检修报告	
	重点把握	放大电路是最基本的电路，电源电路是故障率最高的电路，故应作为学习的重点。	
	建议学时	28 学时	

任务 3-1 放大电路故障检修

在诸多单元电路中，放大电路是最基本的电路。按元器件分类有分立元件放大电路、集成运算放大电路；按功能分类有电压放大电路、功率放大电路、低频放大电路、高频放大电路等。本任务主要介绍应用最多的低频电压放大电路、功率放大电路的故障检修。

学习目标

最终目标：能检修电压放大电路、功率放大电路故障。

促成目标：（1）能分析元器件损坏后对电路的影响；

（2）熟悉放大电路的故障检修技巧；

（3）初步掌握采用电压测量法、电阻测量法、信号注入法来检修电路故障；

（4）能对放大电路进行故障检修，找出损坏元器件。

活动设计

活动内容 1： 在如图 3-1 所示电压放大电路中设置一个故障元件，如电阻开路、电容失效、三极管击穿，要求采用电压测量法、电阻测量法及波形测试法找出故障元件，并排除故障。

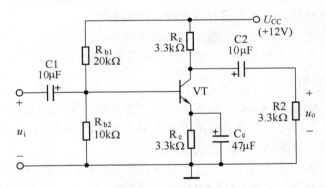

图 3-1 共发射极电压放大电路

活动内容 2： 在如图 3-2 所示功率放大电路中设置一个故障元件，如电阻开路、电容失效、三极管击穿，要求先采用信号注入法（干扰法）确定故障部位，然后再采用电压、电阻测量法找出故障元件，并排除故障。

工具准备： 共发射极放大电路板（特制）、TA 两片电视机伴音功放电路、万用表、示波器、电烙铁等。

时间安排： 45 分钟。

评分标准： 满分为 100 分，其中排除故障占 60%，检修报告占 40%。

扣分标准： ①在检修过程中，每犯 1 次检修错误（如用万用表的交流电压挡测直流电压等）扣 10 分；②每超时 10 分钟扣 10 分；③每要求教师提示 1 次扣 10 分；④检修过程中若人为损坏电路扣 20 分。

故障检修报告范例

故障机型号	
故障现象	
故障分析与检修过程：	
故障检修结果	
指导教师评语	

相关知识

相关知识部分将介绍电压放大电路静态检测与动态检测，介绍功率放大电路检修的正反馈判别法，干扰信号注入判别法及电压、电阻测试法。

3.1.1　电压放大电路故障检修

分立元件电压放大电路有共发射极、共基极及共集电极三种，对于如图 3-1 所示的共发射极放大电路，电路能否起放大作用，用信号发生器在电路输入端加信号，然后用示波器观察输出波形，虽然直观，但比较麻烦。通常检修时，要求用万用表将损坏的元件找出来。电路主要故障有：电阻开路，三极管击穿或开路，电容失效。

检修此电路的常用方法：电压测量法、电阻测量法、替代法等。

检修步骤：先检查直流部分（4 个电阻与三极管），后检查交流部分（3 个电容）。

1. 静态直流电路检查

用万用表测量三极管 b、e、c 电极对地电压，与电路图中所标电压如果基本一致，则直流电路正常，即 4 个电阻与三极管没有故障。如果不一致，则说明直流电路不正常，再根据故障分析及电阻测量法寻找出已损坏的元件。

检修直流电路故障，要学会分析每一个元件损坏后对直流状态的影响。对于图 3-1 所示的电压放大电路，当电路正常时，U_b=4.0 V，U_e=3.3 V，U_c=8.7 V。故障分析如下：

（1）上偏置电阻 R_{b1} 开路：导致基极电压为零，三极管电流为零。

（2）下偏置电阻 R_{b2} 开路：导致基极电压增大，三极管电流过大而处于饱和状态。

（3）集电极电阻 R_c 开路：相当于集电极断开，三极管变成二极管，基极电流就是发射极电流。

（4）发射极电阻 R_e 开路：发射极与集电极电流均为零。

（5）三极管 b-e 短路：b 极与 e 极电压相等，三极管截止。

（6）三极管 b-c 短路：b 极与 c 极电压相等，三极管仍导通。

（7）三极管 c-e 短路：c 极与 e 极电压相等，三极管两个 PN 结均有 2 V 反偏电压。

图 3-1 所示电路的电压测量如表 3-1 所示。由表可知，三极管的集电极是一个关键测试点，4 个电阻中，无论哪一个电阻发生开路故障，或三极管有故障，都会引起集电极电压异常变化。

> ⚠ 提示：集电极电压是最重要的一个测试，如果集电极电压正常，则直流电路一般就正常。

表 3-1　放大电路电压测试一览表

故　　障	U_b/V	U_e/V	U_c/V
电路正常	4.0	3.3	8.7
R_{b1} 开路	0	0	12.0
R_{b2} 开路	7.0	6.3	6.4
R_c 开路	1.8	1.1	1.1
R_e 开路	4.0	3.55	12.0
b-e 短路	1.32	1.32	12.0
b-c 短路	5.8	5.2	5.8
c-e 短路	4.0	6.0	6.0

若电压测量不正常，可关掉电源，通过电阻测量法找出有故障的元件。对于图 3-1 中电路，任一个电阻发生开路故障，或三极管发生开路或击穿短路故障，都可以用万用表进行在路检测。

2．动态交流电路检查

动态检查最直观的方法是，用信号发生器在电路输入端加信号，然后用示波器观察输出波形，这种方法比较麻烦，当直流电路正常后，则对交流放大有影响的就是三个电容。电容若击穿将影响直流状态，电容漏电通常对电路影响甚微，电容失效则使信号不能通过。

当 C_1 失效时，信号不能输入；当 C_2 失效时，信号不能输出；当 C_e 失效时，由于 R_e 产生交流负反馈，电压放大倍数 A_u 近似为负载电阻与射极电阻的比值，约为 0.5。

$$A_u = \frac{R_c \, / \! / \, R_2}{R_e}$$

可采用替代法，即将一只同容量电容并联在电路中的电容两端，若有效果，则说明电路中的电容已失效。

3.1.2　功率放大电路故障检修

功率放大器种类繁多，按电路形式分类有 OTL 功率放大器、OCL 功率放大器、BTL 功率放大器；按放大元器件分类有分立元件功率放大器，集成、厚膜功率放大器，分立元件与集成电路混合放大器；按末级功率管的静态工作点分类有甲类（A）功率放大器、乙（B）类功率放大器、甲乙（AB）类功率放大器。在电子产品中，功率放大电路由于功率损耗大，容易发生故障，所以掌握功率放大电路的故障检修，非常重要。

1．典型音频功率放大电路分析

音频功率放大电路的作用是对音频信号进行功率放大，以推动扬声器工作。东芝 TA 两片机音频功率放大电路如图 3-2 所示。

图中由 VT603、VT604 组成互补推挽 OTL 型音频功率放大电路，采用+114 V 供电。VT602 为激励放大器，VD602、R607 给推挽管 VT603、VT604 建立甲乙类静态工作点，以避免产

生交越失真，其中 VD602 还具有温度补偿作用，以稳定推挽管的静态电流。音频信号经 C608 耦合到放大管 VT601 基极，R619、R620 是偏置电阻，信号放大后由 C619 耦合到激励管 VT602 基极，经 VT602 激励放大和 VT603、VT604 功率放大后，由变压器 T661 耦合至扬声器。

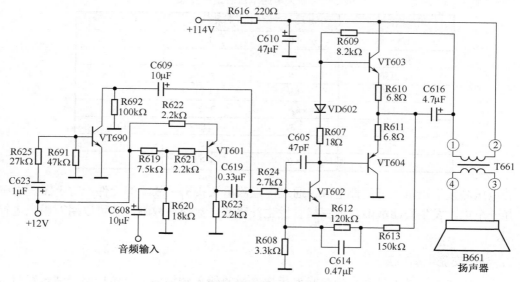

图 3-2 东芝 TA 两片机音频功率放大电路

C616 是耦合电容，由于扬声器阻抗经 T661 阻抗变换到①、②端相当于一个很大负载电阻，因此 C616 容量一般只选几 μF 即可。R610、R611 是限流保护电阻，以保护推挽管，并产生适量负反馈，以改善推挽性能。R613、R612、R608 是交直流负反馈电阻，直流负反馈可以稳定推挽管发射极电位，交流负反馈可以改善信号放大的性能。C605 为防振电容。R609 是 VT602 的集电极负载电阻，该电阻没有直接接 114 V 电源，而是接 T661①端，它同样有 114 V 直流电压供电，且具有自举升压作用。

VT690 开机静噪控制管。即在开机瞬间，由于 C623 两端没有电压，+12 V 经 R625 给 C623 充电，此充电使 VT690 饱和导通，C609 左端交流接地，C609 将 VT601 输出的音频信号短路，使扬声器静噪。正常播放时，C623 两端充有 12 V 电压，VT690 因无偏置而截止，C609 对电路没有影响。

2. 用正反馈法判别是否正常工作

采用正反馈法可准确在判别音频功率放大电路是否正常工作。具体操作方法是：检修者每一只手均握住一样小金属物，如小螺丝刀或镊子钳，一定要握在金属部位。然后，一只手将螺丝刀与音频信号输入端的焊点相碰，另一只手将螺丝刀与 T661③脚或④脚的焊点相碰，即通过人体构成反馈。若螺丝刀与 T661③脚焊点相碰时扬声器无声，则就是负反馈，可将螺丝刀改为与 T661④脚焊点相碰，则一定是正反馈，扬声器将发出清脆的啸叫声，表明音频功率放大电路正常。若螺丝刀与 T661③、④脚焊点相碰时均不会产生啸叫声，这表明音频功率放大电路完全不工作；若螺丝刀与 T661③、④脚焊点相碰时虽然有啸叫声，但啸叫声不清脆或啸叫声很轻，这表明电路可能存在失真或音轻故障。注意：热底板功放禁用此法。

3．采用干扰信号注入法确定故障部位

将万用表置于电阻 R×1 K 挡，并将其正表笔接地，用负表笔从扬声器到功放再向前逐级触击电路的输入端，若能听到扬声器发出的"咯"、"咯"干扰声，说明这之后的电路是正常的，反之，若某一处听不到扬声器发出的"咯"、"咯"干扰声，说明故障就出在这之后部分的电路。再配合采用电压法和电阻法进行检测，便可确定相关故障元件。

干扰信号注入顺序：T661③④脚→T661①②脚→VT604 射极→VT602 集电极→VT602 基极→VT601 集电极→VT601 基极→信号输入端。

4．用电压、电阻测量法找出有故障的元件

当故障部位确定后，再通过电压、电阻测量法在故障部位找出有故障的元件。如确定故障部位是静噪电路，则最常见的是 VT690 的 c-e 结击穿，使送至功放电路的音频信号被 C609 短路，从而造成无声音的现象。通过测 VT690 的 c-e 间的电阻值来检查 c-e 结击穿。

在电压测量中，推挽管 VT603、VT604 的发射极电压测量十分重要，此电压称为推挽管中点电压，此电压通常是电源电压的一半（48 V）。如果此电压正常，则通常 VT602、VT603、VT604 及周围电阻均正常。

图 3-2 所示电路的电阻故障在路检测已在任务 2-1 中介绍，此处不再重复。

3.1.3　集成运放电路故障检修

1．集成运算放大器的输出调零故障

为了提高集成运算放大器的精度，消除因失调电压和失调电流引起的误差，需要对集成运算放大器进行调零。调零就是实现零输入时零输出。

集成运算放大器的调零电路有两类：一类是内调零，集成运算放大器设置外接调零可变电阻的引脚，按说明书连接即可，如 μA741 运算放大器的①和⑤引脚；另一类是外调零，即集成运算放大器没有外接调零可变电阻的引脚，可以在集成运算放大器的输入端加一个补偿电压，以抵消集成运算放大器本身的失调电压，达到调零目的。常用的辅助调零电路如图 3-3 所示。

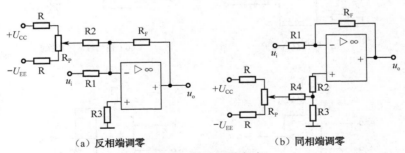

（a）反相端调零　　　　　　　　　（b）同相端调零

图 3-3　辅助调零电路

2．集成运算放大器的单电源供电故障

双电源集成运算放大器用单电源供电时，该集成运算放大器内部各点对地的电位都将相应提高，否则就会产生静态工作点不正常故障。正常的静态电压是：同相、反相及输出引脚电压是电源电压的 1/2。为了使双电源集成运算放大器在单电源供电下也能正常工作，必须

将同相输入端的电位提升，并采用电容（C1、C2、C3）来隔断直流允许通交流，如图 3-4 所示。其中，图 3-4（a）适用于反相输入交流放大，图 3-4（b）适用于同相输入交流放大，图中 R1= R2。

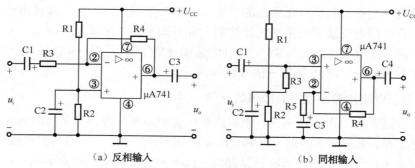

（a）反相输入　　　　　　　　　　　　（b）同相输入

图 3-4　单电源供电电路

3．集成运算放大器的保护

集成运算放大器在使用过程中，常因为输入信号过大、输出端功耗过大、电源电压过大或极性接反而损坏。为了使集成运算放大器安全工作，常设置保护电路。常用保护电路如图 3-5 所示。

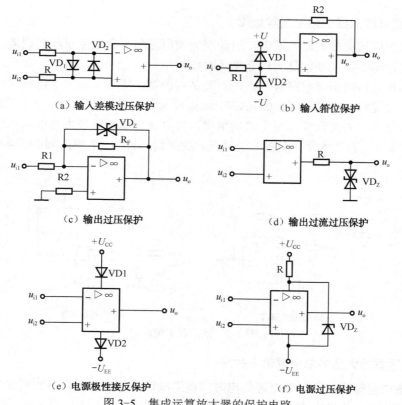

（a）输入差模过压保护　　　　　　　　　（b）输入箝位保护

（c）输出过压保护　　　　　　　　　　　（d）输出过流过压保护

（e）电源极性接反保护　　　　　　　　　（f）电源过压保护

图 3-5　集成运算放大器的保护电路

1）输入端保护

图 3-5（a）中的输入端反向并联二极管 VD1 和 VD2，可将输入差模电压限制在二极管的正向压降以内；图 3-5（b）所示为限制输入电压箝位保护电路。运用二极管 VD1 和 VD2 将同相输入端的输入电压限制在 $\pm U$ 之间。

2）输出端保护

图 3-5（c）所示为输出端保护电路。将两个稳压管反向串联后接在输出端与反相端之间，就可将输出电压限制在稳压管的稳压值 $\pm U_Z$ 的范围内；图 3-5（d）所示也是输出保护电路。限流电阻 R 与稳压管 VD_Z，一方面将集成运算放大器输出端与负载隔离开来，限制了运算放大器的输出电流；另一方面也使输出电压限制在稳压管的稳压值 $\pm U_Z$ 的范围内。

3）电源保护

图 3-5（e）所示电路可防止正负电源接反。若电源极性接反，则二极管 VD1 或 VD2 反向截止，错误极性的电源电压不会加到集成运算放大器上。图 3-5（f）所示电路可防止电源过压。若电源电压过高，则 VD_Z 导通，R 两端的压降增大，集成运算放大器电源电压被限制在安全电压范围内。

4．集成运算放大器自激故障

集成运算放大器在实际使用中遇到最棘手的问题就是自激故障。要消除自激故障，通常是破坏自激形成的相位条件，这就是相位补偿。补偿分为内补偿与外补偿。内补偿就是将补偿元件做在集成运算放大器内部。外补偿需外接 RC 补偿元件，常用外补偿电路如图 3-6 所示。

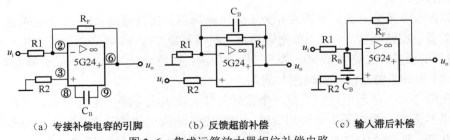

（a）专接补偿电容的引脚　　　　（b）反馈超前补偿　　　　（c）输入滞后补偿

图 3-6　集成运算放大器相位补偿电路

有些集成运算放大器有专接补偿电容的引脚，图 3-6（a）是集成运算放大器 5G24 通过⑧和⑨脚外接 30 pF 补偿小电容 C_B。图 3-6（b）所示是将补偿电容 C_B 并联在反馈电阻上，是外部超前补偿。图 3-6（c）中将补偿元件 R_B 和 C_B 串联后接在反向端与同相端之间，属于输入端 RC 滞后补偿。

任务 3-2　电源电路故障检修

任何电子产品都需要在电源供电的情况下才能正常工作，目前常用的有普通稳压电源电路和开关稳压电源电路两种形式。电源电路的损坏在电子产品维修中占有很大的比例。各种各样的故障往往是由电源产生的。本任务主要是在掌握电源电路工作过程的基础上，分别掌握普通稳压电源电路和开关稳压电源电路故障检修方法与技巧。

学习目标

最终目标：能检修电源电路故障。

促成目标：（1）熟悉电源电路组成及原理；

（2）掌握电源输出电压调整方法；

（3）熟悉电源电路的故障检修技巧；

（4）进一步熟悉采用电压测量法、电阻测量法来检修电路故障；

（5）能对电源电路进行故障检修，找出损坏元器件。

活动设计

活动内容1：

（1）以图3-7所示西湖35HJD8型电视机电源电路为例，测量VT603、VT605、VT606各电极电压，测量T601次绕组有效值电压、整流滤波后的直流电压及输出直流电压。

（2）在图3-7所示电路中设置一个故障元件，如电阻开路、电容失效、三极管击穿，使输出电压不正常，要求采用电压测量法、电阻测量法找出故障元件，写出检修报告。

活动内容2：

（1）以图3-8所示东芝TA两片机开关电源电路为例，测量C810、C812上的直流电压，测量STR5412各引脚电压；测量T802④、⑥、⑦脚电压波形，并测出波形的幅度与周期。

（2）在图3-8所示电路中设置一个故障元件，如电阻开路、电容失效、三极管击穿，使输出电压不正常，要求采用电压测量法、电阻测量法找出故障元件，写出检修报告。

活动内容3：

（1）以图3-9所示+12 V半桥式开关电源电路为例。在路测量R1～R40电阻值，并判别这些电阻质量；在路测量C5等电解电容质量；在路测量T1、T2各绕组直流电阻；在路测量D5等二极管的质量；在路测量V1～V5三极管质量；在路测量TL494芯片引脚电阻与电压；测试T1、T2引脚节电压波形的幅度与周期。

（2）在图3-10所示电路中设置一个故障元件，如电阻开路、电容失效、三极管击穿，使输出电压不正常，要求采用电压测量法、电阻测量法找出故障元件，写出检修报告。

工具准备：西湖35HJD8型电视机、东芝TA两片机、+12 V半桥式开关电源、万用表、示波器、电铬铁等。

时间安排：45分钟/每个活动。

评分标准：满分为100分，其中测试占40%，排除故障占40%，检修报告占20%。

扣分标准：①在测试检修过程中，每犯1次检修错误（如用万用表的交流电压挡测直流电压等）扣10分；②每超时10分钟扣10分；③每要求教师提示1次扣10分；④检修过程中若人为损坏电路扣20分。

相关知识

完成电源电路故障检修这一个工作任务，需要介绍普通稳压电源故障检修相关知识，并重点介绍两个开关稳压电源电路的工作原理、故障检修方法与技巧。

3.2.1　普通稳压电源电路故障检修

普通稳压电源电路就是指传统的串联型稳压电源电路，其主要缺点是效率低，但电路简单、非常成熟，在一些小功率电子产品中广泛应用。以图 3-7 所示普通稳压电源电路为例，该电源是黑白电视机电源，其电路原理与故障检修分析如下。

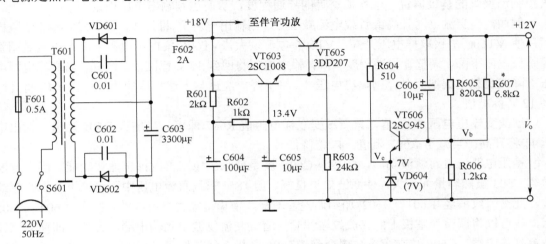

图 3-7　普通稳压电源电路

1. 整流滤波电路分析

由于该电源电路稳压输出为 12 V，所以电源变压器 T601 的任务是将 220 V 交流电网电压降为 16 V 左右。要求电源变压器输出功率大，而且自身不产生较大的温升。电源变压器的漏磁也要小，否则电源变压器产生的 50 Hz 交流磁场，对显像管电子束扫描及其他电路会产生干扰，所以电源变压器应在离电路板远一些位置安装，有些电视机将电源变压器屏蔽起来。另外，为了避免外界干扰通过电网进入电视机内，电源变压器内部初、次级绕组间加铜箔做成接地屏蔽层。电源变压器的初级经交流熔丝 F601 及电源 S601 接 220 V 交流电网电压。

由 VD601、VD602 组成的全波整流电路。在交流电正、负半周期间，VD601、VD602 轮流导通，给 C603 充电，C603 为滤波电容，C603 上约形成 18 V 左右直流电压。

为保护整流管及消除高频干扰，在 VD601、VD602 两端分别并联 C601、C602 小电容。因 C603 容量非常大，在每次开机瞬间，由于 C603 上原始电荷为零，故 C603 的充电电流特别大，充电电流全部从整流管中流过，这种电流又称为浪涌电流，它容易导致二极管损坏。在整流管并联 0.01 μF 小电容后，在开机瞬间，小电容对浪涌电流有旁路作用，故保护了整流管。另外，若电源中混入高频信号，由于二极管的非线性作用，会使高频信号受 50 Hz 调制而产生调制交流声，小电容可以将二极管两端的高频信号旁路，从而消除高频干扰。

2. 稳压电路分析

稳压电路的任务是，当输入交流电或负载电流在一定范围内变化时，使输出 12 V 直流电压保持稳定。稳压电路由 VT603、VD604、VT606 等组成，其中 VT603、VT605 组成 NPN 复合型调整管，VD604 为基准稳压管，为 VT606 射极提供 7 V 基准电压，VT606 是误差比较放大管，R605～R607 是误差取样电阻。

VT606 基极电压 V_b 就是取样电压，V_b 的大小随着输出电压 V_o 而变化。VT606 为比较放大管，R601、R602 既是 VT603、VT605 复合调整管的偏置电阻，又是 VT606 的集电极负载电阻。VT606 发射极施加一个稳定的基准电压，这样当基极取样电压发生微小变动时，VT606 基极电流也会发生变动，经 VT606 放大后，VT606 集电极电流或电压将发生较大变动，用它去控制调整管的基极偏置，改变调整管的导通程度，从而达到输出电压稳定。

例如，当交流电网升高或负载电流减小时，则输出电压 V_o 将升高，经 R605～R607 取样后，使 VT606 基极取样电压升高，VT606 电流增大，VT606 集电极电压下降，也就是调整管基极电压下降，调整管导通程度下降，输出电压将回到 12 V 标准值。同理，当交流电网电压下降或负载电流增大时，则输出电压 V_o 将下降，经过与上述相反的稳压过程，V_o 将升回到 12 V 标准值。

欲改变输出电压 V_o 的值，只要改变取样电阻值 R607 即可。当增大 R607 阻值，输出电压 V_o 将升高；当减小 R607 阻值，V_o 将降低。

稳压电路还具有滤波功能，C604～C606 就是使稳压电路再发挥出滤波功能。因为滤波电容 C603 虽然容量非常大，使滤波效果良好，但 18 V 未稳直流电压中不可能不含有交流纹波，此交流纹波经 R601、R602 加到调整管基极，使输出端也含有纹波。接入 C604、C605 后，就可以将调整管基极上的交流纹波滤除，避免交流纹波窜到输出端。另外，即使交流纹波窜到输出端，C606 将交流纹波耦合到 VT606 基极，经类似于稳压的自动反馈过程，输出交流纹波也会大为减小。

3. 无 12 V 输出电压故障检修

电源电路无 12 V 输出，首先应检查 F601、F602 两个熔丝。若 F601 或 F602 熔断，有可能是熔丝本身质量不好，但换上新熔丝后再次熔断，说明电路有电流过大故障。若 F601 再次熔断，有可能是整流管 VD601、VD602 击穿，也可能是 C601、C602 击穿。若 F602 再次熔断，有可能是稳压输出 12 V 的负载过流，也可能是调整管 VT603、VT605 的 c-e 结击穿。

若熔丝好，再检查 C603 上的 18 V 直流电压是否正常。C603 上无 18 V 电压，则有可能是电源变压器绕组开路，或电源开关 S601 接触不良，或 VD601、VD602 整流管都开路。若 C603 的 18 V 电压正常，则无 12 V 输出电压的原因可能是 R601、R602 开路，C604、C605 击穿，或 VT603、VT605 开路。

4. 输出电压偏高或偏低故障检修

这通常是取样、基准、比较放大电路有故障。在图 3-7 所示电路中，凡是引起 VT606 电流减小的故障都会引起输出端 12 V 电压偏高，如 R605、R607 阻值增大或开路，或 VD604 开路及 VT606 本身开路。凡是引起 VT606 电流增大的故障都会引起输出端 12 V 电压偏低，如 R606 开路，VD604 击穿或 VT606 本身 c-e 结击穿。

引起输出 12 V 电压偏低的原因还有两个，一是负载电流偏大，虽还没有大至烧熔丝的程度，但电流偏大到超过稳压控制范围；二是整流滤波后的 18 V 电压偏低，如只有 13 V 左右，造成调整管 c-e 压降不够，18 V 偏低多数是 VD601、VD602 中有一只开路，或 C603 容量不足。

5. 纹波滤除不良故障检修

在电视机电源中，若纹波滤除不良，就会使输出直流电压中含有较多的交流纹滤。由于

整流电路通常采用全波整流或桥式整流，所以交流纹波的频率为 100 Hz。

当滤波电容 C604～C606 中有电容容量减小或开路时，就会引起交流纹波滤除不良。尤其是 C603 大电容长期大幅度充放电，容易使容量减小，这不但使 C603 上的平均直流电压下降，而且使 C603 上的 100 Hz 锯齿纹波明显。

普通稳压电源电路故障检修一般不难，只要在检修过程中负载不发生人为短路，检修就比较安全。

3.2.2 串联型开关电源电路故障检修

开关电源电路具有效率高、体积小、重量轻等优点，所以在电子产品中广泛应用，如电视机、计算机显示器、DVD、笔记本电脑等。开关电源电路复杂，种类很多，故障率高，维修难度大。有人说，会检修开关电源故障，也就会检修电子产品故障。以图 3-8 所示的串联型开关电源电路为例，工作原理与故障检修分析如下。

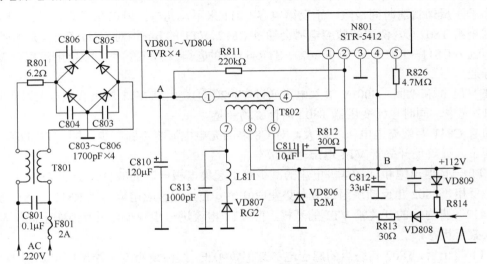

图 3-8　东芝 TA 两片机开关电源电路

1. 开关管振荡过程分析

电源开关闭合后，220 V 交流电经熔断管 F801、线路滤波器 T801 及 VD801～VD804 桥式整流后，在滤波电容 C810 正端 A 点形成 300 V 左右未稳直流电压。C801、T801 的作用是滤除市电内的高频干扰信号，同时也防止机内开关电源的干扰脉冲进入交流电网，C803～C806 用来滤除高频干扰并保护整流二极管。

开关稳压电路以厚膜集成块 STR-5412 为核心，是一种串联型自激式开关电源。STR-5412 内部电路如图 3-9 所示，下面介绍其振荡工作过程。

A 点的 300 V 直流电压被分成两路，一路经开关变压器 T802 的①④绕组加到 STR-5412 的①脚，STR-5412 的①脚内接开关管 VT1 的集电极；另一路经启动电阻 R811 加到 STR-5412 ②脚内接的开关管 VT1 的基极，VT1 被开启导通。VT1 集电极电流在 T802①④绕组上产生 ①正④负的感应电势，在 T802 正反馈绕组得到⑥正⑧负的感应电动势，此电势通过 C811、R812 加到 STR-5412②脚内部开关管的基极，使开关管 VT1 的集电极电流进一步增大，正反

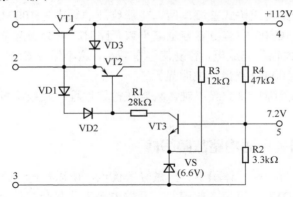

图 3-9　STR-5412 内部电路

馈的结果，VT1 迅速进入饱和导通状态。

由于正反馈雪崩时间极短，正反馈电容 C811 来不及充电，所以在开关管 VT1 饱和后，正反馈绕组 T802⑥⑧两端的感应电势会通过 R812、VT1 的 b-e 结对 C811 充电，充电回路为：T802⑥正→C811→R812→VT1 b-e 结→STR-5412 的④脚→T802⑧负，充电电流保持 VT1 的饱和导通。

在 VT1 饱和期间，300 V 输入电压通过 T802①④绕组和 VT1 对负载供电及对负载端电容 C812 充电，同时也使变压器 T802 储存磁场能量。

随着 C811 两端充电电压的增大，对 C811 的充电电流将不断减少，即 VT1 的基极电流逐渐变小，最终使开关管 VT1 退出饱和状态。

VT1 一旦退出饱和，其基极电流的减少将引起集电极电流的减少，于是 T802 各绕组感应电势反相，T802 正反馈绕组感应电势变成⑥负⑧正，此感应电势再经 R812、C811 反馈到 STR-5412②脚内接的开关管 VT1 的基极，使 VT1 电流进一步减少，正反馈作用促使 VT1 迅速进入截止状态。

VT1 截止后，T802 初绕组的感应电势是①负④正，续流绕组⑧⑦端感应出⑧正⑦负电动势，经 C812、L811 使续流二极管 VD807 导通，储存的磁场能通过 VD807 向负载泄放（T802⑧正→C812→地→VD807→L811→T802⑦负），对输出端滤波电容 C812 继续补充能量，而这时正反馈绕组感应出的⑧正⑥负感应电动势使开关管 VT1 保持截止。

同时，在开关管 VT1 截止期间，C811 两端的电压通过 R812、STR-5412 内部 VD3 放电；300 V 电压也经 R811 对 C811 反向充电（300V→R811→R812→C811→T802 绕组⑥⑧→电源输出端的外接负载→地）。这一过程使开关管 VT1 的基极电位逐渐上升，最终将使 VT1 重新导通，进入下一个振荡周期。

为了提高电源的稳定性，减少开关电源对图像的干扰，在行扫描电路正常工作后，由行逆程脉冲经 VD808、R813 送到 VT1 的基极，使电源的受控振荡频率同步于行频（15 625 Hz）。当然，这里要求 VT1 的自由振荡频率必须低于行频。

2. 稳压过程分析

如上所述，本电源在正常工作时 VT1 的开关频率与行频相同，即开关管的开关周期是固定不变的。因此，采用脉宽调制方式，通过控制开关管的导通时间（脉冲宽度），来实现对

输出直流电压的控制。

开关管 VT1 的导通时间由 C811 充电回路中的 C811、R812、VT1 的 b-e 间电阻及其并联电阻（即 VT2 的 b-e 间电阻）所决定。若该回路中的电阻阻值越大，C811 的充电时间越长，则 VT1 的导通时间越长，C812 正端 B 点输出电压越高；反之，若该充电回路中的电阻阻值减少，则 VT1 的导通缩短，B 点输出电压便降低。

稳压控制电路 STR-5412 内部的 VT2、VT3 等元件组成。VT3、VS、R1～R4 组成取样和比较放大电路，VT2 为控制元件。开关电源输出电压经 R4 和 R2 分压，在 STR-5412 ⑤ 脚获得取样电压，经与 VS 上的基准电压比较后产生误差电压，该误差电压被 VT3 放大后加到 VT2 的基极，去控制 VT2 的导通电流，从而控制 VT2 的 c-e 间电阻 R_{ce}，最后达到控制输出电压的目的。

现以 B 点输出电压 U_o（112 V）增加为例，说明稳压控制过程：

$U_o \uparrow \rightarrow$ STR-5412 的 ⑤③ 脚间电压 $U \uparrow \rightarrow$ VT3 的 $U_{be3} \uparrow \rightarrow I_{c3} \uparrow \rightarrow$ VT2 的 $I_{b2} \uparrow \rightarrow$ VT2 的 $I_{c2} \uparrow \rightarrow$ VT2 的 c-e 间电阻 $R_{ce} \downarrow \rightarrow$ C811 的充电时间即 VT1 的导通时间 $\downarrow \rightarrow U_o \downarrow$。

反之亦然。

3．B 电压无输出故障检修

开关电源若有多个输出电压，通常将主输出电压称为 B 电压。B 电压没有，表明开关电源完全不工作。检查步骤是：首先测量整流电路输出端 C810 两端的电压，应为 300 V 左右。若此电压为 0 V，应检查熔丝 F801 是否熔断，桥式整流管 VD801～VD804 是否开路、限流保护 R801 是否开路等。若熔丝被烧断而管内不发黑，大多是供电电压突然升高或更换的保险管细而引起，此时更换熔丝即可。若熔丝被烧断且管内发黑，为电源部分短路故障，常为厚膜集成电路 STR-5412 ①④ 击穿短路、整流二极管 VD801～VD804 的任意一只击穿、滤波电路 C810 击穿等。

若 C810 两端的电压为 300 V 左右，则故障原因在开关调整电路元件损坏或线路开路。常见有厚膜集成电路 STR-5412 开路、开关变压器 T802 开路、启动电阻 R811 断路、虚焊、过压保护二极管 VD806 击穿等，采用逐级检查法可以很快查到故障的具体部位。

在电源 B 电压输出端与地之间接有过压保护二极管 VD806，当 B 输出电压升高超过某值时，VD806 便击穿短路，将 B 电压短路到地，使开关管停振，此时电路会产生轻微吱吱叫声。

4．B 电压偏高或偏低的检修

主输出 B 电压升高，说明整流滤波电路、启动电路和自激振荡电路工作基本正常，故障范围重点在稳压控制电路，包括取样比较、误差放大和分流调整等电路。因稳压控制电路导致 B 电压升高的常见原因有以下几种情况：一是与开关管基极相连的分流电容变质损坏；二是取样比较电路电阻变质或电位器开路；三是取样电路中的滤波电容或开关管基极分流电路中的供电滤波电容变质损坏；四是误差放大电路或开关管基极分流管损坏。如 C812、R826 及厚膜集成电路 STR-5412 性能变差等都会引起 B 电压升高的现象。

B 电压低于正常值的原因有两个方面：一个是电源电路本身故障；另一个是负载过流故障。确定故障部位的方法是：断开负载，然后接入假负载（390～510 Ω/50 W 的电阻），再测量 B 电压，若 B 电压恢复正常，则故障原因是负载过流。若 B 电压仍偏低，故障原因应是开关电源本身，可能是 STR-5412 内部稳压电路有故障，如 R2 开路等。

5．检修注意事项

检修开关电源一定要注意安全。

（1）串联型开关电源的接地点带电，检修时交流输入端最好加 1：1 隔离变压器，检修者最好穿绝缘鞋，以防触电。

（2）开关管集电极有近 300 V 平均直流电压及 500 V_{P-P} 开关脉冲，测量时，万用表或示波器的量程要拨得大一些。

（3）测量时手不能抖动，以免引起相邻焊点短路。

（4）开关电源通常允许负载短路，但不允许负载开路，负载短路后，自激式开关电源自动停振，电路元件不会坏；而负载开路后，开关电源输出能量不能被负载吸收，易击穿开关管。所以，若一定要将负载断开，则应接回假负载。

3.2.3 半桥式开关电源电路故障检修

+12 V 半桥式开关电源原理图如图 3-10 所示。下面先介绍半桥式开关电源基本电路与工作原理，然后再分析各元件作用及故障检修方法与技巧。

1．半桥式开关电源基本电路与工作原理

半桥式开关电源基本电路如图 3-11 所示。U_i 是直接对 220 V 交流电整流滤波后的 300 V 直流电压，VT1 和 VT2 是开关功率管，它与 C5、C6、C7 组成半桥式电路。T1 是开关变压器，VD18 是整流二极管，L2 和 C22 是输出电压滤波元件，VD5 和 VD6 是保护二极管。

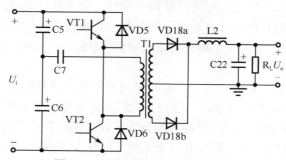

图 3-11　半桥式开关电源基本电路

VT1 和 VT2 基极加开关脉冲，两管轮流导通，这种驱动称为推挽驱动，与单管驱动的开关电源相比较，半桥式开关电源的输出功率较大。若 VT1 导通而 VT2 截止，电流流动路径为：U_i 电压正端→VT1→T1→C7→C6→U_i 电压负端；若 VT2 导通而 VT1 截止，电流流动路径为：U_i 电压正端→C5→C7→T1→VT2→U_i 电压负端。由于开关变压器 T1 中的两次电流方向相反，T1 中各绕组电压极性也相反，于是 VD18a 和 VD18b 轮流导流（称全波整流），经 L2、C22 滤波产生输出+12 V 直流电压 U_o。

2．交流电输入电路

在交流电输入电路中，FU1 为输入保险管，当电路电流过大时，保险管熔断，防止各种不可预知的问题发生。RT1 是热敏电阻，该电阻具有负温度系数特性，常温下阻值较大，高温时电阻阻值则非常小，利用这个特性，可避免加电时电流过大造成的冲击。L1 为共模滤波

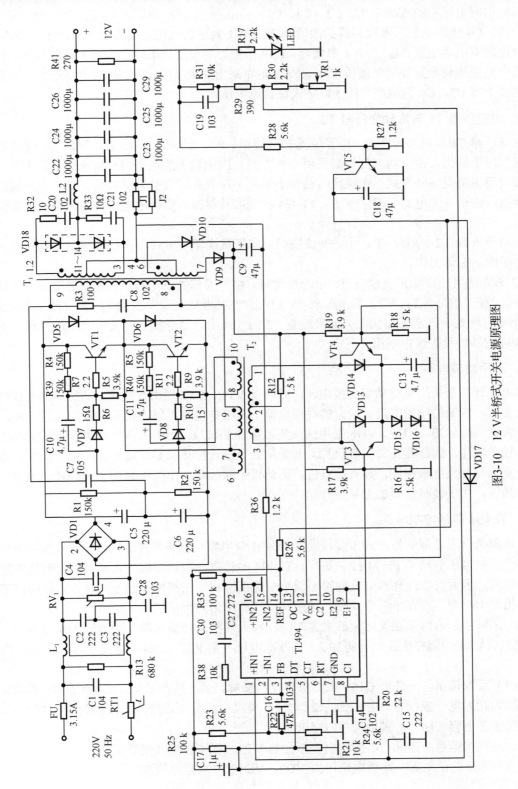

图3-10 12 V半桥式开关电源原理图

器，滤除电网电压中的高频干扰。C2、C3、C28 构成 Y 型滤波电容，吸收相对于地的交流浪涌冲击。C4 滤波电容，吸收共模的浪涌冲击。RV1 为压敏电阻，吸收交流浪涌电压冲击，当交流电源有浪涌电压、超过 RV1 参数时，RV1 导通，避免后级电路因为高电压而损坏。桥式整流电路采用扁形封装的整流桥 VD1，滤波电路采用 2 个 470 μF /250 V 电解电容。整流后在滤波电容 C5、C6 两端产生约 300 V 未稳直流电压。

3. 主变压器 T1 与推动变压器 T2

主变压器 T1 具有多个绕组，⑧、⑨是初级绕组。①、②、⑪、⑫、⑬、⑭、③、④是次级绕组，用于输出，由于功率变换级采用半桥方式，因此输出级也采用半桥全波整流方式，输出级采用多绕组并联方式，在绕组线径较小情况下，具有较大的输出电流。⑥、⑦是辅助电源绕组，由于开关电源采用它激式，TL494 控制芯片⑫脚需要供电电压，由该绕组产生供电电压。

驱动变压器 T2 的①、②、③是初级绕组，属于推挽驱动方式。次级绕组⑩、⑧和⑥、⑦驱动半桥功率管工作。

T2 的⑨绕组是启动正反馈绕组，电源启动时，由于局部的不平衡，该绕组采用类似正反馈的办法，使开机后 VT1、VT2 工作起来，在 C9 上产生 20 V 直流电压给 TL494 的⑫脚供电，使 TL494 电路处于正常工作状态。如果没有 T2 的⑨绕组，则开机后开关电源不能启动，因为 TL494 的⑫脚没有供电电压。

4. 半桥功率电路

本电源开关管采用半桥功率变换电路，功率管 VT1、VT2 采用开关管 C2625，具有较高的耐压 U_{ceo}、较低的导通电阻、较大的导通电流。基极的电路网络，使开关管能快速关断，避免开关管同时导通。VD5、VD6 采用快恢复二极管 FR157。由于工作时功率管有较大的电流，有较大功耗，因此需要加上散热片。常采用外壳进行散热，要注意的是，由于功率管散热部分金属片与集电极相连，具有高电压，因此管子和散热片中间必须加上绝缘片。为进一步降低热阻，在安装时需要加上导热硅脂。

5. TL494 芯片控制电路

本电源是一个典型的他激式电源，采用 TL494 专用集成电路芯片。TL494 是美国德州仪器公司生产的电压驱动型 PWM 控制芯片，TL494 的输出三极管可接成共发射极及射极跟随器两种方式，因而可以选择双端推挽输出或单端输出方式。在推挽输出方式时，它的两路驱动脉冲相差 180 度，而在单端方式时，其两路驱动脉冲为同频同相。

①、②脚分别为内部误差比较放大器的同相输入端和反相输入端，①脚输入来自 R29、R30、R31、VR1 的取样电压，②脚加 2.5 V 基准电压（由 R23、R24 对 5 V 基准电压分压产生）。

③脚为反馈输出，一路经 C16、R22 负反馈到②脚，另一路经 C30、R38 负反馈到⑮脚。④脚为死区电平控制端。由 R25、R21 对 5 V 基准电压分压后给④脚提供死区控制电平。⑤接振荡电容 C14，⑥脚接振荡电阻 R20。

⑨、⑩脚接地后，由⑧、⑪脚输出分别控制 VT3、VT4 推挽激励管工作。

⑫脚为芯片的供电脚，此供电电压由 VD9、VD10、C9 整流滤波产生。

⑬脚为功能控制端，现接 5 V 基准电压。

⑭脚输出 5 V 基准电压。

⑮、⑯脚分别为内部控制比较放大器的反相输入端和同相输入端。⑯脚接地，15 脚经 R36 接过流取样器件 J1、J2（康铜丝）。

6．输出电路与欠压保护

开关电源相对普通线性电源来说，频率高，输出采用电感和电容滤波方式，电感采用磁环电感，采用多个电容并联，增加电容量，降低电解电容的感抗效应。使输出纹波尽量减小。

VT5 是保护检测管，当输出电压+12 V 正常时，+12 V 电压经 R28、R27 分压，使 VT5 饱和导通，VD17 截止，TL494 的④脚电压（0.5 V）不受影响，即不保护。当输出电压降为 4 V 以下时，VT5 将处于截止状态，VD17 导通使 TL494 的④脚电压升高，TL494 进入保护状态，TL494 的⑧、⑪脚没有脉冲输出，此时半桥电路 VT1、VT2 依靠 T2⑨脚正反馈绕组的自激振荡而维持工作，仍然有输出电压产生，但输出电压降为 7.4 V 左右。

7．故障检修

半桥式开关电源故障检修比较复杂，故障现象有：开机烧保险管、输出电压接近为 0 V、输出电压偏低、带负载能力差等。

1）输出电压接近为 0 V

正常的输出电压为+12 V，若输出电压变为零，可先检查整流滤波后的 300 V 是否正常。

如果整流滤波后的 300 V 也变为零，则就是交流输入电路故障，如保险管 FU1 断、限流保护热敏电阻 RT1 开路等。

如果整流滤波后的 300 V 正常，则输出电压为零故障的原因是半桥功率电路，如 T2⑦、⑨绕组短路后，开关电源不能启动，输出电压变成零。又如 R7 电阻开路后，输出电压变成 2.0 V 左右，这是因为 R7 开路后，VT1 始终处于截止状态，C7 充放电失去平衡，VT2 也失去推挽平衡而不能工作，输出电压降为 2.0 V 左右。

2）开机烧保险管

烧保险管是开关电源的常见故障，说明交流输入电流过大，电路有严重短路故障。最容易损坏的元器件有整流桥 VD1、半桥功率管 VT1 和 VT2、保护二极管 VD5 和 VD6 等。当 VD1、VT1、VT2、VD5、VD6 中的某一个击穿后，则电流极大，肯定烧保险管。

当然，若 C1、C2、C3、C4、C5、C6 击穿后，也会引起电流极大而烧保险管，但这些电容通常不是易损元件。

3）输出电压降为 7.4 V 左右

先检查 R12 是否开路。当 R12 电阻开路后，激励管 VT3、VT4 失去供电电压而不能工作，此时半桥电路 VT1、VT2 依靠 T2⑨脚正反馈绕组的自激振荡而维持工作，仍然有输出电压产生，但输出电压降为 7.4 V 左右。

再检查 R28 开路是否开路。当 R28 电阻开路后，保护检测管 VT5 截止，TL494 的⑭脚+5 V 基准电压，经 R26、VD17 使 TL494 的④脚电压升高，TL494 进入保护状态，TL494 的⑧、⑪脚没有脉冲输出，此时半桥电路 VT1、VT2 依靠 T2⑨脚正反馈绕组的自激振荡而维持

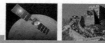

工作，仍然有输出电压产生，但输出电压降为 7.4 V 左右。

4）输出电压空载正常，带载后下降

这通常是 VT3、VT4 推挽驱动管单管工作引起，如 VT4 开路后，由仅依靠 VT3 单管工作，当 VT3 工作在导通、截止开关状态时，T2 的①、②、③绕组同样会产生交流驱动电压，使开关电源在空载情况下保持输出电压+12 V 基本不变。当然，VT3 或 VT4 的单管工作质量不如双管推挽工作质量，输出电压+12 V 的带载能力将下降。

任务 3-3　高频电路故障检修

高频电路主要有高频小信号调谐放大电路、高频功率放大电路、调幅与检波电路、调频与鉴频电路、高频振荡电路及混频电路等。超外差接收机是最典型的高频电路，它包括高频放大电路、本机振荡电路、混频电路、中频放大电路、检波电路。收音机、电视机的信号接收方式均为超外差方式。本任务主要介绍超外差接收电路的故障检修。

学习目标

终极目标：会检修高频电路故障。

促成目标：（1）熟悉超外差接收机电路的组成及工作原理；

（2）掌握超外差接收机电路的故障检修技巧；

（3）能对超外差接收机电路进行手工调整；

（4）能检修超外差接收机电路的无声、灵敏度低等常见故障。

活动设计

活动内容：以图 3-12 所示某收音机的超外差接收机电路为例，活动设计如下。

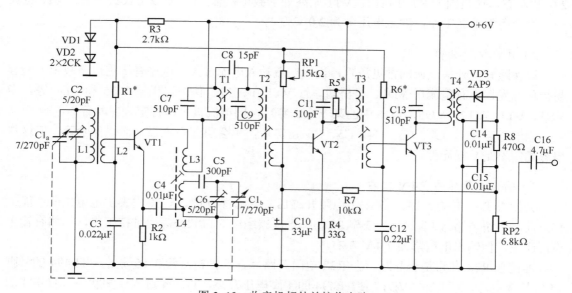

图 3-12　收音机超外差接收电路

（1）各级静态工作点测试。

（2）在此电路中设置一个故障元件，如电阻开路、电容失效、三极管击穿，使收音机无声，要求学生采用电压测量法、电阻测量法、信号注入法等，找出故障元件，并排除故障。

（3）通过手工调试，提高接收灵敏度。

工具准备：分立元件中波收音机，万用表，电铬铁等。

时间安排：60 分钟。

评分标准：满分为 100 分，其中工作点测试占 20%，排除故障占 40%，手工调试占 20%，检修报告占 20%。

扣分标准：①在测试检修过程中，每犯 1 次检修错误扣 10 分；②每超时 10 分钟扣 10 分；③每要求教师提示 1 次扣 10 分；④检修过程中若人为损坏电路扣 20 分。

相关知识

完成此工作任务需要介绍超外差接收方式基本概念，介绍一个超外差接收电路，然后重点介绍手工调整技巧与故障检修方法。

3.3.1　超外差接收方式的概念与优点

所谓超外差接收，就是将天线接收到的高频信号变换成中频信号，然后再放大到检波所需的幅度，最后通过检波以获得低频信号。在变频的过程中，先由本机振荡电路产生比外来高频信号超出一个中频频率（电视机为 38 MHz，调幅收音机为 465 kHz，调频收音机 10.7 MHz）的正弦波本振信号，然后将所接收的外来高频信号与本振信号送入混频器进行混频，混频后有差频（中频 38 MHz、465 kHz 或 10.7 MHz）、和频及其他频率成分产生，再利用中频放大电路选出所需的中频信号进行放大。超外差接收有下列优点。

1．接收均匀

因为电台不同，载波频率也不同，则放大电路的增益也会有所不同。现在不管接收到什么电台，一律先变换成中频信号后再放大，显然各电台信号的增益几乎一致。

2．接收灵敏度高

灵敏度是指电视机接收微弱电视信号的能力，灵敏度取决于信号通道的增益。如果直接放大高频信号，因频率太高，电路增益难以设计得很高。变换成中频后，频率降低，容易将中频放大电路的增益设计得高一些，于是使接收灵敏度提高。

3．选择性好

选择性是指接收机接收所需电台抑制其他电台信号的能力，选择性取决于电路的选频特性。由于中频放大电路频率固定，因而容易将中频放大电路的选频特性设计得非常理想，从而提高了选择性。以接收电视 3 频道为例，其图像载频为 65.75 MHz、伴音载频为 72.25 MHz，只要本振频率为 103.75 MHz，混频后便能产生 38 MHz 图像中频信号及 31.5 MHz 伴音中频信号，中频放大电路将给予放大。而其他频道电视信号窜进来后，它也会与 103.75 MHz 本振信号进行混频，但混频后的差频不可能是 38 MHz 和 31.5 MHz，中频放大电路将不给予放大，也就是说荧光屏仅显示 3 频道的图像。

3.3.2　超外差接收电路分析

超外差接收电路实例如图 3-12 所示。这是一个中波收音机电路，共由四级电路组成：第一级以 VT1 为核心，构成变频电路；第二级以 VT2 为核心，构成第一中频调谐放大电路；第三级以 VT3 为核心，构成第二中频调谐放大电路；第四级以 VD3 为核心，构成检波电路。

1．输入回路

首先，由 L1、$C1_a$ 和 C2 组成输入回路。L1 和 L2 绕制在同一根磁棒上。L1 是初级绕组，匝数较多，分两段绕制；L2 是次级绕组，匝数较少，两者采用互感耦合。磁棒具有收集无线电波的作用，各种电台的无线电波会在 L1 中感应出微弱的高频信号，此信号经 L1、$C1_a$ 和 C2 调谐选台，然后经 L1 和 L2 互感耦合到 VT1 的基极。

2．变频电路

VT1 既是本机振荡管，又是混频管。VT1 作为振荡管，与 L3、L4、C4、C5、C6 及 $C1_b$ 组成本机振荡电路，振荡频率由 L4、$C1_b$、C5 及 C6 决定，L3 是正反馈电感，振荡信号从 L4 抽头中取出，经 C4 耦合到 VT1 发射极。要求振荡信号频率始终比接收信号频率高 465 kHz。为此，设置 $C1_a$ 和 $C1_b$ 同轴调节电容。调节时，若 $C1_a$ 和 $C1_b$ 容量同时从最小 7 pF 增大到最大 270 pF，则输入回路谐振频率从 1 605 kHz 变化到 535 kHz，本振频率从 2 070 kHz 变化到 1 000 kHz，两者始终相差 465 kHz。VT1 作为混频管，其静态工作点选在非线性区域，VT1 对基极高频调幅信号和发射极本振信号进行混频，VT1 基极电流中会产生 465 kHz 差频分量，经放大，VT1 集电极电流中也含有 465 kHz 分量，此 465 kHz 差频分量又称为中频调幅信号，它被由 C7、T1、C8 和 T2 组成的双调谐回路选出，而混频产生的其他频率分量被双调谐回路滤除。双调谐的初、次级回路之间采用电容 C8 耦合，然后中频信号由 T2 中频变压器互感耦合到 VT2 基极。

3．中频调谐放大电路

共有两级中频调谐放大电路，VT2 是第一中频调谐放大管，偏置电流由 RP1 调节，C10 是基极旁路电容，集电极接由 C11、R5 和 T3 初级组成的单调谐回路，谐振频率是 465kHz。其中，R5 是阻尼电阻，即有意识地增加回路损耗，展宽通频带。VT3 是第二中频调谐放大管，偏置电流由 R6 决定，C12 是旁路电容，其集电极接由 C13 和 T4 初级组成的单调谐回路，谐振频率也是 465 kHz。

4．检波电路

VD3 是检波二极管，它通常选用锗二极管。中频调幅信号的正半周信号被 VD3 阻断，负半周信号从 VD3 通过，经 C14、R8 和 C15 滤波后，获得含直流分量的原低频调制信号。其中，低频调制信号经 RP2 音量电位器调节后，由 C16 耦合到音频放大电路。直流分量经 R7 加到 VT2 的基极，作为自动增益控制（AGC）电压，C10 滤除 AGC 电压中的音频信号。

5．AGC 电路

因为天线接收进来的信号有强有弱，因此 AGC 电路是必需的。AGC 的功能是：当接收强台信号时，降低中频调谐放大电路的增益，避免产生强信号阻塞失真。AGC 的原理是：信

号越强，经检波后的直流分量越负，经 R7 影响到 VT2 基极，使 VT2 的静态电流减小，则增益也随之降低。

3.3.3　高频电路手工调整技巧

检修超外差接收机故障，往往缺仪器，因此掌握手工调整技术十分重要。以调幅收音机为例，调整步骤分中频调整、接收频率范围调整、跟踪统调次序进行。下面介绍具体调整方法。

1．中频调整

中频频率未调准，则变频电路产生的 465 kHz 中频信号就得不到足够的放大，收音机的接收灵敏度就极低，即使个别电台能接收，其音量也很轻。中频调整在各级静态工作点正常且本机振荡工作正常情况下进行。手工调整就是接收某一电台信号来进行调整。方法是：接收某一弱台信号，反复调整三个中周的磁芯，使音量最大为止。

> ⚠ **注意**：①不要接收强台信号；②中周磁芯位置旋得很深或很浅，说明中周质量不好，电路有故障；③一般调第一中周最敏感，调第三中周最迟钝，所以要先调第一中周，然后调整第二、第三中周；④要反复细调。

2．接收频率范围调整

决定接收频率范围的是本振频率。由于收音机中波接收频率范围是 535～1 605 kHz，中频频率是 465 kHz，所以本振频率范围是 1 000～2 070 kHz。调整接收频率范围就是校准收音机面板频率刻度。具体调整步骤是：低端调本振线圈磁芯；高端调本振微调电容 C6。而且是先调低端，后调高端。

3．跟踪统调

跟踪统调就是调整输入回路的频率，使之与本振频率始终相差 465 kHz。理想频率跟踪曲线如图 3-13 虚线所示，但实际频率跟踪曲线如图 3-13（a）或图 3-13（b）实线所示。

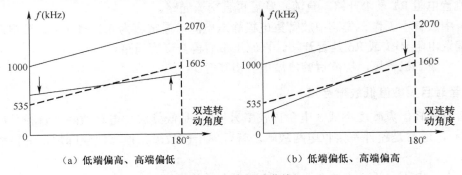

（a）低端偏高、高端偏低　　　　　（b）低端偏低、高端偏高

图 3-13　频率跟踪曲线

显然在整个中波段内，只有中频段才实现理想跟踪，即输出回路频率比本振频率低 465 kHz。这是因为输入回路的频率覆盖系数为 3（1 605/535），而本振回路的频率覆盖系数为 2.07（2 070/1 000），两者不一样。当振荡连（C_{eb}）与输入连（C_{ea}）可调电容同轴旋转时，不可能一个回路的频率变化范围达 2.07 倍，另一个回路的频率变化范围达 3 倍。

调整步骤是：在低端 600 kHz 刻度附近接收某一电台，调节线圈在磁棒中的位置，使声音最响为止，然后将线圈固定住。在高端 1 400 kHz 刻度附近接收某一电台，调节输入回路 C_2 微调电容，使声音最响为止。

> ⚠ **注意**：不要选择当地强台来进行调整。

经过以上三个步骤调整，收音机的接收灵敏度将极大提高，最后再进一步全面细调，以确保收音机呈最佳接收状态。

3.3.4　高频电路故障检修方法

1．如何判别本振是否起振

以图 3-12 收音机超外差接收电路为例。若本机振荡电路不工作，则收音机将收不到电台。本振电路是否工作正常，在没有示波器场合可采用下列方法判别。

方法 1：若碰触振荡回路热端，收音机有"喀喀"声，表示本机振荡基本正常。此方法虽然简单，但判别不十分准确。

方法 2：单独确定本振是否起振，用万用表测变频管 b-e 之间偏置电压，若为 0.7 V 左右（硅管），则表示本振停振，即三极管处于放大状态，没有处于振荡状态；若明显小于 0.7 V，则表示本振起振。

方法 3：用万用表测变频管 b-e 之间偏置电压，再用镊子钳短路振荡线圈，若电压读数不变化，则表示本振停振；若电压读数明显增大，则表示本振起振。

以上判别对其他分立元件振荡电路也适用，其中方法 3 最准确。

2．收不到电台故障检修

接收机收不到电台，说明接收电路完全不工作，其主要原因有：

（1）本机振荡电路停振，无法将欲收听的电台信号变成 465 kHz 中频信号。

（2）变频管不工作。先测变频管集成极静态电流，通常应为 0.5 mA 左右，若电流为零，检查上偏置电阻 R1 是否开路。直流正常后再查交流通路。

（3）中放管不工作。先测中放管集电极静态电流，通常应为 0.3～1 mA，若电流为零，检查上偏置电阻 RP1 或 R6 是否开路。直流正常后再查交流通路。

（4）检波二极管坏，检波后的滤波电容击穿等。

3．音轻且灵敏度低故障检修

收音机音轻但灵敏度不低（电台仍较多），通常是低频放大电路故障。音轻且灵敏度低（电台少），通常是超外差接收电路故障。音轻属于软故障，检修比较麻烦，音轻故障主要原因有：

（1）电池电压过低，造成中放管电流减小，增益降低。

（2）调整不良，如中频频率调乱，跟踪统调不良。

（3）三极管发射极旁路电容失效，产生负反馈，使增益下降。可用同容量电容并联上去一试，若增益立即提高，说明电容器确实失效。

（4）中频变压器局部短路或槽路电容漏电，造成回路失谐。

（5）天线线圈断、断股后灵敏度会降低。

（6）三极管基极旁路电容失效或漏电，造成旁路作用减退。可并联一只电容试一试。

任务 3-4　行扫描电路故障检修

扫描电路是 CRT 电视机及计算机 CRT 显示器中的重要电路，其作用是使显像管中的电子束对荧光屏进行扫描，它包括行扫描电路和场扫描电路，行扫描是水平方向的扫描，场扫描是垂直方向的扫描。

学习目标

最终目标：能检修行扫描电路故障。

促成目标：（1）熟悉电视机行扫描技术规格、电路结构与工作原理；

（2）熟悉行扫描锯齿波电流形成过程；

（3）熟悉高压形成过程；

（4）能测试行扫描电路电压与波形；

（5）掌握行扫描电路故障检修技巧；

（6）能对行扫描电路进行故障检修，找出损坏元器件。

活动设计

活动内容：以东芝 TA 两片机为例，活动设计如下。

（1）用万用表测试行推动放大管、行输出放大管引脚的直流电压，用示波器测试行振荡、行推动放大管、行输出放大管及行输出变压器有关引脚波形；

（2）在行扫描电路中设置一个故障，要求采用电压测量法、电阻测量法、波形测量法，找出故障元件，排除故障。

工具准备： TA 两片电视机、万用表、电铬铁、示波器等。

时间安排： 90 min。

评分标准： 满分为 100 分，其中测试占 30%，排除故障占 50%，检修报告占 20%。

扣分标准： ①在测试及检修过程中，每犯 1 次检修错误扣 10 分；②每超时 10 分钟扣 10 分；③每要求教师提示 1 次扣 10 分；④检修过程中若人为损坏电路扣 20 分。

相关知识

完成此工作任务，需要了解行扫描电路组成，了解行扫描锯齿波电流形成过程，熟悉一个典型的行扫描电路，掌握行扫描电路故障检修方法与技巧。

3.4.1　行扫描电路工作原理

行扫描电路的任务主要有两个方面：一是为行偏转线圈提供幅度足够、线性良好、频率为 15 625 Hz 的锯齿波扫描电流，以产生均匀变化的行偏转磁场，使显像管中的电子束沿水平方向做匀速扫描运动；二是为显像管提供加速极电压（400～800 V）、聚焦极电压（4 000～8 000 V）、阳极高压（25 000 V 以上），为视放输出级提供工作电压（约 200 V），为其他小信号处理电路提供各种电压（8～30 V）。

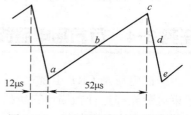

行扫描锯齿波电流波形如图 3-14 所示，规定周期为 64 μs，其中 52 μs 是行正程扫描，即电流从 a 变化到 c，电子束将从屏幕左边扫描到右边；12 μs 是行逆程扫描，即电流从 c 变化到 e，电子束将从屏幕右边回到左边。

行扫描电路组成框图如图 3-15 所示。它主要由行振荡、行激励、行输出及中高压形成等电路组成。

行振荡电路是行扫描的信号源，其任务是产生频

图 3-14 行扫描锯齿波电流波形

率为 15 625 Hz、脉冲宽度为 20 μs 的脉冲波。行振荡器都采用电压控制振荡器，其英文缩写为 VCO，这种振荡器的频率与相位受 AFC 电路输出的电压控制。行激励电路又称行推动电路，其任务是将行振荡电路输出的行脉冲信号进行放大并输出足够的功率，使行输出管工作在开关状态。行输出电路的功能是产生线性良好、幅度足够的锯齿波电流给行偏转线圈，并产生行逆程脉冲。高、中压电路产生显像管加速极、聚焦极、阳极等需要的各种电压。

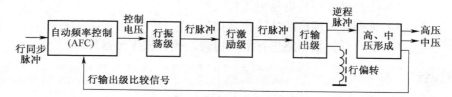

图 3-15 行扫描电路组成框图

3.4.2 行锯齿波电流形成过程

行输出电路原理图如图 3-16 所示。VT 是大功率行输出管，L_Y 是行偏转线圈，VD 是阻尼二极管，C 是逆程电容，E_C 为供电电压。

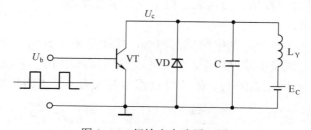

图 3-16 行输出电路原理图

行输出电路的锯齿波电流是在行矩形脉冲电压作用下形成的，如图 3-17 所示。下面分析锯齿波电流的形成过程。

1. 正程右半程

在 $t_1 \sim t_2$ 期间，VT 基极加正脉冲电压，VT 饱和导通，相当于开关 S 接通，电源 E_C 直接加到 L_Y 两端，L_Y 流过电流 i_Y，如图 3-17（a）所示。由于 L_Y 中的电流不能突变，若忽略 VT 的饱和压降和 L_Y 的电阻分量，则 i_Y 线性地增大。在 t_2 时刻 i_Y 达到最大值。在 $t_1 \sim t_2$ 期间，电子束在行偏转线圈磁场作用下，从屏幕中心扫描到最右端。

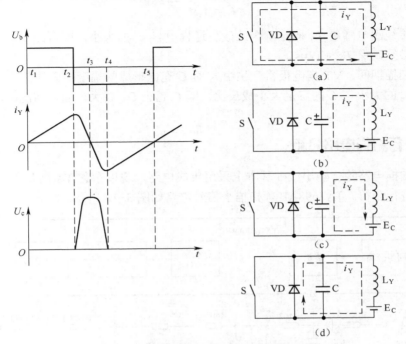

图 3-17　行偏转线圈锯齿波电流形成过程

2．逆程右半程

在 $t_2 \sim t_3$ 期间，VT 基极变为负脉冲，VT 反偏截止，相当于开关 S 断开，如图 3-17（b）所示。由于 L_Y 中的电流不能突变，i_Y 将保持原方向流动给 C 充电，L_Y 中的磁场能转换为 C_Y 上的电场能，形成自由振荡，C_Y 上的电压 U_c 上升，i_Y 逐渐减小。在 t_3 时刻，U_c 升到最大值，i_Y 减小到零。$t_2 \sim t_3$ 是 L_Y、C 回路自由振荡的四分之一周期，i_Y 和 U_c 分别按余弦规律和正弦规律变化。在 $t_2 \sim t_3$ 期间，电子束从屏幕最右端回扫到中心。

3．逆程左半程

在 $t_3 \sim t_4$ 期间，VT 继续反偏截止，如图 3-17（c）所示。C 通过 L_Y 放电，使 L_Y 中的电流 i_Y 改变方向，C 中的电场能又转换为 L_Y 中的磁场能，形成另一个 L_Y、C 回路自由振荡的四分之一周期。在 t_4 时刻，U_c 减小到零，i_Y 反方向增至最大。在 $t_3 \sim t_4$ 期间，电子束从屏幕中心回扫到最左端。

4．正程左半程

在 $t_4 \sim t_5$ 期间，VT 继续反偏截止。由于 L_Y 中的 i_Y 不能突变，i_Y 将对 C 反向充电。当 C 所充的下正上负的电压达到 0.7 V 左右时，VD 导通，L_Y、C 自由振荡受阻，i_Y 经 VD 流通并线性地减小，在 t_5 时刻，i_Y 减小至零，如图 3-17（d）所示。在 $t_4 \sim t_5$ 期间，电子束从屏幕最左端正程扫描到中心。

在 t_5 时刻，VT 基极加正脉冲再次导通，于是将重复以上 4 个过程，L_Y 中形成了周期性变化的锯齿波电流 i_Y。由上述分析可知，行逆程时间就是 L_Y、C 自由振荡的半个周期，即

$$T_{\mathrm{r}} = \pi\sqrt{L_{\mathrm{Y}} C}$$

由于偏转线圈电感量 L_{Y} 固定，因此改变逆程电容 C 的大小，即可改变逆程时间 T_{r}，C 容量的选择必须确保 T_{r} 为 12μs。

在逆程扫描期间，VT 集电极将产生由 i_{Y} 对 C 充电形成的幅度很大的脉冲，称为行逆程脉冲 U_{cp}。U_{cp} 的大小与 C 的容量大小成反比，即 C 越小 U_{cp} 越大。通常情况下，$U_{\mathrm{cp}} \approx$（8～10）E_{C}。

3.4.3 行扫描电路分析

目前行扫描电路除行输出级外基本上采用集成电路，现以东芝 TA 两片机 TA7698AP 集成电路为例进行分析。TA7698AP 行扫描小信号电路如图 3-18 所示。

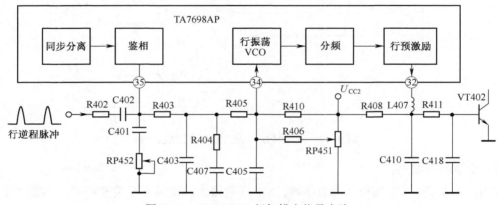

图 3-18　TA7698AP 行扫描小信号电路

1. 行 AFC 电路

在图 3-18 中，行逆程脉冲经由 R402、C402、C401、RP452 组成的积分电路变换，变成负向锯齿波作用于㉟脚。在 TA7698AP 内部集成电路中，来自同步分离电路的负极性行同步脉冲加至鉴相器，鉴相器比较行同步脉冲与锯齿波的相位关系，产生与两者相位差相对应的误差电压，通过由 R403、C403、R404、C407 组成的双时间常数低通滤波器变为 AFC 直流控制电压，经 R405 送至㉞脚，对行振荡 VCO 电路进行控制。

如果行振荡频率偏高，AFC 电路输出的直流误差电压为负值，使行振荡频率降低，直到准确为止。反之若行振荡频率偏低，则 AFC 电路输出的直流误差电压为正值，使行振荡频率上升，直到准确为止。

2. 行振荡电路

由 TA7698AP 内电路及㉞脚外接元件组成行振荡电路，其中 C405 为行振荡定时器电容，R406、R410 和 RP451 为电容 C405 的充电电阻。调节 RP451 可改变 C405 的充电时间常数，从而实现行频调整目的。振荡频率为两倍的行频 $2f_{\mathrm{H}}$，即 31 250 Hz。

由于行振荡器输出的频率为 $2f_{\mathrm{H}}$，必须对其进行二分频以获取行频信号。为此，在 TA7698AP 内电路中，由双稳态触发器组成的分频电路，将分频后的行频脉冲波送至行预激励电路。

3．行激励电路

如图 3-19 所示，在 TA7698AP 内部，行频脉冲波经行预激励电路放大后，由③②脚输出，通过 L407、C410 高频干扰滤波，经 R411 加至行激励管 VT402 进行放大。当行振荡脉冲波的正脉冲到达时，VT402 饱和导通，电流流过变压器 T401 的初级绕组，产生上负下正的感应电势。根据 T401 的初次级绕组同名端关系，T401 的次级绕组产生上负下正的感应电势，此时 VT404 反偏截止，截止时间为 20 μs。当正脉冲过去后，VT402 截止，T401 的初次级绕组都产生上正下负的感应电势，VT404 将饱和导通，导通时间为 44 μs。在导通、截止交替瞬间，在行推动管 VT402 的集电极会出现 2～3 倍于电源电压的脉冲，所以行推动管的 BV_{CEO} 要取得大一些，并接上 C416 以吸收集电极高压。VT402 基极的 C418 用于吸收行频高次谐波，R416 的大小决定了 VT402 的输出幅度。

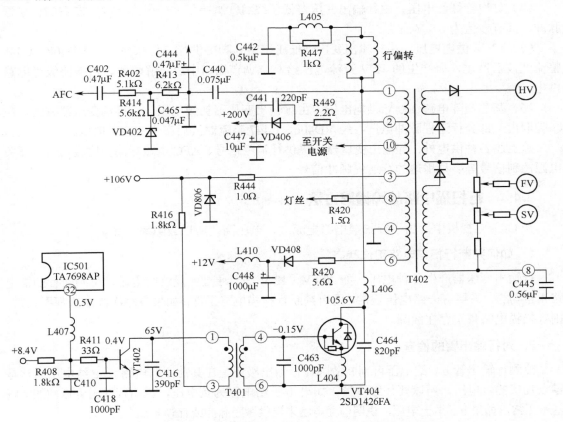

图 3-19 东芝 TA 两片机行输出电路与中高压形成电路

4．行输出电路与中高压形成电路

行输出电路与中高压形成电路如图 3-19 所示。图中 VT404 为行输出管、内有阻尼二极管，C463、C464 为保护小电容，可吸收 VT404 电极上的尖脉冲。L404、L406 为保护小电感，可延缓浪涌电流对 VT404 的冲击。C440、C465 为逆程电容，T401 为行激励变压器，T402 为行输出变压器，L405 为行线性校正元件，C442 为 S 校正电容。

行输出变压器 T402 采用一体化技术。它将行输出变压器各绕组线圈、高压整流二极管及相关电阻、电容总装在一起，并用环氧树脂灌封成形。这种行输出变压器性能稳定、体积小、重量轻、安装使用方便，因此被广泛应用。

由图可知，行输出变压器一般有几个次级绕组，对行逆程脉冲进行升压或降压，以满足电路及显像管工作的各种需要。一般有以下几种：

（1）显像管阳极高压 HV。由行输出变压器高压绕组把行逆程脉冲电压升高到一定数值，经整流或分段整流电路而产生，通常在 25 kV 以上。

（2）显像管聚焦极电压 FV。由行输出变压器高压绕组对升压后的行逆程脉冲进行整流产生，通常为 8 kV 左右，其大小可根据实际情况加以调节。

（3）显像管加速极电压 SV。由行输出变压器高压绕组对升压后的行逆程脉冲进行整流产生，一般为 800 V 左右，其大小也可根据实际情况进行调节。

（4）显像管灯丝电压。由行输出变压器低压绕组⑧脚提供，一般为 $25V_{p-p}$ 左右的行逆程脉冲，其有效值为 6.3 V 左右。

（5）12 V 供电电压。由行输出变压器低压绕组⑥脚提供行正程脉冲，经 VD408、C448 整流滤波后产生。所产生的 12 V 直流电压给高频调谐器、中放、解码器、扫描前级等电路供电。

（6）基色矩阵电路 200 V 供电电压。由行输出变压器初级电压，以自耦变压器方式，从②脚取出一部分行逆程脉冲电压，经 VD406、C447 整流滤波后产生 200 V 电压。

除上述各种供电外，行输出变压器还提供行消隐信号、AFC 电路行同步比较信号、开关电源控制信号等多种用途的行逆程脉冲信号。

3.4.4 行扫描电路故障检修方法

在 CRT 电视机中，由于行扫描电路电流大、电压高，所以故障率很高。

1. 如何判断行扫描电路工作状态

行输出变压器产生各种电压，如 200 V、12 V 等。通过测量这些电压，可判断行扫描电路正常与否。只要有一路电压正常，便可判断行扫描电路正常；如果各路次级电压都不正常，则行扫描电路肯定存在故障。

2. 对行输出管的检查

检测行输出管 b-e 结电压可判断故障在行输出级还是在其前面的电路。b-e 结电压通常是零点几伏的负电压，所以要仔细测量。如果 b-e 结电压为负电压，说明行输出管以前的电路基本正常，如果 b-e 结无电压，说明前面电路未提供激励脉冲或行管 b-e 结击穿。

行输出管集电极电压一定要测量。106 V 电压经 R444、T402③、①绕组、L406 加到行输出管集电极。若行输出管集电极没有电压，通常是熔丝电阻 R444 开路。

3. 对行激励级的检查

行激励管正常工作时，b-e 结偏压为 0.4 V。偏压正常说明行振荡电路输出正常的行频脉冲信号；偏压太小或无偏压说明行振荡电路工作异常或行激励管发射结击穿；偏压超过 0.75 V 则使行激励管饱和导通，会使其集电极电压为 0 V。

行激励管 VT402 集电极是一个重要测试点，若集电极电压为 0 V，可能是 VT402 处于饱

和状态，也可能是 VT402 的 c-e 结击穿，还可能是集电极电阻 R416 开路。若集电极电压接近于供电电压 106 V，则表明 VT402 处于截止状态。

行激励变压器 T401 的常见故障是内部绕组局部短路，可用万用表测量绕组的电阻值，并与正常机进行比较，才能得出结果。

4．对行振荡电路的检查

可用示波器观察 TA7698AP 的㉞脚行振荡波形，若波形正常，则说明行振荡电路工作正常。若没有波形，说明行振荡电路停振，再接着检查㉞脚外接 RC 元件，并检查行振荡供电㉝脚（见附图 A）是否有电压。

5．行扫描电路故障检修流程

行扫描电路故障检修流程如图 3-20 所示，图中所涉及的元器件可参阅东芝 TA 两片机电原理图（见附图 A）。

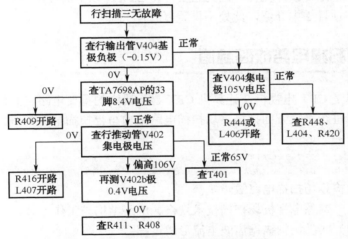

图 3-20　行扫描电路故障检修流程

6．行输出管损坏原因分析

由于行输出管集电极有近千伏的行逆程脉冲，电流又很大，因此极易击穿或发热烧坏。

当行电源电压升高、行频过高、行逆程电容失效或容量减小时，都将会引起行逆程脉冲上升。当行逆程脉冲幅度超过行输出管的耐压时，便会导致行输出管过压击穿损坏。行输出管幅度过压击穿的特点是：开机时随着"叭"的一声，行输出管便击穿或开机时高压嘴处有异常的放电声，检测行输出管的 c-e 结电阻几乎为 0。

当行激励不足、行负载过重、行频过低时，都将会引起行输出管功耗增大。当行输出管功耗超过最大允许值时，行输出管将严重发热而被电流击穿损坏。行输出管电流击穿的特点是：开机几分钟后行管的温度上升较快，测行输出管 c-e 结的阻值一般为几十欧至几十千欧。

更换合格的新行输出管后，先在 106 V 供电与地之间并联一只稳压值比 B 略高约 5 V、功率为 1 W 的稳压管，再在行输出管集电极串联一只 500 mA 的熔丝后开机。若故障排除，则说明行输出管损坏原因是行输出管本身质量问题。若再次出现行扫描不工作，则会有以下三种情况：

（1）稳压管击穿，但熔丝、行输出管均完好。说明原行输出管击穿是 106 V 供电电压过高所致，此供电电压来自开关电源，应重点检查开关电源电路。

（2）稳压管未击穿，但熔丝熔断、而行输出管无损。表明原行管损坏是过流所致，行负载存在短路或行频偏低的情况，可在行输出管串联一只电流表，若行电流在 500～600 mA，一般为行频偏低，此时还可听到极细的行频声，应检查行频定时元件；若行电流大于 1 A，说明行偏转线圈、行输出变压器或行输出变压器负载存在短路故障。此时可先断开行偏转线圈，若行电流降为 300 mA 以下，说明行偏转线圈短路；若无明显减小，则故障点在行输出变压器或行输出负载有短路。

（3）稳压管未击穿，但熔丝、行输出管均损坏。这显然是行输出管先损坏、过流，再将熔丝熔断。属于行逆程脉冲过高，或行激励不足而导致行管损坏。

7．行输出变压器损坏原因分析

行输出变压器也是易损坏元件，因为它要产生 25 kV 以上的高压 HV，行输出变压器的故障检修方法已在项目 2 中介绍，此处不再重复。

任务 3-5　场扫描电路故障检修

场扫描电路也是 CRT 电视机及计算机 CRT 显示器中的重要电路，其作用是使显像管中的电子束对荧光屏进行垂直方向扫描。场扫描电路结构与行扫描电路类似，但工作方式截然不同。

学习目标

最终目标：能检修场扫描电路故障。

促成目标：（1）熟悉电视机场扫描技术规格、电路结构与工作原理；

　　　　　（2）熟悉场扫描锯齿波电流形成过程；

　　　　　（3）能测试场扫描电路电压与波形；

　　　　　（4）能对场扫描电路进行幅度、线性等调整；

　　　　　（5）掌握场扫描电路故障检修技巧；

　　　　　（6）能对场扫描电路进行故障检修，找出损坏元器件。

活动设计

活动内容：以东芝 TA 两片机（见附图 A）为例，活动设计如下。

（1）测试 TA7698AP 场扫描小信号处理引脚电压、场推动与场输出级有关电压；测试 TA7698AP 场扫描小信号处理引脚波形、场推动与场输出级有关波形；

（2）在场描电路中设置一个故障，要求采用电压测量法、电阻测量法、波形测量法，找出故障元件，排除故障。

工具准备：TA 两片电视机、万用表、电铬铁、示波器等。

时间安排：90 min。

评分标准：满分为 100 分，其中测试占 30%，排除故障占 50%，检修报告占 20%。

扣分标准：①在测试及检修过程中，每犯 1 次检修错误扣 10 分；②每超时 10 分钟扣 10

分；③每要求教师提示 1 次扣 10 分；④检修过程中若人为损坏电路扣 20 分。

相关知识

完成此工作任务，需要了解场扫描电路组成，熟悉一个场扫描典型电路，掌握场扫描电路故障检修方法与技巧。

3.5.1　场扫描电路工作原理

场扫描电路的任务主要有两个方面：一是为场偏转线圈提供幅度足够、线性良好、频率为 50 Hz 的锯齿波扫描电流，以产生均匀变化的场偏转磁场，使显像管中的电子束沿垂直方向作匀速扫描运动；二是为显像管阴极提供场消隐脉冲，以消除垂直扫描回扫线。

场扫描锯齿波电流波形如图 3-21 所示，规定周期为 20 ms，其中 18.388 ms 是场正程扫描，即电子束将从屏幕上方扫描到下方；1.612 ms 是场逆程扫描，电子束将从屏幕下方回到上方。

场扫描电路框图如图 3-22 所示。它由场振荡级、场频锯齿波电压形成、场激励级、场输出级等电路组成。

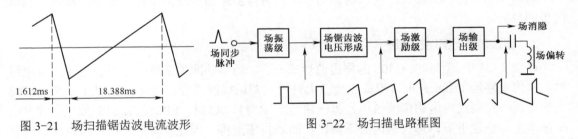

图 3-21　场扫描锯齿波电流波形　　　　图 3-22　场扫描电路框图

场振荡电路是场扫描的信号源，它产生频率为 50 Hz，宽度为场逆程时间的矩形脉冲。场振荡电路的工作状态受场同步脉冲触发控制，当场同步脉冲到达时，场振荡电路工作状态翻转为脉冲输出。场频锯齿波电压形成电路由 RC 元件组成，场频振荡脉冲经 RC 充放电后就成为场频锯齿波电压。场激励电路对锯齿波电压进行推动放大后送往场输出电路。场输出电路对锯齿波电压进行功率放大，输出场扫描锯齿波电流给场偏转线圈，同时产生场消隐脉冲送往消隐电路。

3.5.2　场扫描电路分析

目前场扫描电路除场输出级外基本上采用集成电路，现以东芝 TA 两片机 TA7698AP 集成电路为例进行分析。TA7698AP 场扫描小信号电路如图 3-23 所示。

1. 场振荡电路

场振荡电路是场扫描的信号源，它产生频率为 50 Hz，宽度为场逆程时间的矩形脉冲。场振荡电路的工作状态受场同步脉冲触发控制，当场同步脉冲到达时，场振荡电路工作状态翻转为脉冲输出。在图 3-24 中，㉙外接 C306、R308、R309、RP351 为场振荡定时元件。场振荡正程时，+12 V 电源通过 R309、RP351、R308 给 C306 充电，场扫描正程时间由 C306 充电时间常数决定；场振荡逆程时，C306 通过 TA7698AP 内电路放电，场扫描逆程时间由

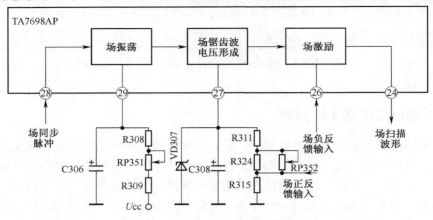

图 3-23　TA7698AP 场扫描小信号电路

C306 放电时间常数决定。调节电位器 RP351，可改变正程时间，也就改变了场扫描周期和频率，因此 RP351 称为场频调节电位器。

场同步脉冲由㉘脚输入，控制场振荡电路，将自由振荡变成同步控制振荡，从而达到场同步的目的。

2．锯齿波电压形成电路

在图 3-23 中，㉗脚的 C308 为锯齿波形成电容。场频脉冲加至场频锯齿波电压形成电路时，由内电路给 C308 充电，形成锯齿波上升段，即场扫描逆程；当场频脉冲过去后，C308 上的电压一路通过内电路恒流放电，另一路通过 R311、R324、RP352、R315 放电，㉗脚电压基本上呈线性下降，形成锯齿波下降段，即场扫描正程。因此㉗脚输出场扫描负向锯齿波电压。

在图 3-23 中，改变 C308 的放电电流可以改变㉗脚形成的锯齿波幅度，因此，调节 RP352 的阻值，可以改变锯齿波幅度，从而达到调节场幅的目的。另外，在实际电路中，为了改善场扫描的线性失真，将场输出级的场频锯齿波经 RP352、R324、R311 反馈至㉗脚，以改善㉗脚锯齿波的波形。VD307 为保护稳压管，VD307 在 7.5 V 时导通，以防止㉗脚电压过高而导致 TA7698AP 内部损坏。

3．场激励电路

场激励电路的作用是对场频锯齿波电压进行放大和线性补偿，并输出幅度足够的锯齿波电压送往场输出级。在图 3-23 中，㉗脚的负向锯齿波通过集成电路内部加至场激励电路，进行倒相放大和射极跟随放大后，由㉔脚输出，去驱动场输出电路。

㉖脚为交直流负反馈输入端，反馈来自对场输出的直流电压及对场偏转扫描电流进行取样的锯齿波电压，由㉖脚反馈至内电路，经射极跟随放大后，与来自㉗脚的输入锯齿波进行比较，构成直流电压负反馈和交流电压负反馈；其中直流负反馈用于稳定静态工作点，交流负反馈用于场线性补偿。

4．场输出放大电路

场输出放大电路的作用是对场频锯齿波电压进行功率放大，并使场偏转线圈产生锯齿波

电流，同时产生场消隐脉冲送至消隐电路。场输出放大电路是个功率放大器，通常采用 OTL 放大电路。东芝 TA 两片机场输出放大电路如图 3-24 所示。

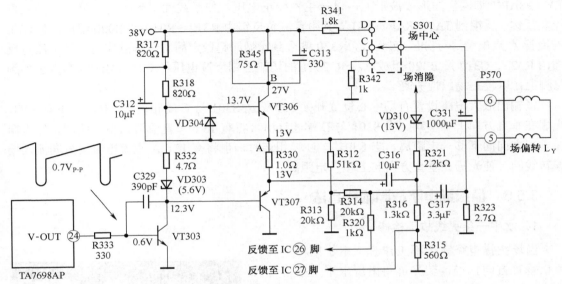

图 3-24　场输出放大电路

　　场输出放大电路由 VT303、VT306、VT307 及附属元件组成，其中 VT303 为倒相驱动放大管，其基极静态电压由 TA7698AP 的㉔脚提供，R318 为 VT303 集电极负载电阻。VT306、VT307 为一对互补对称型 OTL 推挽管，工作在甲乙类状态，以消除交越失真，它们的基极偏置电压由 VT303 的集电极电流经过 R332、VD303 时的压降提供。C312 为自举电容；R317 为自举辅助电阻；C329 为消振电容；VD304 为保护二极管，防止场逆程脉冲将 VT306 击穿。

　　TA7698AP㉔脚输出的是一个正向场频锯齿波，经 VT303 倒相驱动放大，由 VT303 集电极输出负向场频锯齿波，分别加至 VT306、VT307 的基极。在场扫描正程前半段部分，由于 VT303 集电极电位高于 A 点电位，使 VT306 处于正向偏置而导通，VT307 处于反向偏置而截止。于是由+38 V 经 R345、VT306、L_Y、C331、R323 到地，在场偏转线圈 L_Y 上形成锯齿波正程扫描电流的前半段，此扫描电流给 C331 充电。

　　在场扫描正程后半段部分，由于 VT303 集电极电低于 A 点电位，使 VT306 处于反向偏置而截止，VT307 处于正向偏置而导通；这时 C331 起电源作用，于是由 C331 正极经 L_Y、R330、VT307、地、R323 到 C331 负极，在场偏转线圈 L_Y 上形成锯齿波正程扫描电流的后半段，此扫描电流由 C331 放电提供。

　　在场扫描逆程部分，VT303 反偏截止，VT307 也反偏截止，推挽管 A 点感应出 32 V 左右的逆程高压，通过自举电容 C312，使 VT306 基极电位高于发射极电位，而 VT306 集电极电位为+38 V，于是 VT306 导通，但不会处于深度饱和或反向导通状态，从而逆程扫描时间不会被延长。

　　场输出放大电路在场频锯齿波电压输入下，依次循环工作，在场偏转线圈 L_Y 上形成场扫描锯齿波电流，在 OTL 推挽管 A 点形成具有场逆程脉冲的锯齿波电压。

由图 3-24 可知，场输出放大电路有两路信号反馈到前级电路，一路是交流正反馈，由 R315、R316 对场输出锯齿波电压进行分压衰减，再通过 RP342、R324、R311 调节，叠加在 TA7698AP㉗脚锯齿波形成波形上，以产生预校正电压，使场线性得到改善。另一路是交直流负反馈，反馈到 TA7698AP㉖脚上，其中直流负反馈由 R312～R314 及 R320 组成，对 OTL 推挽管 A 点电位进行分压衰减，经 R320 耦合到㉖脚，起稳定静态工作点作用；而交流负反馈由 R323、C317 及 R320 组成，将 R323 上的场输出锯齿波电压经 C317、R320 耦合也加到㉖脚上，以校正场线性失真。

场输出放大电路设置有场中心位置开关 S301。当 S301 与 C 端相连时，对电路没有影响，光栅在垂直方向上不移动。当 S301 与 D 端相连时，将有 13 mA 直流流入偏转线圈，使光栅在垂直方向向下移一定距离。当 S301 与 U 端相连时，也将有 13 mA 直流电流反方向流入场偏转线圈，使光栅在垂直方向向上移一定距离。

3.5.3 场扫描电路故障检修方法

1. 水平一条亮线故障检修

当场扫描电路完全不工作时，电子束将停止垂直方向扫描，荧光屏将出现水平一条亮线故障。如当 VT307 击穿时，水平一条亮线故障现象如图 3-25 所示。碰到此现象时，应关低荧光屏亮度进行检修，以免电子束灼伤荧光粉。

水平一条亮线故障可能是图 3-23 所示的场扫描小信号处理电路所致，也可能是图 3-24 所示的场扫描输出电路所致。为了区分，可采用万用表电阻挡表棒，在 TA7698AP 的㉔脚与地之间进行碰触感应，以注入干扰信号，若荧光屏有反应，光栅由水平一条亮线向垂

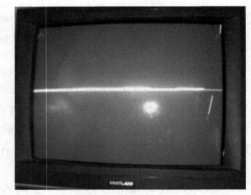

图 3-25 水平一条亮线案例（VT307 击穿）

直方向瞬间张开，说明故障发生在图 3-23 所示电路，如场振荡停振等；若荧光屏没有反应，则故障发生在图 3-24 所示电路，如 C331、R323 开路等。

由于场扫描电路存在直流负反馈，使图 3-23 所示电路与图 3-24 所示电路的直流状态相互牵制，故障检测难度增加。例如，若图 3-24 中的 R320 开路，则 TA7698AP 的㉖脚没有直流反馈电路，㉔脚也没有输出直流电压。而㉔脚无电压又会引起 VT303 截止，从而导致 VT306、VT307 直流工作点也不正常。检修 TA7698AP 场扫描时，尤其要注意这一点。

2. 场幅不正常故障的检修

场幅过大或场幅不足说明场振荡电路工作基本正常，故障主要在场幅调整电路、场输出电路和锯齿波形成电路。首先应调节场幅调整元件，在调整过程中观察屏幕变化能否使场幅正常，并对有故障的场幅调整元件进行更换。若经调整不能恢复场幅，应进行进一步检修。

场幅过大的检修。首先检查场输出供电电压是否高于正常值，若高于正常值，则应检查供电电路；若场输出电路电源电压正常，进一步检查锯齿波形成电容 C308 是否容量减小。如当 C308 容量减小时，充放电加快，锯齿波电压幅度加大，则会出现如图 3-26 所示的场幅增大故障现象。

场幅不足的检修。首先检查场输出供电电压是否低于正常值，若低于正常值，则检查场输出电路供电电路；若场供电电压正常，则检查场输出耦合电容是否失效或漏电；若场输出耦合电容正常，则需进一步检查锯齿波形成电路有关定时元件，如锯齿波形成电容放电电阻阻值是否增大。如当图 3-23 中的 R324 开路时，锯齿波形成电容 C308 放电困难，锯齿波电压幅度减小，于是出现如图 3-27 所示场幅窄现象。

图 3-26　场幅增大案例（C308 容量偏小）

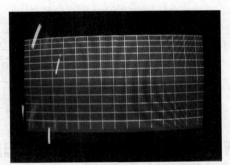
图 3-27　场幅窄案例（R324 开路）

3．场线性不良故障的检修

场线性不良是电视机的多发故障。因显像管需较大的场偏转输出功率，常采用 OTL 场输出电路，为了提高 OTL 电路的输出动态范围、减少功耗，通常采用双电源供电和升压电路，并使用大回路深度交流负反馈电路来减少场输出波形畸变，改善图像垂直失真。场线性不良通常有以下原因造成：

（1）供电电路引起。场输出电路供电电路发生故障时，导致工作电压不正常，使场输出管工作点偏移，场输出波形严重失真，引起场线性不良。

（2）反馈电路引起。常用反馈电路有三个：直流负反馈、交流负反馈和正反馈线性补偿电路。当这三个反馈电路中任何一个出现故障，都会产生线性失真。

（3）锯齿波形成电容不良引起。当场振荡正常时，锯齿波形成电容不良，经反馈电路无法校正时，也会引起场线性失真。

（4）自举电容和 S 校正电容引起。当自举电容失效和漏电时，会直接影响场线性，且伴有回扫线发生；S 校正电容不良时也会使场线性不良。

（5）其他故障引起。推挽管有一个损坏，将只有半幅图像；偏置电阻和二极管变质或损坏，会产生交越失真，使图像中部折叠；场线性可调电阻损坏，使反馈电路异常，场线性不良。

4．场扫描电路故障检修流程

场扫描电路故障检修流程如图 3-28 所示，图中涉及的元器件可参阅东芝 TA 两片机电原理图（见附图 A）。

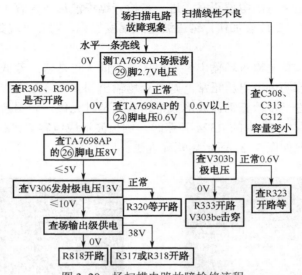

图 3-28　场扫描电路故障检修流程

任务 3-6　微处理器待机控制电路故障检修

随着微处理器技术的发展和电子产品功能的增加，电视机、DVD 等许多电子产品都有微处理器控制电路，因此，介绍微处理器待机控制电路的故障检修很有必要。微处理器在电视机中的应用是最典型的，本任务将以此为例进行介绍。

学习目标

最终目标：能检修微处理器待机控制电路故障。

促成目标：（1）熟悉微处理器待机控制电路的结构与工作原理；

（2）能对微处理器待机控制电路进行测试；

（3）掌握微处理器待机控制电路故障检修技巧；

（4）能对电视机微处理器待机电路进行故障检修，找出损坏元器件。

活动设计

活动内容：以东芝 TA 两片机为例，电路如附图 A 所示，活动设计如下。

（1）测试待机控制电路关键点电压；

（2）在微处理器待机控制电路中设置一个故障，要求采用电压测量法、电阻测量法找出故障元件，排除故障。

工具准备：TA 两片电视机、万用表、电铬铁、示波器等。

时间安排：90 min。

评分标准：满分为 100 分，其中测试占 30%，排除故障占 50%，检修报告占 20%。

扣分标准：①在测试及检修过程中，每犯 1 次检修错误扣 10 分；②每超时 10 分钟扣 10 分；③每要求教师提示 1 次扣 10 分；④检修过程中若人为损坏电路扣 20 分。

相关知识

相关知识部分将介绍典型微处理器控制芯片 M50436-560SP 的功能,介绍 M50436-560SP 复位电路、+5 V 供电电路、待机控制电路,最后重点介绍故障检修方法与技巧。

3.6.1 典型电路分析

1. M50436-560SP 遥控系统组成框图

以 M50436-560SP 为微处理器的彩电遥控系统如图 3-29 所示,M50436-560SP 在西湖 54CD6 彩电中的应用电路如附图 A 所示。

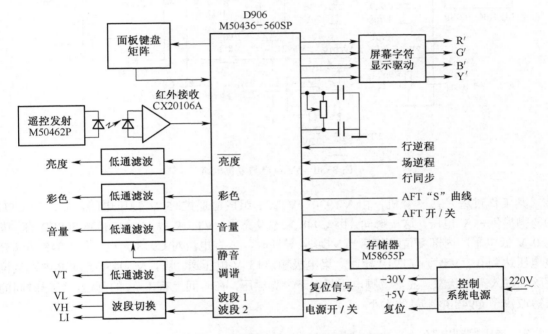

图 3-29　M50436-560SP 遥控系统组成框图

M50436-560SP 是日本三菱公司生产的电视机遥控系统专用的 4 位单片微控制器,配有节目存储器 M58655SP。M50436-560SP 接收来自遥控或面板键盘的各种控制指令,经识别后输出相应的控制信号。

微处理器对电视机的控制通常有:调谐选台控制、音量控制、亮度控制、色饱和度控制、待机控制等。微处理器在实现控制的同时,还要输出控制提示符在荧光屏上进行显示。为实现控制,微处理器还需要输入来自电视机的复合同步脉冲、AFT 信号,行、场逆程脉冲等,以便准确地执行各种控制功能。

2. 微处理器+5 V 供电与复位电路

微处理器芯片正常工作的基本条件是:+5 V 供电电压;时钟振荡正常;复位正常。

M50436-560SP 芯片的㉒脚为 5 V 直流供电端,芯片的㉘、㉙脚外接的石英晶体与集成块内部电路组成的 4 MHz 主时钟振荡器,芯片的㉗脚为复位脚。

M50436-560SP 的 5 V 供电与复位电路如图 3-30 所示。要求在每次开机时，㉗脚电压的建立应滞后于电源供电端㉒脚至少 1 ms。

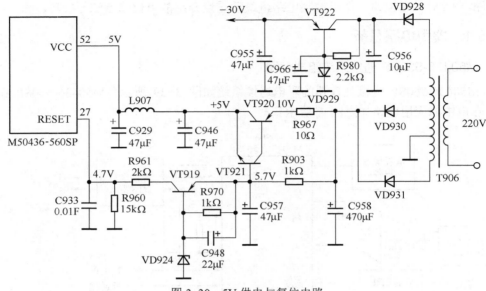

图 3-30　5V 供电与复位电路

其工作过程是：一开机，由 VT920、VT921 组成的遥控+5 V 稳压电路，立即为 CPU 的㉒脚提供+5 V 电压，这一瞬间，因 C948 来不及充电，VT919 截止，M50436-560SP 的㉗脚为 0 V 低电平，内部复位。随后当 VD924 导通时，才有电流对 C948 充电，待 C948 两端充电电压达到 0.7 V 时，VT919 导通，集电极输出+5 V 电压送㉗脚，M50436-560SP 内部复位解除，进入工作状态。显然㉗脚电压相对于㉒脚电压，在时间上有 1 ms 的延迟，延迟时间的长短取决于 C948 电容量的大小。

3．待机控制电路

待机控制就是遥控开/关机控制，电路如图 3-31 所示。其工作过程是：当收到"待机"指令后，M50436-560SP 的⑨脚输出低电平，VT908 截止，集电极输出高电平。该高电平的控制有三路，一路使 VT801 饱和，将电源厚膜集成块 STR-5412 的②脚钳在地电位，振荡反馈电路被短路，开关电源停振，主电源无输出，即关机状态；二是使 VT909 饱和，待机指示灯 VD935 被点亮；三是使亮度消噪管 VT205 饱和，以避免开关瞬间的光栅闪动。

同理，当收到"开机"指令后，M50436-560SP 的⑨脚输出高电平，使 VT908 导通，VT801 截止，STR-5412 的②脚不受 VT801 控制，主机电源工作正常，待机指示灯 VD935 也因 VT909 的截止而熄灭。

此外，如果按下遥控器上的"TIME"键，若将定时关机时间设定为 30（60、90）分钟，则 30（60、90）分钟后，M50436-560SP 的⑨脚将自动输出低电平，使整机处于待机工作状态。

3.6.2   待机控制电路常见故障检修

当待机电路出现故障时，可能使电视机始终待机或始终不能待机。

1. 始终待机故障检修

首先应检查 M50436-560SP 的⑨脚的输出电压。若⑨脚电压 0 V/5 V 转换正常，则说明 M50436-560SP 待机控制正常，故障应在⑨脚外围电路，如 R948 开路、C915 击穿、VT908 开路、VT801c-e 结击穿，会导致始终待机。

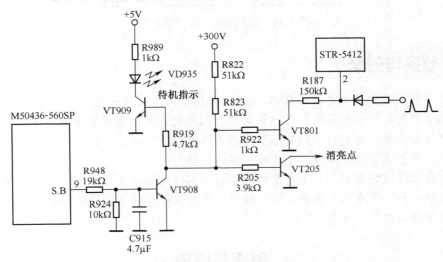

图 3-31   遥控开/关机控制电路

如果 M50436-560SP⑨脚输出始终为 0 V，则需测量 M50436-560SP 的时钟、+5 V 供电及复位引脚。时钟晶振元件有时会损坏，不妨换一个试试。若 M50436-560SP 的㉜脚没有 5V 供电电压，则⑨脚也一定为 0 V，此时将始终待机。当 R903 开路，导致 VT920、VT921 截止，M50436-560SP ㉜脚电压为零，电视机始终待机；当 R967 开路，C958 上 10 V 电压经 R903、VT921b-e 电极加到 M50436-560SP㉜脚，㉜脚供电电压约为 4 V，此时微处理器也不会工作，电视机始终处于待机状态。判断复位电路是否有故障的简单方法是，用一根导线，一端接地，另一端接复位端㉗脚，然后迅速脱开，如整机恢复正常，故障在复位电路；如无反应，说明故障在其他电路。

2. 始终不能待机故障检修

当 VT908 c-e 结击穿，或 R822、R823 开路，VT801 与 VT909 始终截止，VT801 截止导致电视机始终不能待机，VT909 截止导致待机指示灯 VD935 始终不亮。

当 R922 开路会导致 VT801 始终截止，于是始终不能待机。但是 VT909 工作仍正常，使待机指示灯 VD935 亮/灭正常。

3. 待机控制故障检修流程

待机控制故障检修流程如图 3-32 所示，图中涉及的元器件参阅东芝 TA 两片机电原理图（见附图 A）。

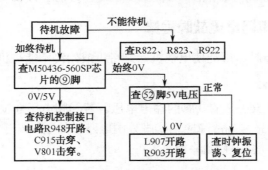

图 3-32 待机控制故障检修流程

知识梳理与总结

　　电子产品是由各种单元电路组成的，因此，电路级故障检修是电子产品维修技术的基础。本项目介绍了放大电路、电源电路、扫描电路、高频电路及微处理器待机控制电路的故障检修技巧，并以收音机、电视机中的实际电路为载体进行活动设计，这种设计一方面使操作容易实现，另一方面也为进一步学习电视机产品级维修打下基础。

　　在 6 个故障检修任务中，每个电路的故障检修都有共性与个性，其中开关电源电路的故障检修比较难一些，只有知难而进、反复练习，才能熟中生巧不断地迈进电子电路故障检修的大门，达到得心应手的境界。

思考与练习 3

1. 在三极管 c、b、e 三个电极的电压测量中，哪一个电压测量最能反映故障？为什么？

2. 在 OCL 功放电路中，哪一点电压测量最重要？为什么？

3. 为什么开关电源比传统的串联型稳压电源效率高？

4. 串联型开关电源的开关调整管若击穿短路，会造成什么现象，为什么？

5. 结合图 3-8 所示开关电源电路，说明发生下列故障时，输出电压作何变化，为什么？

（1）R811 开路；　　　（2）C811 容量不足；

（3）VD808 开路；　　　（4）STR-5412 中 R4 开路；

（5）STR-5412 中 VS 击穿。

6. 怎样安全地检修开关电源故障？

7. 为什么开关电源负载允许短路而不允许开路？

8. 电子产品电路接地点有"冷地"和"热地"之分，试解释"冷地"与"热地"的区别。

9. 在图 3-10 所示半桥式开关电源电路中，请解释下列故障现象。

（1）为什么 T2⑦⑨绕组短路后，输出电压变成 0 V？

（2）为什么 R7 开路后，输出电压变成 2.0 V？

（3）为什么 R12 或 R28 开路后，输出电压变成 7.4 V？

（4）为什么 VT4 开路后，输出电压仍正常？

10. 收音机无声故障范围很广，如何缩小故障范围？

11．收音机音轻、失真是软故障，其主要原因是什么？

12．为什么灵敏度低，主要检修高频电路而不是低频电路？

13．行扫描电路由哪几部分组成？其功能有哪些？

14．在东芝 TA 两片机行扫描电路中，为什么下列元件损坏时会出现"三无"故障现象？

（1）R444 开路；　（2）R416 开路；　（3）R408 开路；（4）R409 开路。

15．怎样安全地检修行扫描电路故障？

16．场扫描电路由哪几部分组成？各部分的主要功能是什么？

17．在西湖 54CD6 机中，调节 RP351、RP352，图像会发生怎样变化？为什么？

18．在东芝 TA 两片机场扫描电路中，为什么下列元器件损坏会产生水平一条亮度故障？

（1）R320 开路；　（2）R323 开路；　（3）R309 开路；　（4）R317 开路

19．微处理器正常工作应具备哪些基本条件？

20．说明下列元件损坏时，会出现什么始终待机故障？

（1）R967 开路；　（2）R948 开路；　（3）V801 c-e 击穿。

项目4 电视机维修技术

学习导航

电子产品种类繁多，有军用电子产品、通信电子产品、工业电子产品、消费电子产品、广播电视产品、商用电子产品、教学电子产品、安保电子产品、医疗电子产品、汽车电子产品、仪器仪表及电子玩具等。在诸多电子产品中，电视机是典型的电子产品，一是非常普及，二是电路经典。本项目将以液晶电视机为载体，进入产品级维修技术的学习。

本项目有 5 个任务：任务 4-1 是彩色电视信号测试，任务 4-2 是液晶电视机拆装，任务 4-3 是液晶电视机的使用与电路组成，任务 4-4 是液晶电视机的测试，任务 4-5 是液晶电视机的故障检修。

学习目标	最终目标	能检修液晶电视机常见故障	
	促成目标	1. 了解广播电视技术知识；	2. 了解 PAL 制彩色电视信号编码知识；
		3. 熟悉液晶电视机电路组成及工作原理；	4. 能阅读电视机电原理图及印制板电路；
		5. 能检修液晶电视机常见故障	
教师引导	知识引导	广播电视技术知识；PAL 制彩色电视信号编码知识；液晶显示屏结构与显示原理；液晶电视机基本电路组成；液晶电视机常见故障检修	
	技能引导	学习活动设计：液晶电视机的使用、拆装、测试、检修	
	重点把握	液晶电视机电源测试、主板故障判别	
	建议学时	20 学时	

任务 4-1　彩色电视信号测试

欲学习电视机维修技术，必须能看懂电视机电原理图。欲看懂电视机电原理图，应先了解彩色电视广播知识。本任务将介绍全电视信号的组成、电视信号调制技术及频道划分、色度学知识、三基色原理及 PAL 制电视信号编码过程。

学习目标

最终目标：会说出彩色电视广播技术中一些基本概念与术语，会测试电视信号波形。

促成目标：（1）熟悉全电视信号的组成；

（2）了解电视信号调制技术及频道划分；

（3）了解色度学知识；

（4）掌握三基色原理；

（5）熟悉 PAL 制电视信号编码过程；

（6）会测试三基色信号、亮度信号、色差信号、色度信号、彩色全电视信号；

（7）进一步熟练示波器的使用方法。

活动设计

活动内容 1：15 分钟课堂练习，练习题设计如下。

1. 彩色的色调指的是颜色的（　　）。

　　A. 种类　　　　　　　B. 深浅　　　　　　　C. 亮度　　　　　　　D. A 与 B

2. 彩色电视的全电视信号与黑白电视的全电视信号相比，增加了（　　）。

　　A. 三基色信号　　　B. 三个色差信号　　　C. 两个色差信号　D. 色度与色同步信号

3. 彩色的色饱和度指的是彩色的（　　）。

　　A. 亮度　　　　　　　B. 种类　　　　　　　C. 深浅　　　　　　　D. 以上都不对

4. 亮度信号的灰度等级排列顺序为（　　）。

　　A. 白黄绿蓝青紫红黑　　　　　　　　B. 白黄绿蓝紫红青黑

　　C. 白黄青绿紫红蓝黑　　　　　　　　D. 白黄青绿红紫蓝黑

5. 当三基色信号的强度 R=G=B 时，屏幕呈现的颜色为（　　）。

　　A. 红色　　　　　　　B. 绿色　　　　　　　C. 蓝色　　　　　　　D. 白色

6. PAL 制彩色电视机中传送的两个色差信号是（　　）。

　　A. R-Y 和 G-Y　　B. B-Y 和 R-Y　　C. G-Y 和 B-Y　　D. 以上都不对

7. 我国电视广播图像载频与伴音载频的间隔是（　　）。

　　A. 4.5 MHz　　　　B. 5.5 MHz　　　　C. 6.0 MHz　　　　D. 6.5 MHz

8. 正交平衡调幅制是指用两个色差信号分别对（　　）的副载波进行平衡调幅。

　　A. 同频同相　　　　　　　　　　　B. 同频反相

　　C. 同频、相位差 90°　　　　　　　D. 频率不同，相位差 90°

9. 我国电视机的图像信号采用残留边带方式发射的原因是为了（　　）。

　　A. 增加抗干扰能力　　　　　　　　B. 节省频带宽度

C. 提高发射效率　　　　　　　　　　D. 衰减图像信号中的高频

10. 我国电视标准规定：每个频道的频带宽度为（　　）。

  A. 4.2 MHz B. 6 MHz C. 8 MHz D. 12 MHz

11. 色同步信号的传送位置处于（　　）。

  A. 行消隐前肩 B. 行消隐后肩 C. 行扫描正程 D. 场扫描正程

12. 我国电视标准规定，视频信号的频带宽度为（　　）。

  A. 4.43 MHz B. 6 MHz C. 6.5 MHz D. 8 MHz

13. 色度信号是一个（　　）信号。

  A. 普通调幅 B. 调频 C. 调相 D. 平衡调幅

14. 在 PAL 制电视机中，色副载波的频率为（　　）。

  A. 3.58 MHz B. 4.43 MHz C. 6.0 MHz D. 6.5 MHz

15. 我国电视标准规定：图像信号的调制方式为（　　）。

  A. 正极性调制 B. 负极性调制 C. 双极性调制 D. 以上都不对

16. 采用逐行倒相正交平衡调幅的彩色电视制式是（　　）。

  A. NTSC 制 B. PAL 制 C. SECAM 制 D. 以上都不对

17. 我国电视标准规定的帧频和每场的扫描行数分别为（　　）。

  A. 50 Hz、312.5 B. 50 Hz、625 C. 25 Hz、312.5 D. 25 Hz、625

18. 白色光的色饱和度为（　　）。

  A. 100% B. 50% C. 25% D. 0

19. 色差信号的频率范围是（　　）。

  A. 0～1 MHz B. 0～1.3 MHz C. 0～4.43 MHz D. 0～6 MHz

20. 彩色图像的细节部分主要与（　　）信号有关。

  A. R-Y B. G-Y C. B-Y D. Y

活动内容2：

在 CRT 电视机整机电路中选择合适的测试点，测试三基色信号、亮度信号、色差信号、色度信号、彩色全电视信号波形。

工具准备： CRT 电视机、普通示波器。

时间安排： 60 min。

操作要求： 正确连接示波器；正确选择示波器 V/div 量程及 t/div 量程；测出波形的幅度与周期；操作要熟练（操作速度）；绘图的规范性。

相关知识

相关知识部分将介绍像素及像素信号的传送、全电视信号组成，电视信号调制技术及频道划分、色度学知识、三基色原理及 PAL 制电视信号编码过程。

4.1.1　像素及像素信号的传送

1. 图像的基本单元——像素

一幅清晰的黑白照片，是由许多深浅各异、排列有序的黑白小点组成的。同样，电视图

像也是由许多深浅各异、排列有序的黑白小点组成的，这些小点又称为像素，它是构成电视图像的基本单元。显然，图像中的像素越多、越密，电视图像就越清晰、越细致。

根据人眼的视觉分辨力，由 40 余万个像素组成电视图像给人以清晰而细致的感觉。传送图像信号也就是依次传送像素信号。

2．像素信号的传送——扫描

如果把要传送的图像分解为许多像素，并同时把这些像素变成电信号，再分别用各个信道传送出去，到了接收端又同时在屏幕上变换成像素，那么发送端摄取的图像就能在屏幕上得到重现。由于一幅电视画面由几十万个像素组成，如果将这些像素同时传输到接收端，需要几十万条信道，这是不可能实现的。

由于人眼具有惰性和光的余辉效应，只要传送像素的速度足够快，接收端和发送端的每个像素的几何位置一一对应，即接收端与发送端同步工作，重现的图像变化就会给人以连续、活动而又没有跳跃的感觉。发送端把组成图像的像素按一定顺序一个个地转换成相应的电信号，并依次传送出去。接收端按同样的顺序，将各个电信号在荧光屏上对应的位置转变成具有相应亮度的像素。这种将图像像素顺序传送的系统，叫做顺序传送电视系统，它仅需要一条信道，如图 4-1 所示。

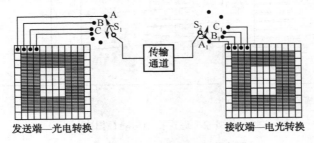

图 4-1　顺序传输像素信号示意图

将组成一幅图像的像素按顺序转换成像素电信号，或将像素电信号依次转换成图像像素的过程，在电视系统中称为扫描。完成前一任务的设备是摄像机，完成后一任务的设备是图像显示器件（显像管、液晶屏等）。

在摄像机中，所摄景物的光信号通过镜头进入摄像机，通过对摄像管中的景物图像的扫描，使景物像素依次转换成电信号，即图像信号；在图像显示器件中，将接收到的图像信号对显示器屏幕的扫描进行控制，使图像信号还原成电视图像。

水平方向的扫描称为行扫描，从左到右的扫描称行正程扫描，从右到左的扫描称行逆程扫描；垂直方向的扫描称为场扫描，从上到下的扫描称为场正程扫描，从下到上的扫描称为场逆程扫描。

3．扫描技术参数

我国电视广播国家标准规定，一秒钟发送 25 幅图像信号，一幅的专业术语叫一帧，每帧又由 625 行扫描线组成，每帧分两场隔行扫描，每场由 312.5 行扫描线组成。扫描技术参数如下。

行频：f_H=15 625 Hz

行周期：$T_H=1/f_H=64\ \mu s$

行正程扫描时间：$T_{Ht}=52\ \mu s$

行逆程扫描时间：$T_{Hr}=12\ \mu s$

场频：$f_V=50\ Hz$

场周期：$T_V=1/f_V=20\ ms$

场正程扫描时间：$T_{Vt}=18.388\ ms=287T_H+20\ \mu s$

场逆程扫描时间：$T_{Vr}=1.612\ ms=25T_H+12\ \mu s$

每帧图像的扫描线越多，图像的垂直方向像素也越多，图像的垂直清晰度也越高。由于人眼在一定距离内分辨图像细节的能力有限，因此每帧行数过多也没有必要。

4．隔行扫描

如果对一帧图像中的 625 行，电子束一行接一行地扫描，这种扫描称为逐行扫描，如图 4-2（a）所示。隔行扫描就是将一帧图像分为两场扫描，先扫描 1、3、5、…行，称为奇数场，再扫描 2、4、6、…行，称为偶数场，如图 4-2（b）所示。

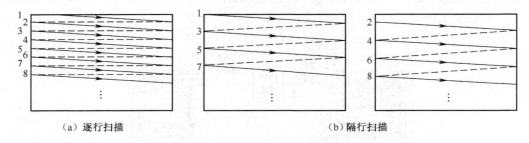

（a）逐行扫描　　　　　　　　　　　　　（b）隔行扫描

图 4-2　逐行扫描与隔行扫描

4.1.2　全电视信号

全电视信号又称为视频（VIDEO）信号，它由图像信号、复合消隐信号、复合同步信号三部分组成，其中一行全电视信号如图 4-3 所示，一帧全电视信号如图 4-5 所示。

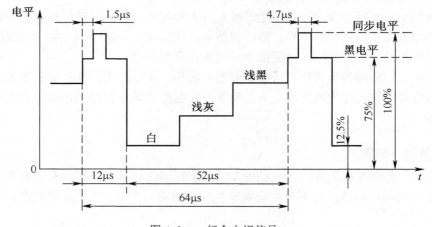

图 4-3　一行全电视信号

1. 图像信号

图像信号反映图像内容，它由摄像管行正程扫描产生，规定 75%为黑色电平，12.5%为白色电平，一行时间宽度为 52 μs。图 4-3 是有规则的图像信号，它是白、浅灰、浅黑垂直条图像的信号。对于不规则的图像，信号波形就不规则了，图像内容越复杂，信号的频率成分越丰富，我国图像信号的频率范围是 0～6 MHz。

2. 复合消隐信号

复合消隐信号是一种脉冲信号，它包括行消隐脉冲与场消隐脉冲。行消隐脉冲的作用是消除水平回扫线，使显像管电子束在行逆程扫描期间截止。行消隐脉中的宽度为 12 μs，电平为 75%黑电平，周期为 64 μs。

场消隐脉冲的作用是消除垂直回扫线，使显像管电子束在场逆程扫描期间截止。场消隐脉冲的宽度为 1.612 ms（$25T_H+12$ μs），电平为 75%黑电平，周期为 20 ms。

3. 复合同步信号

复合同步信号也是一种脉冲信号，它包括行同步脉冲与场同步脉冲。所谓同步就是指显像管偏转线圈中的扫描必须与加到显像管阴极上的全电视信号同步。也就是说，当行消隐脉冲到达，电子束刚好作行逆程扫描；当图像信号到达，电子束刚好作行正程扫描；当场消隐脉冲到达，刚好作场逆程扫描。

同步包括频率同步与相位同步，若行扫描频率不良，荧光屏上的图像就变成了向左下方或向右下方倾斜的黑白相间条纹，如图 4-4（b）、（c）所示。若行扫描频率同步但行相位不同步，则行消隐脉冲到达时，偏转线圈也在作正程扫描，于是荧光屏出现一条垂直消隐黑带，如图 4-4（d）所示。若场扫描频率不同步而行扫描同步良好，则荧光屏上的图像就会向上或向下移动，向上移动是场频偏低，向下移动是频率偏高，移动速度越快表明场频偏差越大，如图 4-4（e）所示。若场频同步但场相位不同步，此时图像不会上下移动，但场消隐信号也会显示在屏幕上，如图 4-4（f）所示。

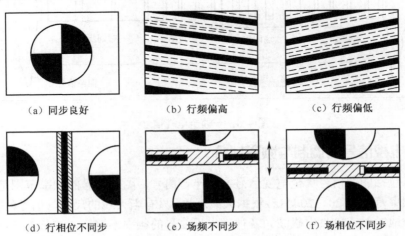

(a) 同步良好　　　　(b) 行频偏高　　　　(c) 行频偏低

(d) 行相位不同步　　(e) 场频不同步　　　(f) 场相位不同步

图 4-4　不同步引起的屏幕现象

为了实现电视接收机中的扫描同步，必须发送行、场同步脉冲。行同步脉冲宽度为 4.7 μs，周期为 64 μs，叠加在消隐电平上发送，行同步脉冲前沿与行消隐脉冲前沿之间间距为 1.5 μs，电平为 100%。场同步脉冲宽度为 160 μs（$2.5T_H$），叠加在场消隐电平上传送，它的前沿与场消隐前沿之间间距为 $2.5T_H$，电平为 100%。

4. 全电视信号

一帧全电视信号波形如图 4-5 所示。从第 1 行到第 312.5 行为第一场（奇数场），场同步从第 1 行开始发送，宽度为 2.5 行，场消隐脉冲的宽度为 $25T_H+12$ μs。从第 312.5 行到第 625 行为第二场（偶数场），场同步从第 312.5 行开始发送，宽度为 2.5 行。

为了在场同步脉冲发送期间，行同步脉冲不丢失，在场同步脉冲内开了 5 个小凹槽，用凹槽的后沿代表这一期间的行同步脉冲，凹槽的宽度为 4.7 μs，间隔为 $T_H/2$。

另外，在场同步脉冲前后分别设置了 5 个均衡脉冲，称为前均衡脉冲和后均衡脉冲，均衡脉冲的宽度为 2.35 μs，间隔为 $T_H/2$。如果不设立均衡脉冲，则第一场场同步前沿到其前面行同步脉冲的间距为 T_H，而第二场场同步前沿到其前面行同步脉冲的间距仅为 $T_H/2$，间距上的差异将影响隔行扫描的准确性。设立均衡脉冲后，此差异就不存在了。

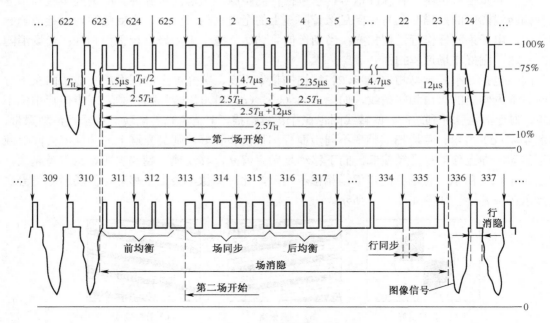

图 4-5　一帧全电视信号

4.1.3　电视信号的调制与频道划分

电视信号包括图像信号（全电视信号）和伴音信号，图像信号的频率范围是 0～6 MHz，伴音信号的频率范围是 20～20 kHz。根据天线理论，只有当天线的尺寸与信号的波长相近时，天线才能有效地发射或接收电磁波。音视频电视信号的频率不够高，波长太长，信号不能直接送往天线以电磁波的形式发射出去。只有将音视频电视信号对高频载波进行调制处理，使音视频电视信号变为高频电视信号，以减小信号波长，利于天线发射与接收。另外，不同的电视台，可选用不同的载波频率，即选用不同的频道，这样便于接收机选台。

1. 残留边带调幅

目前，图像信号均采用调幅方式发送，调幅就是使高频载波的幅度随图像信号变化而变化。因为图像信号的最高频率为 6 MHz。所以载波频率必须在 40 MHz 以上。0～6 MHz 的图像信号对载波进行调幅后，调幅波的频谱如图 4-6 所示，除图像高频载波 f_P 外，还产生了上、下两个边带，上边带的最高频率为 f_P+6 MHz，下边带的最低频率为 f_P-6 MHz。可见高频图像信号的双边带频宽为 12 MHz。要传送频带如此宽的信号，会使电视设备复杂、昂贵，另外又使得在一定频段内可设置的频道数量减小。

由于调幅波上、下两个边带所反映的图像信号内容完全一样，为了减小频带，只要发送调幅波的上边带或下边带即可。这样只发送一个边带的方式叫单边带方式。但要将上边带或下边带刚好滤除是非常困难的。我国电视制式规定，除发送上边带外，还发送 0～0.75 MHz 的下边带，即 0～0.75 MHz 低频图像信号仍采用双边带方式发送，0.75～6 MHz 高频图像信号采用单边带方式发送，这种发送方式又称为残留边带调幅发送方式，其频谱如图 4-6 所示。

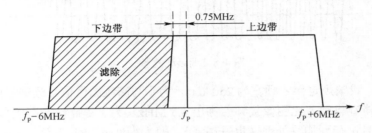

图 4-6 残留边带调幅频谱

2. 负极性调幅

图像信号对高频载波的调幅又分为正极性调幅和负极性调幅，如图 4-7 所示。

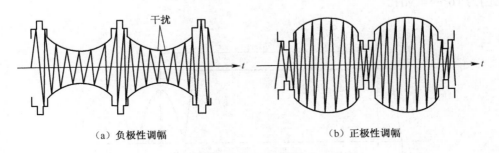

（a）负极性调幅 　　　　　　　　　（b）正极性调幅

图 4-7 图像调幅波波形

所谓正极性调幅就是指画面越亮时调幅波的振幅越大，所谓负极性调幅就是指画面越亮时调幅波的振幅越小。负极性调幅具有节省发射功率等优点，目前各国电视广播都采用负极性调幅，我国也是如此。

3. 伴音信号的调制

伴音信号采用调频方式发送，所谓调频，就是用音频信号去控制高频载波的频率，使载波的频率随音频信号变化而变化，如图 4-8 所示。当音频正弦波振幅作正半周变化时，高频载波的频率 f_S 也作正弦规律增加；当音频正弦波振幅作负半周变化时，高频载波的频率 f_S 也

作正弦规律减小。

由于调频波的频谱十分复杂，调频波的有效频宽 B 近似计算公式为：

$$B=2\times(\Delta f+F_{max})$$

式中，Δf 为调频波的最大频偏，我国规定 Δf=50 kHz。F_{max} 为电视音频信号的最高频率，我国规定 F_{max} =15 kHz，于是伴音调频信号的带宽 B 为：

$$B=2\times(50+15)=130 \text{ kHz}$$

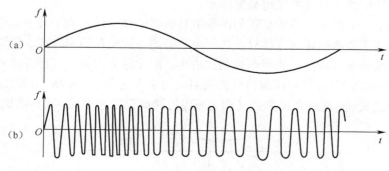

图 4-8 调频波波形

为留有余量，我国规定伴音频宽为 250 kHz。为了与高频图像信号频谱不重叠而又接近，规定每个频道的伴音载频 f_S 比图像载频 f_P 高出 6.5 MHz。为了提高伴音高频端的信噪比，调频前先对伴音信号进行预加重处理（提升高音），即人为地提升伴音高音分量的幅度，预加重时间常数为 50 μs。

调频伴音信号与调幅图像信号混合在一起，统称为高频电视信号，其频谱结构如图 4-9 所示。以 4 频道为例，图像载频 f_P 为 77.25 MHz，伴音载频 f_S 为 83.75 MHz，频道宽度为 8 MHz，频率范围为 76～84 MHz。

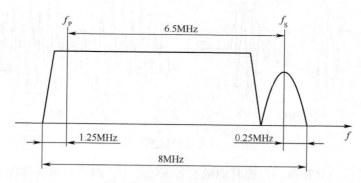

图 4-9 高频电视信号频谱结构

4. 频道划分

我国电视频道划分如表 4-1 所示，每个电视频道带宽为 8 MHz，所以相邻频道的图像载频（或伴音载频）相差 8 MHz。

电视广播共分为 4 个波段，即 I 、III、IV、V 波段。I 波段频率范围为 48.5～92 MHz，可接收 1～5 频道；III 波段频率范围为 165～223 MHz，可接收 6～12 频道；III 波段频率范围

表 4-1 我国电视频道划分

波　段	频道	频率范围/MHz	图像载频/MHz	伴音载频/MHz	波　段	频道	频率范围/MHz	图像载频/MHz	伴音载频/MHz
I 波段（米波）	1	48.5～56.5	49.75	56.25		34	678～686	679.25	685.75
	2	56.5～64.5	57.75	64.25		35	686～694	687.25	693.75
	3	64.5～72.5	65.75	72.25		36	694～702	695.25	701.75
	4	76～84	77.25	83.75		37	702～710	703.25	709.75
	5	84～92	85.25	91.75		38	710～718	711.25	717.75
III 波段（米波）	6	165～175	168.25	174.75		39	718～726	719.25	725.75
	7	175～183	176.25	182.75		40	726～734	727.25	733.75
	8	183～191	184.25	190.75		41	734～742	735.25	741.75
	9	191～199	192.25	198.75		42	742～750	743.25	749.75
	10	199～207	200.25	206.75		43	750～758	751.25	757.75
	11	207～215	208.25	214.75		44	758～766	759.25	765.75
	12	215～213	216.25	222.75		45	766～774	767.25	773.75
IV 波段（分米波）	13	470～478	471.25	477.75		46	774～782	775.25	781.75
	14	478～486	479.25	485.75		47	782～790	783.25	789.75
	15	486～494	487.25	493.75		48	790～798	791.25	797.75
	16	494～502	495.25	501.75		49	798～806	799.25	805.75
	17	502～510	503.25	509.75	V 波段（分米波）	50	806～814	807.25	813.75
	18	510～518	511.25	517.75		51	814～822	815.25	821.75
	19	518～526	519.25	525.75		52	822～830	823.25	829.75
	20	526～534	527.25	533.75		53	830～838	831.25	837.75
	21	534～542	535.25	541.75		54	838～846	839.25	845.75
	22	542～550	543.25	549.75		55	846～854	847.25	853.75
	23	550～558	551.25	557.75		56	854～862	855.25	861.75
	24	558～566	559.25	565.75		57	862～870	863.25	969.75
						58	870～878	871.25	877.75
						59	878～886	879.25	885.75
V 波段（分米波）	25	606～614	607.25	613.75		60	886～894	887.25	893.75
	26	614～622	615.25	621.75		61	894～902	895.25	901.75
	27	622～630	623.25	629.75		62	902～910	903.25	909.75
	28	630～638	631.25	637.75		63	910～918	911.25	917.75
	29	638～646	639.25	645.75		64	918～926	919.25	925.75
	30	646～654	647.25	653.75		65	926～934	927.25	933.75
	31	654～662	655.25	661.75		66	934～942	935.25	941.75
	32	662～670	663.25	669.75		67	942～950	943.25	949.75
	33	670～678	671.25	677.75		68	950～958	951.25	957.75

为 470～566 MHz，可接收 13～24 频道；V 波段频率范围为 606～958 MHz，可接收 25～58 频道。I 波段和III波段又统称为甚高频（VHF）波段，VHF 波段的信号波长为米波。IV波段和 V 波段又统称超高频（UHF）波段，UHF 波段的信号波长为分米波。

4.1.4 色度学知识

1．光与彩色

由光学理论可知，光是一种以电磁波形式存在的物质，能引起人眼视觉反映的光称为可见光，它是波长为380～780 nm（毫微米）范围内的电磁波。

不同波长的光入射到人眼会引起不同的颜色感觉，如400 nm左右波长的光，给人以紫色的感觉，而700 nm左右波长的光，给人以红色的感觉。380～780 nm波长范围内的光，其颜色按红、橙、黄、绿、青、蓝、紫次序排列，如表4-2所示。如果将所有波长的光均等地混合在一起，则给人以白色的感觉。

表4-2　光的波长与颜色的关系

颜　　色	红	橙	黄	绿	青	蓝	紫
波长（nm）	630～780	600～630	580～600	510～580	490～510	430～490	380～430

2．彩色三要素

彩色光可用亮度、色调、色饱和度三个物理量来描述，这三个物理量又称为彩色三要素。

亮度：是指光的作用强弱，它由光的辐射功率及人眼视敏度特性决定。

色调：是指光的颜色，由作用到人眼的入射光波长成分决定。

色饱和度：是指彩色的浓淡，与掺白光的多少有关。

在上述三个要素中，亮度是基础，没有亮度也就没有色饱和度。黑白电视广播只传送了三要素中的亮度要素，彩色电视广播不但要传送亮度要素，而且还要传送色调和色饱和度要素。

色调与色饱和度又统称为色度，彩色电视与黑白电视相比较，就是增加了一个色度信号。饱和度最高为纯色，即饱和度为100%，白光的色饱和度为零。

3．视觉特性

1）亮度特性

对于同一波长的光，当光的辐射功率不同时，则给人的亮度感觉也不同。但如果辐射功率相同而波长不同，则给人的亮度感觉也是不同的。这种不同，通常用相对视敏度曲线来表示，如图4-10所示。

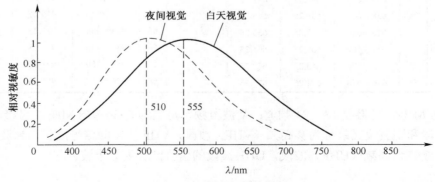

图4-10　相对视敏度曲线

从图中可以看出，夜间视觉对 510 nm 波长的光最敏感，白天视觉对 555 nm 波长的黄绿光最敏感。需要指出的是，对于不同的人，相对视敏度曲线会稍有差异。

2）彩色分辨力特性

当我们仔细观察一幅彩墨画时，会发现彩墨画的轮廓细节是用墨笔仔细勾划的，而彩色只是大面积粗略涂绘而已。这说明，人眼对彩色细节的分辨力比对黑白亮度的分辨力要低。根据这一特性，彩色电视广播用 0～6.0 MHz 宽带来传送亮度信号，用 0～1.3 MHz 窄带来传送色度信号，这就像大面积着色的绘画方法一样，同样能获得令人满意的彩色图像。

3）彩色视觉的非单值性

每种特定波长的光波都能引起一种特定的色调感觉，但是波长与色调之间并不存在着一一对应关系。例如，波长为 600 nm 的光波能引起人眼黄色感觉，但当 750 nm 波长的红光和 550 nm 波长的绿光共同作用于人眼时，同样会引起黄色感觉。例如，当不同波长的红、绿、蓝单色光以适当的比例混合，可以使人眼获得白色感觉。以上事实说明，虽然特定波长的光波能使人眼产生特定的色调，但却不能反过来根据人眼的色调感觉去判断光的波长，这一特性就称为人眼彩色视觉的非单值性。

4．三基色原理

三基色原理是色度学的基础理论之一，也是实现彩色电视广播的理论根据。其主要内容是：自然界几乎所有的彩色，都可以用三种基色光按一定的比例混合产生；反之，自然界中的所有彩色，都可以分解为三种基色光。需要说明的是，三种基色的选择不是唯一的，但要求相互独立，即其中一种基色不能由其他二种基色混合产生。在彩色电视系统中，选用红、绿、蓝作为三基色。

三基色与混合色的关系是：

（1）三种基色的混合比例，决定混合色的色调与色饱和度。

（2）混合色的亮度等于参与混合的各个基色的亮度之和。

三基色原理是实现彩色电视广播的理论根据，传送了三基色信号，也就是传送了图像中的彩色三要素信息。在发送端，利用彩色摄像机将自然界彩色光分解为红、绿、蓝三基色光，并转换成三基色信号。在接收端，彩色显像管均匀地涂有红、绿、蓝三种荧光粉，如果红、绿、蓝荧光粉按三基色信号规律发光，就能重现彩色图像。

5．混色的方法

如果在白色屏幕上投射红、绿、蓝三基色光，如图 4-11 所示，在红、绿、蓝光束之间重影处，有下列混合色调产生：

　　　　红光+绿光=黄光

　　　　绿光+蓝光=青光

　　　　蓝光+红光=紫光

　　　　红光+绿光+蓝光=白光

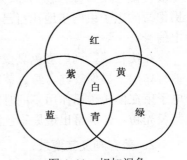

图 4-11 相加混色

混合的方法有直接混色法、空间混色法、时间混色法等。

直接混色法就是把三基色光按不同的比例投射在一个全反射的白色幕布上。彩色投影电视机就是根据这种混色法来重视彩色图像的。

空间混色法，是指当三基色光点很小而且间距很近，由于人眼视觉分辨力有限，在一定距离上观看，分辨不出这些光点时，就会产生三基色混合的色调感觉。现代彩色显像管就是根据空间混色法来重现彩色图像的，在显像管荧光屏上涂布着 40 余万组红、绿、蓝荧光粉点，这些荧光粉由红、绿、蓝电子束对应轰击发光，由此产生丰富多彩的彩色图像。

时间混合法，是指如果让三种基色光按一定时间顺序轮流快速地出现，由于人眼的残留视觉特性，看到的是三基色光的混合色调。这种混合法曾应用于初期的顺序制彩色电视系统。

4.1.5 基色信号、亮度信号与色差信号

1. 基色信号

根据三基色原理，要实现彩色电视广播，首先要把一幅发送的彩色画面分解为红、绿、蓝三基色信号，这可以通过彩色摄像机中的分色光学系统来完成，如图 4-12 所示。

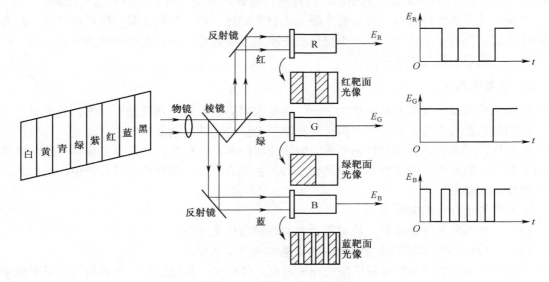

图 4-12　图像三基色的分解

假如摄像机所摄取的是白、黄、青、绿、紫、红、蓝、黑彩条图像，则进入物镜的彩色光被棱镜与反射镜分解为红、绿、蓝三种基色光。三种基色光进入相应的摄像管靶面，三支摄像管的电子束同步地在自己的靶面上扫描，把基色光变化转换成红（R）、绿（G）、蓝（B）电信号。

在接收端，利用彩色显像管使三基色光像混合成原彩色图像，如图 4-13 所示。三基色信号作用于显像管红、绿、蓝阴极上，以便对阴极发射的电子束强弱进行调制，红、绿、蓝电子束在偏转磁场作用下同时发生左右、垂直方向上的偏转扫描，并各自击中相应的红、绿、蓝荧光粉，使屏幕出现原彩色图像。

2. 兼容制及其要求

利用彩色摄像机、彩色显像管可以实现图像的三基色分解与复原。那么用什么方法来传送三基色信号？

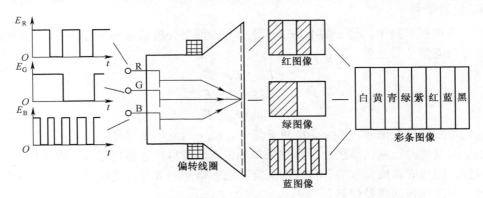

图 4-13 彩色图像的复原

在电视广播发展初期，人们试验过三通道同时制及单通道顺序制传送方法。所谓三通道同时制是指，采用三套发射设备及三套接收设备来传送红、绿、蓝三基色信号。所谓单通道顺序制是指，采用一套发射设备及一套接收设备，按顺序轮流传送红、绿、蓝三基色信号。这两种方法最大的缺陷是，它不是兼容的传送方法。

所谓电视兼容，是指彩色电视系统与黑白电视系统可以相互收看。也就是说，黑白电视接收机不但能够收看黑白电视节目，也可以收看彩色电视节目，当然图像均为黑白；彩色电视接收机不但能够收看彩色电视节目，也能够收看黑白电视节目，当然前者图像有彩色，后者图像无彩色。

能够实现彩色电视系统与黑白电视系统可以相互收看的彩色电视制式，称为兼容制制式。彩色电视广播是在黑白电视广播的基础上发展起来的，为实现兼容，必须满足下列要求。

（1）继续采用黑白电视广播中的一切技术规定。如场频为 50 Hz，行频为 15 625 Hz，隔行扫描，视频带宽为 0～6 MHz，伴音采用调频，图像采用残留边带调幅等。

（2）继续保留黑白电视广播中的一切信号。黑白电视广播中有图像信号、伴音信号、同步信号与消隐信号。彩色电视广播必须将三基色信号转换成一个能重现黑白图像的亮度信号，便于黑白电视接收机也能收看。

（3）传送一个色度信号。这个色度信号（色调与色饱和度）对彩色电视接收机来说，起着屏幕着色作用，对黑白电视接收机来说，该色度信号当然是多余的，这就要求色度信号对黑白电视接收机不会构成使人眼易察觉的干扰。

3. 亮度信号

为了实现兼容，彩色电视广播必须传送一个亮度信号。由于彩色摄像机产生的是红、绿、蓝三基色，那么怎样来产生一个亮度信号呢？根据三基色与三要素的关系可知，混合光的亮度为三基色光的亮度之和。又根据人眼相对视敏度特性可知，红、绿、蓝三基色信号中的亮度成分又是不一样的，视敏度高的基色（如绿色）含有的亮度成分多一些。规定红、绿、蓝亮度成分比例是 0.30（红）:0.59（绿）:0.11（蓝）。比例系数的确定与规定的标准白光有关，与红、绿、蓝荧光粉的选择也有关。这就是说，红基色信号（E_R）、绿基色信号（E_G）、蓝基色信号（E_B）可按这个比例混合，可获得一个亮度信号（E_Y），即亮度方程式为：

$$E_Y=0.30E_R+0.59E_G+0.11E_B$$

4. 色差信号

在彩色电视广播中，传送的不是三基色信号，而是亮度信号和色差信号。色差信号就是基色信号与亮度信号之差，即：

$$E_{R-Y}=E_R—E_Y$$
$$E_{G-Y}=E_G—E_Y$$
$$E_{B-Y}=E_B—E_Y$$

式中，E_{R-Y} 为红色差信号，E_{G-Y} 为绿色差信号，E_{B-Y} 为蓝色差信号。

由于亮度信号已从三基色中抽离出来单独传送，若再传送基色信号，因基色信号中含有亮度成分，则势必造成亮度成分传送的重复。色差信号不含有亮度成分，仅代表了色调与色饱和度，因而应传送色差信号。

以传送彩条图像为例，亮度信号与色差信号波形如图 4-14 所示。在三个色差信号中，相互之间并不是独立的，其中某一个色差信号可以由另外两个色差信号按特定的比例混合产生。推导如下：

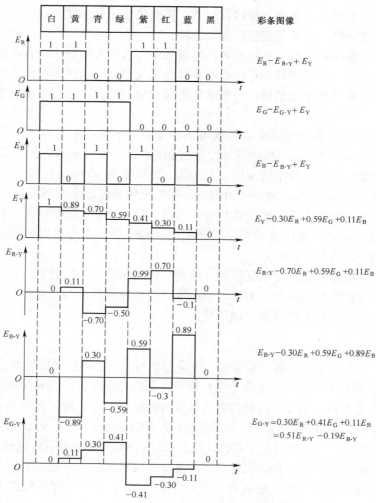

图 4-14　亮度信号、色差信号波形

$$E_Y=0.30E_R+0.59E_G+0.11E_B$$
$$0.30E_Y+0.59E_Y+0.11E_Y=0.30E_R+0.59E_G+0.11E_B$$
$$0.30(E_R-E_Y)+0.59(E_G-E_Y)+0.11(E_B-E_Y)=0$$
$$0.30E_{R-Y}+0.59E_{G-Y}+0.11E_{B-Y}=0$$

在实际彩色电视广播中，只传送了 E_{R-Y}、E_{B-Y} 两个色差信号，而 E_{G-Y} 色差信号不传送，E_{G-Y} 色差信号将来在接收机中按下式混合产生：

$$E_{G-Y}=-E_{G-Y}=-\frac{0.30}{0.59}E_{R-Y}-\frac{0.11}{0.59}E_{B-Y}=-0.51E_{R-Y}-0.19E_{B-Y}$$

因式子中的系数 0.51、0.19 均小于 1，故 E_{G-Y} 可用简单的电阻衰减式矩阵就可以复原。

亮度信号、色差信号形成电路如图 4-15 所示。

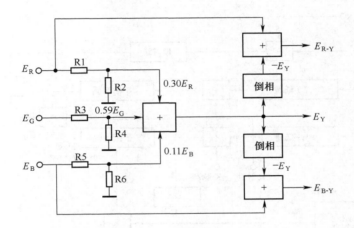

图 4-15　亮度信号、色差信号形成电路

5. 三基色信号的复原

目前彩色电视广播均传送 E_Y、E_{R-Y}、E_{B-Y} 三个信号，在电视接收机中要复原出 E_R、E_G、E_B 三基色信号也是很方便的，复原电路如图 4-16 所示。首先利用 E_{R-Y}、E_{B-Y} 信号来混合成 E_{G-Y} 信号，然后只要将 E_{R-Y}、E_{G-Y}、E_{B-Y} 三个色差信号分别与 E_Y 信号相加，就方便地获得了 E_R、E_G、E_B 三基色信号。

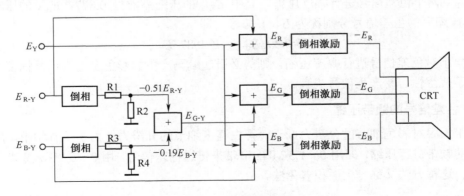

图 4-16　三基色信号复原电路

传送一个亮度信号及两个色差信号，就满意地解决了兼容问题。为了不使色差信号对黑白机电视画面形成干扰，为了使两个色差信号和一个亮度信号在同一个 0～6 MHz 带宽通道内互不干扰地传送，必须对两个色差信号进行编码处理。NTSC 制处理方法是正交平衡调幅，PAL 制处理方法是逐行倒相正交平衡调幅，SECAM 制处理方法是调频且轮行传送。

4.1.6　PAL 制编码

PAL 制是 1962 年德国德律风根（Telefunken）公司研制成功的兼容制彩色电视制式，PAL 是逐行倒相（Phase Alternation by Line）的英文缩写。它对 E_{B-Y}、E_{R-Y} 两个色差信号的处理方法是"逐行倒相正交平衡调幅"。采用 PAL 制作为彩色电视广播的国家有德国、中国、英国及西欧一些国家。PAL 制编码如图 4-17 所示。

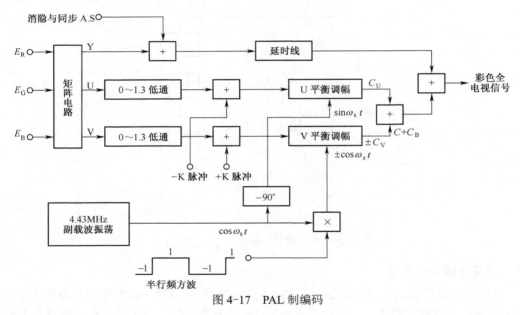

图 4-17　PAL 制编码

1．色差信号的幅度压缩

色差信号 E_R、E_G、E_B 信号送入矩阵电路，除产生 E_Y、E_{R-Y}、E_{B-Y} 三个信号外，还要对 E_{R-Y}、E_{B-Y} 两个色差信号进行幅度压缩，其中 E_{R-Y} 的压缩系数为 0.877，E_{B-Y} 的压缩系数为 0.493，压缩后的色差信号分别称为 U、V 信号，即

$$U=0.493E_{B-Y}, \quad V=0.877E_{R-Y}$$

如果不对色差信号进行幅度压缩，则势必引起编码产生的彩色全电视信号幅度过大，这就破坏了兼容性，易产生信号失真。

2．色差信号的频带压缩

由于人眼对彩色细节的分辨力低于对黑白亮度细节的分辨力，为了节省频带，应该对色差信号的频带进行压缩，即用 0～1.3 MHz 窄带来传送色差信号，用 0～6 MHz 宽带来传送亮度信号。这种方法又称为大面积着色法。

3．平衡调幅

为实现兼容，色差信号要对副载波进行调幅处理，以便将色差信号频谱移到副载波两侧。由于普通调幅的波形幅度太大，必须采用平衡调幅。平衡调幅就是在普通调幅的基础上滤去载波成分。普通调幅波的数学表达式为（U+1）$\sin\omega_s t$，当滤去副载波成分后，平衡调幅波的数学表达式为 $U\sin\omega_s t$。平衡调幅就是色差信号 U 与副载波 $\sin\omega_s t$ 相乘，平衡调幅电路就是一个乘法电路。副载波频率选为 f_S=283.75f_H+25 Hz=4.43361875 MHz≈4.43 MHz。

平衡调幅波的振幅与调制信号有关，与载波振幅无关，采用平衡调幅的目的是为了减小振幅，这可极大地减轻副载波对屏幕黑白图像的干扰，平衡调幅波的缺点是解调复杂。

4．正交平衡调幅

由于色差信号有两个，故在平衡调幅时，U 色差信号对 $\sin\omega_s t$ 副载波进行平衡调幅，V色差信号对 $\cos\omega_s t$ 副载波进行平衡调幅，$\sin\omega_s t$ 与 $\cos\omega_s t$ 相差 90°，相互垂直，彼此不影响，这就是"正交"的意思。正交的目的是，当 $U\sin\omega_s t$ 和 $V\cos\omega_s t$ 两个平衡调幅波混合后，使今后在接收机中能根据其相位正交这个特点，来实现两者的相互分离。

将 $U\sin\omega_s t$ 信号与 $V\cos\omega_s t$ 信号相加混合后，就组成了一个 NTSC 制的色度信号 C，即

$$C = U\sin\omega_s t + V\cos\omega_s t$$
$$= \sqrt{U^2 + V^2}\sin(\omega_s t + \varphi)$$
$$= C_m\sin(\omega_s t + \varphi)$$

式中，$C_m = \sqrt{U^2 + V^2}$；$\varphi = \arctan V/U$。C_m 表示色度信号的振幅，代表着色饱和度要素，φ 表示色度信号的相位，代表着色调要素。

5．逐行倒相

PAL 制对 $V\cos\omega_s t$ 信号进行逐行倒相传送，即 n 行为+$V\cos\omega_s t$，第（n+1）行为-$V\cos\omega_s t$，第（n+2）行又为+$V\cos\omega_s t$，……PAL 制的色度信号简单地表示为

$$C = U\sin\omega_s t \pm V\cos\omega_s t$$
$$= \sqrt{U^2 + V^2}\sin(\omega_s t \pm \varphi)$$
$$= C_m\sin(\omega_s t \pm \varphi)$$

式中，$C_m = \sqrt{U^2 + V^2}$；$\varphi = \arctan V/U$；±代表逐行倒相。

6．PAL 制色同步信号

为了使接收机振荡产生的副载波与 C 信号中的副载波同步，彩色电视广播必须再发送一个色同步信号，其作用是对接收机中的副载波振荡器进行锁相控制，以求得完全同步。

在图 4-18 所示的 PAL 制编码框图中，-K 脉冲与 $\sin\omega_s t$ 副载波相乘，获得 180° 色同步信号；+K 脉冲与±$\cos\omega_s t$ 副载波相乘，获得±90° 逐行倒相色同步信号。两个平衡调幅器输出的色同步信号矢量相加，获得±135° 色同步信号，即

$$C_B = \frac{B}{2}\sin(\omega_s t \pm 135°)$$

色同步信号在行消隐后肩传送，每一行消隐后肩选加 9～11 个周期的 4.43 MHz 色同步信号。

表 4-3　彩条图像的亮度、色度信号计算数据

彩　色	Y	U	V	C_m	φ	$Y \pm C_m$
白	1	0	0	0	—	1
黄	0.89	−0.436	0.100	0.448	167°	0.45～1.33
青	0.70	0.147	−0.615	0.632	283.5°	0.07～1.33
绿	0.59	−0.289	−0.515	0.591	240.7°	0～1.18
紫	0.41	0.289	0.515	0.591	60.7°	−0.18～1.00
红	0.30	−0.147	0.615	0.632	103.5°	−0.33～0.93
蓝	0.11	0.436	−0.100	0.448	347°	−0.33～0.55
黑	0	0	0	0	—	0

7．彩色全电视信号的形成

彩色全电视信号由亮度信号、色度信号、色同步信号、同步与消隐信号组成。彩条图像的彩色全电视信号波形（未倒相行）形成过程如图 4-18 所示，有关计算如表 4-3 所示。

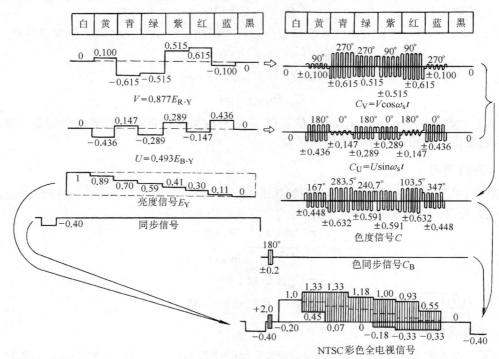

图 4-18　彩色全电视信号形成过程

任务 4-2　液晶电视机拆装

液晶电视机是以液晶显示器（LCD）作为显示屏的一种平板型电视机，LCD 的英文全称为 Liquid Ctystal Display，它是一种采用了液晶控制透光度技术来实现色彩的显示器。维修液晶电视机，首先要掌握液晶显示器的结构与原理，并会熟练地拆装液晶电视机。本任务主要是介绍液晶显示器结构与原理，训练学生对液晶电视机的拆装技巧。

学习目标

最终目标：能简述液晶显示器的结构与原理，会拆装液晶电视机。

促成目标：（1）了解液晶基本概念及分子结构；

（2）了解液晶基本性质；

（3）熟悉液晶显示基本原理；

（4）熟悉液晶显示器基本结构；

（5）熟悉 TFT-LCD 特点；

（6）会拆装液晶电视机。

活动设计

活动内容 1：动笔型练习（15 分钟课堂独立作业），设计 10 个填空题如下。

（1）LCD 中文含义是：_____。

（2）CCFL 中文含义是：_____。

（3）TFT 中文含义是：_____。

（4）液晶是能在某温度范围内兼有_____和_____两者特性的物质。

（5）在显示技术中，最广为应用的液晶是_____。

（6）液晶的基本性质有_____、_____、_____。

（7）背光模组的作用是_____。

（8）CCFL 的驱动方式是_____。

（9）TFT-LCD 在每个液晶像素点上设计一个_____。

（10）液晶屏的反转驱动法是指像素点的电压_____。

活动内容 2：液晶电视机拆装。将液晶电视机后盖打开，认真观察内部电路结构，然后将后盖装上，再通电检查确保液晶电视机正常。

工具准备：液晶电视机、电视机拆装工具。

时间安排：60 分钟。

操作要求：在拆装过程中，不损坏机壳、不损坏液晶屏，不缺少螺丝，能正常工作。

相关知识

相关知识部分将介绍液晶基础知识（液晶分子结构、液晶种类、液晶基本性质、液晶显示原理），重点介绍液晶显示器结构、原理及 TFT 液晶屏的驱动。

4.2.1 液晶基础知识

在物理学上把物质分为三态，即固态、液态和气态。在自然界中，大部分材料随温度的变化只呈现固态、液态和气态三种状态。液晶（Liquid Crystal）是不同于通常的固态、液态和气态的一种新的物质状态，它是能在某个温度范围内兼有液体和晶体两者特性的物质状态，故又称为物质的第四态。

液晶最早是奥地利植物学家莱尼茨尔（F. Reinitzer）于 1888 年发现的。次年，德国物理学家莱曼（O. Lehmann）发现这些白而浑浊的液体外观上虽然属于液体，但却显示出各相异性晶体特有的双折射性。于是莱曼将其命名为"液态晶体"，这就是"液晶"的由来。

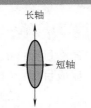

1．液晶的分子结构

液晶是一种介于固体与液体之间、具有规则性分子排列的有机化合物，一般最常用的液晶为向列相（nematic）液晶，分子形状为细长棒形，长约为 1 nm，宽约为 10 nm。液晶的分子结构如图 4-19 所示。液晶分子具有两个特点：一是细长的；二是刚性的。

液体、液晶及晶体的分子结构比较如图 4-20 所示。液晶的特点是构成液晶的分子指向有规律，而分子之间的相对位置无规律。前者使液晶具有晶体才有的各向异性，后者使之具有液体才有的流动性。

图 4-19　液晶的分子结构

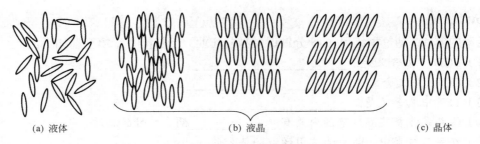

（a）液体　　　　　　　　　　（b）液晶　　　　　　　　　　（c）晶体

图 4-20　液体、液晶及晶体的分子结构比较

2．液晶基本性质

1）边界取向性质

当无外场存在时，液晶分子在边界上的取向很复杂。在最简单的自由边界上，液晶分子的取向会随液晶材料的不同而不同，可以垂直、平行，也可倾斜于边界，如图 4-21（a）所示。如果边界是一层刻有凹凸沟槽的取向膜，则凹凸沟槽对液晶分子的取向起主导作用，通过摩擦，液晶分子就朝这个方向取向，如图 4-21（b）所示。

2）电气性质

液晶的电气性质如图 4-22 所示。在上、下电极板之间加一电场时，电极板之间的液晶分子长轴就会沿着电场方向排列。这一电气性质是实现液晶显示的基础。

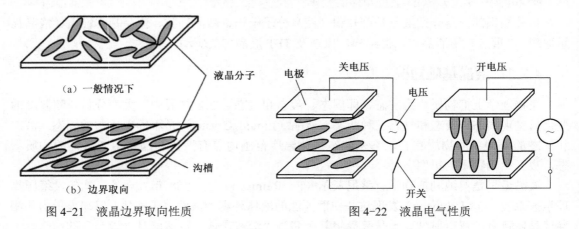

图 4-21　液晶边界取向性质

图 4-22　液晶电气性质

3）旋光性质

液晶的旋光性质如图 4-23 所示。若上、下玻璃基板取向膜沟槽相差某一角度，则在玻璃基板中同一平面上的液晶分子取向虽然一致，但相邻平面液晶分子的取向逐渐旋转扭曲。当可见光波长远小于液晶分子在玻璃基板间的旋转扭曲螺距时，则光矢量会同样随着液晶分子的旋转而跟着旋转，在出射时，光矢量转过的角度与液晶分子旋转扭曲角相同。

3．液晶显示原理

在两片玻璃基板上装有取向膜，液晶会沿着沟槽取向，由于玻璃基板取向膜沟槽偏离 90°，所以液晶分子成为扭转型,当玻璃基板没有加入电场时,光线透过偏光板跟着液晶做 90°扭转，通过下方偏光板，液晶面板显示白色，如图 4-24（a）所示。当在基板上加电场时,液晶分子产生配列变化，光线通过液晶分子空隙维持原方向，被下方偏光板遮蔽，光线被吸收无法透出，液晶面板显示黑色，如图 4-24（b）所示。液晶显示器便是根据此电压有无，使面板达到显示效果的。

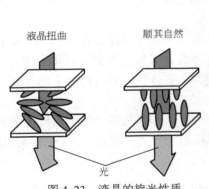

图 4-23　液晶的旋光性质

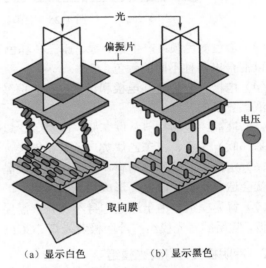

（a）显示白色　　　　（b）显示黑色

图 4-24　液晶像素显示原理图

4.2.2　液晶显示器件结构与原理

从第一台 LCD 显示屏的诞生以来的近 40 年中，液晶显示技术得到了飞速的发展。液晶显示器经历了 TN-LCD、STN-LCD 到 TFT-LCD 的发展过程。

1．液晶显示器件结构

液晶显示器结构如图 4-25 所示，它由液晶面板和背光模组两大部分组成。

液晶面板包括偏光片（Polarizer）、玻璃基板（Substrate）、彩色滤色膜（Color Filters）、电极（ITO）、液晶（LC）、定向层（Alignment layer）。

（1）偏光片：分为上偏光片和下偏光片，上下两偏光片相互垂直。其作用就像是栅栏一般，会阻隔掉与栅栏垂直的光波分量，只准许与栅栏平行的光波分量通过。

（2）玻璃基板：分上玻璃基板和下玻璃基板，主要用于夹住液晶。对于 TFT-LCD，下面的那层玻璃长有薄膜晶体管（Thin Film Transistor-TFT），而上面的那层玻璃则贴有彩色滤色膜。

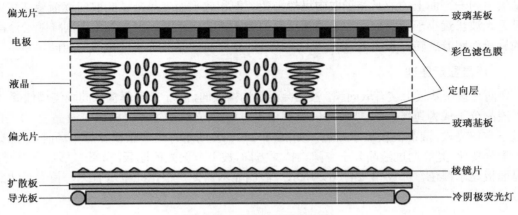

图 4-25　液晶显示器件结构

（3）彩色滤色膜：产生红、绿、蓝三种基色光，再利用红、绿、蓝三基色光的不同混合，便可以混合出各种不同的颜色。

（4）电极：分为公共电极和像素电极。信号电压就加在像素电极与公共电极之间，从而改变液晶分子的转动。

（5）液晶：液晶材料从联苯腈、酯类、含氧杂环苯类、嘧啶环类液晶化合物逐渐发展到环己基（联）苯类、二苯乙炔类、乙基桥键类、含氟芳环类、二氟乙烯类液晶化合物。

（6）定向层：又称取向膜，其作用是让液晶分子能够整齐排列。若液晶分子的排列不整齐，就会造成光线的散射，形成漏光的现象。

（7）背光模组：由于液晶本身不发光，需要背光模组，其作用是将光源均匀地传送到液晶面板。常用的背光模组有冷阴极荧光灯（CCFL）背光模组和发光二极管（LED）背光模组。

2．冷阴极荧光灯背光模组

冷阴极荧光灯（Cold Cathode Fluorescent Lamps，CCFL）背光模组结构主要由冷阴极荧光灯（CCFL）、导光板（Wave guide）、扩散板（Diffuser）、棱镜片（Lens）等组成。背光模组各部分作用说明如下：

（1）CCFL：它是一种填充了惰性气体的密封玻璃管，是一种线光源，CCFL 的外形如图 4-26 所示。CCFL 具有很多非常好的特性，包括极佳的白光源、低成本、高效率、长寿命（>25 000 h）、稳定及可预知的操作、亮度可轻易变化、重量轻。

图 4-26　CCFL 外形

（2）导光板：是背光模组的心脏，其主要功能在于导引光线方向，提高面板光灰度及控制亮度均匀。

（3）扩散板：主要功能就是要让光线透过扩散涂层产生漫射，让光的分布均匀化。

（4）棱镜片：负责把光线聚拢，使其垂直进入液晶模块以提高灰度，所以又称增亮膜。

CCFL 主要用于大尺寸 LCD，其最大缺点是散热与电磁干扰问题。目前使用较多的是单灯管和双灯管，随着 LCD 尺寸加大，出现了 4 灯管、6 灯管、8 灯管、12 灯管和 16 灯管。

CCFL 需要在高压（一般 500V 以上）、交流（一般 40 kHz 左右）电源的驱动下工作，因此通常需要将直流低压电源逆变为高压交流电源。

根据 CCFL 安装的位置可分为直下式、侧部式。侧部式的液晶屏厚度较薄，但通过导光板把光送到画面，这会造成四周边缘画面亮度比屏幕中央要亮。

3．发光二极管（LED）背光模组

发光二极管背光模组采用了 LED 作为背光源。它与 CCFL 背光模组相比较，具有色域广、外观薄、节能环保、寿命长、对比度和清晰度高、亮度均匀性好、低压驱动等优点。LED 背光模组的主要缺点是在市场上价格没有优势，发光效率低。

LED 背光模组也分为直下式和侧部式，侧部式 LED 背光模组包括外框、反射片、导光板、扩散片等部分。手机上使用的主要是白色 LED 背光，而在液晶电视上使用的 LED 背光源可以是白色，也可以是红、绿、蓝三基色。

4．TFT 液晶像素

TFT（Thin Film Transistor）–LCD 为薄膜晶体管液晶显示器件，即在每个液晶像素点的角上设计一个场效应开关管，可有效地克服各液晶像素点之间的串扰。液晶像素的 TFT 控制结构如图 4-27 所示，其中 C_s 是 TFT 漏极电容。

TFT 的栅极 G 与扫描电极相连，源极 S 与信号电极相连，漏极 D 与像素电极相连。当 TFT 导通时，源极 S 与漏极 D 连通，信号对电容 C_s 充电，C_s 上的电压使液晶分子的排列状态发生改变，于是通过遮光和透光来达到显示目的。当 TFT 截止后，电容 C_s 上的信号电压自行保持一段时间，直到 TFT 下一次再导通时改变 C_s 的电压。

4.2.3　TFT 液晶屏的驱动

液晶显示的驱动方式有许多种，下面介绍液晶电视中的 TFT 液晶屏的驱动。

1．TFT 液晶显示屏的电路结构

液晶显示屏的电路结构如图 4-28 所示。一行一行的 TFT 栅极连接到扫描驱动器的输出端，一排一排的 TFT 的源极连接到信号驱动器内部 D/A 变换的输出端，D/A 变换输出 R、G、B 模拟信号电压。

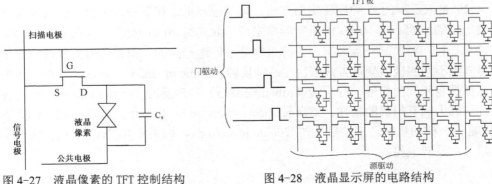

图 4-27　液晶像素的 TFT 控制结构　　图 4-28　液晶显示屏的电路结构

从图中可知，每一个 TFT 与 Cs 电容，代表一个显示的点。而一个基本的显示单元，则需要三个这样显示的点，分别来代表 R、G、B 三基色。以一个 1 024×768 分辨率的 TFT-LCD 来说，共需要 1024×768×3 个这样的点组合而成。

由如图 4-28 中扫描驱动器所送出的波形，依序将每一行的 TFT 打开，好让整排的源驱动同时将一整行的液晶像素点，充电到各自所需的电压，显示不同的灰度。当这一行充好电时，门驱动便将电压关闭，然后下一行的门驱动便将 TFT 打开，再由相同的一排源驱动对下一行的显示点进行充放电。如此依序下去，当充好了最后一行的显示点，便又回过来从头从第一行再开始充电。

以一个 1 024×768 SVGA 分辨率的液晶屏来说，总共会有 768 行的门走线，而源走线则共需要 1024×3=3 072 条。若液晶屏的更新频率为 50 Hz，则每一幅画面的显示时间为 20 ms。由于画面的组成为 768 行的门走线，所以分配给每一条门走线的开关时间约为 20 ms/768≈26 μs。而源驱动则在这 26 μs 的时间内，将液晶像素充电到所需的电压，好显示出相对应的灰度。

2. 液晶屏的反转驱动方法

由于液晶是有机化合物，在固定的电场作用下将发生电化学反应，从而导致液晶材料的老化及失效，所以液晶像素点不宜施加直流电压。如果液晶屏显示静止画面，也就是说像素点一直显示同一个灰阶的时候怎么办？这就要采用反转驱动方法。

1）什么是反驱动？

所谓反转驱动方法，就是指加在像素点上的电压正负极性是交替变化的。于是液晶屏的驱动电压就分为两种极性，一种是正极性，另一种是负极性。当显示电极的电压高于公共电极电压时，就称之为正极性。而当显示电极的电压低于公共电极的电压时，就称之为负极性。当上下两层玻璃的压差绝对值固定时，不管是显示电极的电压高，或是公共电极的电压高，所表现出来的灰阶是一模一样的。不过这两种情况下，液晶分子的转向却是完全相反，从而避免了液晶分子转向的固定现象的发生。所以当您所看到的液晶屏画面虽然静止不动，其实里面的电压极性正在不停地变换，而其中的液晶分子正不停地一次往这边转，另一次往反方向转。

2）帧反转、行反转、列反转和点反转

图 4-29 是液晶屏的 4 种反转驱动方法，其共同点都是在下一次更换画面数据的时候来变换驱动电压的极性。以 50 Hz 的更新频率来说，就是每 20 ms 变换一次像素点驱动电压的极性。也就是说，对于同一点而言，它的极性是不停地变换的。而相邻的点是否拥有相同的极性，得依照不同的极性变换方式来决定。帧反转（frame inversion）方法，它整个画面所有相邻的点都拥有相同的极性。行反转（row inversion）和列反转（column inversion），各自在相邻的行与列上拥有相同的极性。点反转（dot inversion），是每个点与自己相邻的上下左右4 个点，是不一样的极性。三角形反转（delta inversion），如果将 RGB 三个点视为一个基本单位，则与点反转很相似。

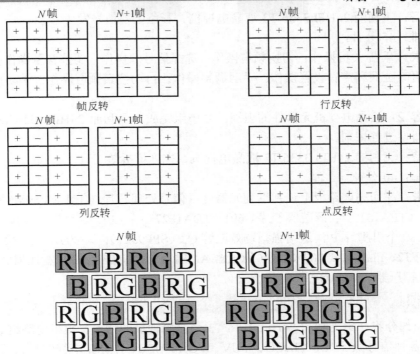
图 4-29   液晶屏的 4 种反转驱动方法

任务 4-3   液晶电视机的使用与电路组成

　　液晶电视机主要由液晶面板和电路板两部分组成。电路板的主要功能是接收 RF、VIDEO、YUV、VGA、USB、HDMI 等电视信号，信号经过处理后以 LVDS 格式送往液晶面板，以重现图像。本任务以飞利浦 24HFL3336/T3 液晶电视机为例，介绍液晶电视机整机电路的结构与工作原理，学习液晶电视机的使用方法，识别液晶电视机的主要元器件。

学习目标

　　最终目标：能简述液晶电视机的整机电路组成，会识别液晶电视机的主要元器件。
　　促成目标：（1）了解液晶电视机的整机电路组成；
　　　　　　　（2）了解液晶电视机的图像信号处理过程；
　　　　　　　（3）了解液晶电视机的伴音信号处理过程；
　　　　　　　（4）熟悉 RF、VIDEO、YUV、VGA、USB、HDMI 电视信号；
　　　　　　　（5）熟悉 LVDS 信号的特点；
　　　　　　　（6）会识别液晶电视机的主要元器件。

活动设计

　　活动内容 1：液晶电视机的使用。分小组完成对飞利浦 24HFL3336/T3 液晶电视机的使用操作任务。

工具准备：飞利浦 24HFL3336/T3 液晶电视机、彩色电视信号发生器。

时间按排：45 分钟。

操作要求：开机/关机操作；切换频道操作；选择信号源操作；调整音量操作；访问电视菜单操作；更改画面和声音设置操作；手动调整操作；自动搜索频道操作；手动搜索频道操作。

活动内容 2：液晶电视机元器件的识别。分小组完成对飞利浦 24HFL3336/T3 液晶电视机的主要元器件进行识别。

工具准备：飞利浦 24HFL3336/T3 液晶电视机、电视机拆装工具。

时间安排：40 分钟。

操作要求：在印刷电路板上识别下列元器件：信号处理芯片 U101（V59MS）；伴音功放芯片 U202（TPA1517）；调谐器芯片 U601（TDA18273）；LED 驱动芯片 U04（OB3362）；LVDS 接口（30 个引脚）；P 沟道增强型场效应管 Q2（SPP9527）；场效应管 Q1（ME15N10）；U401（EN25F32、Flash）；U102（3.3 V 稳压器 AMS1117）；U103（3.3 V 稳压器 AMS1084）；U104（1.8 V 稳压器 AMS1084）。

相关知识

相关知识部分将介绍飞利浦 24HFL3336/T3 液晶电视机的特点、整机电路组成、核心芯片 V59MS、各种信号源（RF、VIDEO、YUV、VGA、USB、HDMI 电视信号）、图像信号处理过程、伴音信号处理过程、LVDS 信号。

4.3.1 液晶电视机的规格与使用

1. 液晶电视机的产品规格

以飞利浦 24HFL3336/T3 液晶电视机为例，其产品规格如下。

（1）液晶屏尺寸：24 英寸；

（2）调谐器可接 PAL-D/K 制的 RF 电视信号；

（2）AV 可接收 PAL、NTSC 两种制式的视频信号；

（3）主电源～220 V，50 Hz；

（4）整机功耗 30 W，待机功耗≤0.5 W；

（5）环境温度：5～40 ℃；

（6）支持多媒体 USB；

（7）计算机格式（分辨率-刷新率）：

　　· 720×400-70 Hz　　　　　　· 640×480-60 Hz；

　　· 800×600-60 Hz；　　　　　· 1 024×768-60 Hz；

　　· 1 360×768-60 Hz；　　　　· 1 600×900-60 Hz；

　　· 1 920×1080-60 Hz；

（8）视频格式（分辨率-刷新率）：

　　· 480i-60 Hz；　　　　　　　· 480p-60 Hz；

　　· 576i-50 Hz；　　　　　　　· 576p-50 Hz

　　· 720p-50 Hz、60 Hz；　　　· 1080i-50 Hz、60 Hz；

　•1080p-50 Hz、60 Hz；（注："i"表示隔行扫描，"p"表示逐行扫描）

2．液晶电视机的使用

以飞利浦 24HFL3336/T3 为例介绍液晶电视机的使用方法。

1）正常使用电视机

（1）开机/关机：将电源线插入电源插座，按下背面的电源开关，若指示灯为蓝色，按【待机键】钮使待机指示灯熄灭，电视机处于开机状态。

（2）切换频道：按电视机侧边的【频道▲▼】钮，用遥控器上的【数字按钮】选择频道号码。

（3）选择信号源：按【信号源】钮，信号源列表出现，按【▲▼】选择一个信号源，按【确认】钮。

（4）调整音量：按【音量+/−】钮将改变音量大小；按【静音】钮，电视机声音消失。

2）使用更多电视机功能

（1）访问电视菜单：按【主页】钮，菜单开启，可选择：观看电视、浏览 USB、设备、设置。

（2）更改画面和声音设置：使用灵智画面。按【灵智画面】钮，可选择：鲜艳、标准、柔和、个人设定。

（3）手动调整画面：按【调整】钮，选择【画面】，可选择：灵智画面、对比度、亮度、色饱和度、清晰度、画面格式、色温、降噪、色调。

（4）更改画面格式：按【格式】钮，按▲▼选择一项画面格式：宽屏幕、4：3、电影 16：0、字幕放大。

（5）使用灵智声音：按【灵智声音】钮，可选择：标准、音乐、电影、个人设定。

（6）手动调整声音：按【调整】钮，选择【声音】，可选择：灵智声音、高音、低音、平衡、自动音量调节、虚拟环绕。

3）设定与搜索频道

（1）自动搜索频道：①选择菜单语言。按【调整】钮，选择【选项】>【菜单语言】，进入后选择语言；②按【调整】钮，选择【频道】>【自动搜索】，按【确认】进入自动搜索频道状态。

（2）手动搜索频道：①选择电视制式。按【调整】钮，选择【频道】，选择【彩色制式】及【伴音制式】。②搜索并储存新的频道。按【调整】钮，选择【频道】>【手动探台】，选择【频道】按▲▼，选择频道数字，选择【搜索】按▲▼，开始搜索，当搜索完成后，选择【完成】将搜索到的频道储存为当前频道。③微调频道。按【调整】钮，选择【频道】>【微调】，按▲▼调整频道频率，选择【完成】退出微调。

3．液晶电视机遥控器的功能

以飞利浦 24HFL3336/T3 液晶电视机遥控器（如图 4-30 所示）为例，对遥控器各按扭的功能说明如下。

① 待机-开机：待机-开机转换。

② 灵智声音：预设声音模式。

③ 播放按钮：USB 模式下使用。

④ 格式：浏览画面比例模式。

⑤ 主页：打开或关闭主页菜单。

⑥ 信号源：开启或关闭信号源菜单。

⑦ 导航按钮：导航菜单。

⑧ 信息：查看节目信息。

⑨ 返回：返回上一个频道。

⑩ 频道-/频道+：切换频道。

⑪ 彩色按钮：USB 模式使用。

⑫ 0-9 数字按钮：用于选择某频道。

⑬ 电脑：切换至电脑信源。

⑭ 音视频：切换至视频信源。

⑮ 音量+/-：改变音量。

⑯ 静音：静音或恢复音量。

⑰ 选项：USB 模式下使用。

⑱ 确认：菜单模式下确认选择。

⑲ 调整：开启或关闭调整菜单。

⑳ 智能电视：此钮无效。

㉑ 睡眠：设定睡眠定时时间。

㉒ 电视：切换至电视功能。

㉓ 智能画面：预设画面模式。

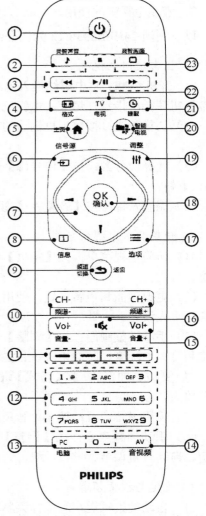

图 4-30　飞利浦 24HFL3336/T3 电视机遥控器

4.3.2　液晶电视机电路组成

本节介绍液晶电视机的基本电路组成，这是液晶电视机故障检修的基础。

1．液晶电视机整机电路组成

目前，电视机的主流产品有液晶电视机、等离子体电视机两大类，电视机的机型众多，虽然不同机型的电视机采用不同的集成电路芯片，但整机电路基本相同，都由调谐器、图像信号处理、伴音信号处理、控制电路、存储器电路及电源电路等组成，其中图像信号处理、伴音信号处理、控制电路、存储器电路通常采用一块集成电路芯片来完成，液晶电视机整机电路的组成，如图 4-31 所示。

1）高频调谐器

任何电视机均有高频调谐器电路，其功能就是接收 RF 电视信号。RF 信号是由众多频道（如中央台、省台、地方台）混合的电视信号，高频调谐器的主要作用是在 RF 众多电视频道信号中选择出一个欲收看的频道信号，并将其变换成中频（视中频 VIF、声中频 SIF）信号输出。

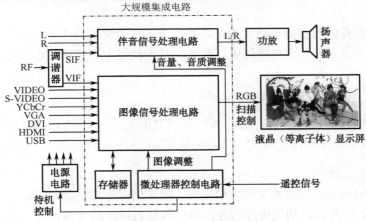

图 4-31　液晶电视机整机电路组成

2）图像信号处理电路

图像信号处理电路是电视机的核心电路，图像信号处理电路除了输入来自调谐器的视中频 VIF 信号（38 MHz）外，通常有许多图像输入信号接口，如视频 VIDEO、S-VIDEO、YCbCr、VGA、DVI、HDMI、USB 信号输入接口。

图像信号处理电路有：视频开关、视频解码、梳状滤波器、画质改善、A/D 变换、隔行转逐行、图像缩放、图像调整、屏幕显示 OSD、LVDS（TMDS）编码等功能电路。这些功能电路，有些单独采用一个集成电路芯片，有些将若干个功能电路集成在一块超大规模集成电路芯片上，随着微电子技术的不断进步，芯片的集成度越来越高。图像信号处理电路最后将以 LVDS 或 TMDS 格式，输出 RGB 数字信号及扫描同步控制信号到液晶（等离子体）显示屏电路。

3）伴音信号处理电路

液晶电视机伴音信号处理电路的输入来自调谐器的声中频 SIF 信号（31.5 MHz 或 6.5 MHz）外，还输入左（L）、右（R）声道的音频信号。信号经处理后，输出 L、R 音频信号到功率放大电路。音频信号处理包括：SIF 信号的放大、频率检波、音源选择、音量音质调整等，有些高档电视机还具有环绕声、重低音、NICAM 数字伴音接收功能。

4）控制电路

控制电路是电视机必需的电路，通常由微处理器（MCU）芯片组成。控制电路接收用户发出的键盘信号或红外线遥控信号，并根据信号对电视机进行各种各样的功能控制。如电视节目号选择、自动调谐控制、信源（TV/AV/S-VIDEO/YCbCr/VGA/DVI/HDMI/USB）选择、亮度调整、对比度调整、色饱和度调整、音量调整、音质调整、待机/收看控制等。

5）存储器电路

在液晶（等离子体）电视机中，通常需要对数字图像信号进行隔行转逐行扫描及图像尺寸缩放处理，这些均需要借助帧存储器来完成。另外，需要采用存储器（可读写、掉电不消失）来保存用户对电视机的各种控制操作数据。在电视机中，普遍用到 DDR、EEPROM、FLASH 三类存储器，DDR 是内存（帧存储器），EEPROM 是用户存储器，FLASH 是程序存储器。

6）电源电路

电源电路是电视机的必需电路，为提高电源效率，通常采用开关电源电路，产生+5 V、+12 V 等直流电压给信号处理电路供电，并产生几十伏或上百伏直流电压给显示屏驱动电路供电。

2．信号输入/输出接口电路

平板电视机输入信号通常有：RF、AV、S-VIDEO、YUV、VGA、USB、DVI、HDMI等，其中 RF、AV、S-VIDEO、YUV、VGA 是模拟信号，USB、DVI、HDMI 是数字信号。

1）RF 信号输入接口

RF（Radio Frequency）信号又称射频信号，射频信号通常是经过调制处理后的信号，频率很高，所以 RF 信号通常均为高频信号。由天线接收进来的电视信号，或由同轴电缆线传输进来的有线电视信号，均属于 RF 信号。RF 信号包括很多频道的高频电视信号，各频道的高频电视信号又由残留边带调幅图像信号和调频伴音信号两部分组成。

RF 信号接口就是高频调谐器输入接口，高频调谐器的外形如图 4-32 所示，高频调谐器的主要作用是选台与变频，即在 RF 信号的许多频道中选择出一个欲收看的频道信号，并将其变换成中频（IF）信号输出。

2）AV 信号接口

AV 信号又称为音视频信号，它包括一路视频（VIDEO）信号和两路（L、R）音频（AUDIO）信号。AV 接口通常都是成对的白色、红色的音频接口和黄色的视频接口，其接口外形如图 4-33 所示。它通常采用 RCA（俗称莲花头）进行连接，使用时只需要将带莲花头的标准 AV 线缆与相应接口连接起来即可。

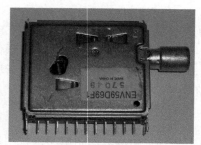

图 4-32　高频调谐器外形

图 4-33　AV 信号接口外形

AV 接口实现了音频和视频的分离传输，这就避免了因为音/视频混合干扰而导致的图像质量下降。

3）S-VIDEO 信号接口

S-VIDEO 的英文全称叫 Separate Video，也称二分量视频接口，S 端子外形如图 4-34 所示。Separate Video 的意义就是将 Video 信号分开传送，也就是在 AV 接口的基础上将色度信号 C 和亮度信号 Y 进行分离，再分别以不同的通道进行传输，避免了 C 和 Y 信号的串扰，极大地提高了

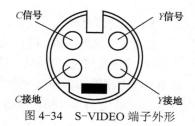

图 4-34　S-VIDEO 端子外形

图像的清晰度。

4）YUV（YPbPr/YCbCr）信号接口

YUV 信号由三个信号组成，即亮度信号 Y、蓝色差信号 U 和红色差信号 V，YUV 信号接口外形如图 4-35 所示。YUV 信号又称为视频色差信号，YUV 信号也常表示成 YPbPr（逐行）/YCbCr（隔行）信号或 Y/B-Y/R-Y 信号。

将 S-VIDEO 传输的色度信号 C 分解为色差 U 和 V，这样就避免了两路色差混合解码并再次分离的过程，也保持了色度通道的最大带宽。所以色差输出的接口方式是目前各种视频输出接口中最好的一种，故又称为高清晰度电视（HDTV）信号。

5）VGA 信号接口

VGA（Video Graphics Array）视频图像阵列接口，采用非对称分布的 15 pin 连接方式，其接口外形如图 4-36 所示。VGA 输入的是 RGB 模拟三基色信号，这样就不必像其他视频信号那样还要经过矩阵解码电路的换算。通过 VGA 端子，可将液晶电视机用作电脑（PC）显示屏，因此 VGA 信号接口又称为 PC 信号接口。

图 4-35　YUV 信号接口外形

图 4-36　VGA 接口外形

6）USB 信号接口

USB（Universal Serial Bus）通用串行总线，是连接外部装置的一个串口汇流排标准，在计算机上使用广泛。USB 接口一般的排列方式是：红白绿黑从左到右，红色为 USB 电源，标有 VCC 字样；白色为 USB 数据线（负），标有 D-字样；绿色为 USB 数据线（正），标有 D+字样；黑色为地线，标有 GND 字样。USB 接口使电视机不但能够收看电视节目，还具有流媒体观看功能，即可以观看 U 盘、摄像机、数码相机、移动硬盘中的图片、音乐、电影等。

7）DVI 数字视觉接口

DVI（Digital Visual Interface）为数字视觉接口，是由 1998 年 9 月在 Intel 开发者论坛上成立的数字显示工作小组制定的数字显示接口标准。它是以 Silicon Image 公司的 PanalLink 接口技术为基础，基于 TMDS（Transition Minimized Differential Signaling，最小化传输差分信号）电子协议作为基本电气连接。DVI 接口主要用于与具有数字显示输出功能的计算机显卡相连接，显示计算机的 RGB 信号。

DVI 信号由一对极性相反的时钟信号（R0XC+/R0XC-）及三对极性相反的数据线号（R0X0+/R0X0-、R0X1+/R0X1-、R0X2+/R0X2-）组成。DVI 数字端子比标准 VGA 端子信号要好，数字接口保证了全部内容采用数字格式传输，可以得到更清晰的图像。

有 DVI-D 和 DVI-I 两种不同的接口形式，DVI-D 只有数字接口，DVI-I 有数字和模拟接口，接口外形如图 4-37 所示。目前应用主要以 DVI-D 为主。

（a）DVI-D　　　　　　　　　　　（b）DVI-I

图 4-37　DVI 接口外形

　　DVI 接口的主要缺点是：体积大，不适合于便携式设备；只能传输 8 bit 数字 RGB 基色信号，不支持更高量化级的 RGB 基色信号，不支持 YPbPr 色差信号，不能传输数字音频信号。

　　8）HDMI 高清晰度多媒体接口

　　HDMI（High Definition Multimedia Interface）高清晰度多媒体接口，用于传输未压缩 HDTV 信号的数字多媒体界面，是一种如图 4-38 所示的 19 针 Type A 接口。HDMI 信号也是 TMDS 信号，有一对极性相反的时钟信号线、3 对极性相反的数据信号线。

图 4-38　HDMI 接口外形

　　与 DVI 相比，HDMI 接口体积更小；可同时传输音频/视频的数字信号；HDMI 接口支持多种计算机显示格式、数字电视显示格式及数字音频格式。

　　9）信源选择电路开关

　　电视机通常有 TV/AV/S-VIDEO/YUV/VGA/DVI/USB/HDMI 信源选择操作，信源选择电路开关电路如图 4-39 所示。当微处理器接收到用户通过遥控器发出来的信源选择控制信号时，微处理器便控制图 4-39 中所示的五个信源选择开关，使屏幕显示相应的信源图像。

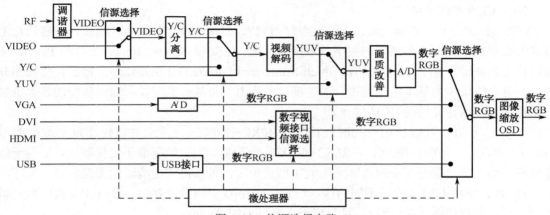

图 4-39　信源选择电路

3．电视机图像信号处理电路

电视机图像通道电路组成如图 4-40 所示，它由调谐器、视频开关、视频解码、梳状滤波器、数字视频接口、画质改善、A/D 变换、隔行转逐行、图像缩放、彩色空间变换、屏幕显示 OSD、LVDS（TMDS）编码等功能电路组成。这些功能电路，有些单独采用一个芯片，有些将多个功能电路集成在一块超大规模芯片上。

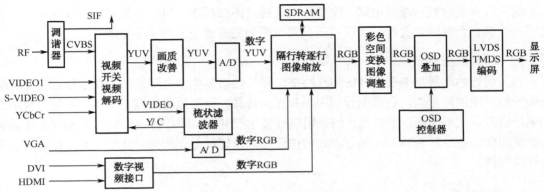

图 4-40　电视机图像通道电路组成

1）调谐器

调谐器电路通常制作在一个金属盒中，又名高频头。调谐器接收射频（RF）电视信号，RF 信号中通常含有几十甚至数百个频道的电视信号。传统调谐器的作用是变频与选台，即将射频电视信号变换成中频（图像中频为 38 MHz，伴音中频为 31.5 MHz）电视信号，并在变频的过程中实现频道选择。现代调谐器还包括了中频信号处理电路，即对中频信号再进行放大及检波处理，最后输出复合视频信号 CVBS（Composite Video Broadcast Signal）和 6.5 MHz 第二伴音中频信号。

2）视频开关

由于平板电视机输入信号的类型众多，视频开关的作用就是在众多的输入信号中选择一个。如输入到视频解码电路的有 CVBS、VIDRO、S-VIDEO 共三个信号，必须有"3 选 1"视频开关。又如输入到图像缩放的有四路数字 RGB 信号，必须有"4 选 1"视频开关。又如输入到数字视频接口的有 DVI、HMDI 信号，必须有"2 选 1"视频开关。

3）数字视频接口

在众多类型输入信号中，DVI、HDMI 信号是 TMDS 格式的数字信号，需采用专用芯片接收，将 DVI、HDM 信号转换成数字 RGB 信号。

4）视频解码

视频解码就是对 CVBS、VIDEO、S-VIDEO 信号进行解码，其中 CVBS、VIDEO 信号相同，只不过是称呼不同，均主要由 Y+C 信号组成，视频解码前要先实现亮度信号 Y 与色度信号 C 信号的相互分离。S-VIDEO 信号由已分离的 Y、C 信号组成。视频解码就是从色度信号 C 中解码出两个色差信号（U 与 V 信号，或者称为 R-Y 与 B-Y 信号）。

5）梳状滤波器

色度信号 C 由 U、V 信号对 4.43 MHz 副载波进行逐行倒相正交平衡调幅组成，梳状滤波器的主要作用是实现 U、V 逐行倒相正交平衡调幅信号的相互分离。目前，梳状滤波器已经数字化。

6）画质改善

画质改善或称视频增强电路，主要作用是提高图像质量，电路包括峰化、核化降噪、亮度瞬态改善、色度瞬态改善、伽玛校正、黑电平伸展及蓝电平伸展等功能。

7）隔行转逐行

我国现行的电视标准是 50 Hz 隔行扫描，隔行扫描简化了电视系统，减小视频带宽，但是隔行扫描图像质量差，会出现行间闪烁和行间抖动，画面显得粗糙不细腻。要使电视画面细腻、清晰，又不闪烁，平板电视均采用隔行转逐行变换。隔行转逐行需要有 SDRAM 帧存储器的配合，通过对 SDRAM 隔行方式的信号写入及逐行方式的信号读出，实现信号隔行到逐行的变换。

8）图像缩放

平板电视机接收不同格式的信号，需要将不同图像分辩率格式的信号转换成平板显示屏固有分辩率的图像信号，这项工作则由图像缩放处理（Scaler）电路来完成。平板显示屏是 16:9 宽高比模式，而现行多数电视信号宽高比为 4∶3，因此也需要对图像信号进行缩放处理。图像缩放需要 SDRAM 帧存储器的配合，将原格式信号写入 SDRAM 中，再以缩放格式读出，实现图像缩放处理。

9）彩色空间变换

彩色空间变换是指 RGB 信号到 YUV 信号或 YUV 信号到 RGB 信号的矩阵变换电路。彩色空间变换的目的是实现图像（亮度、对比度、色饱和度、音量等）调整，因为图像调整时，都要将 RGB 换到 YUV 信号的彩色空间进行，图像调整完毕，又将 YUV 信号转换为 RGB 信号输出。

10）屏幕显示

屏幕显示（OSD）就是在显示屏中产生一些特殊的文字、字符、图形等信息，让用户获得一些控制信息。如当用户操作电视机调谐选台或调整音量、亮度、对比度、色饱和度等，只要按一下遥控器上的某功能键，电视屏幕就会在合适位置显示目前状态。

11）LVDS（TMDS）编码

平板电视机面板与主板之间通过接口电路相连，常用接口为 LVDS 与 TMDS。LVDS 低压差分信号接口，采用极低的电压摆幅高速差动传输数据，具有低功耗、低误码率、低串扰和低辐射等特点，在平板电视机中得到广泛应用。TMDS 最小化传输差分信号接口，主要应用于 DVI 信号输入及主板输出中。

4．电视机伴音信号处理电路

电视机伴音系统长期以来没有引起足够的重视，至今人们仍将电视机的声音系统称之为

"伴音"，这说明人们已习惯于将电视机的声音系统放在从属、被动的位置。进入九十年代后，高画质的大屏幕彩色电视机不断涌现，声音系统也获得重大改进，伴音音响化已成为主流。在电路方面，许多电视机具有高低音控制、双声道立体声、环绕声、重低音等功能，有些高档电视机还具有 NICAM 数字伴音接收功能。

伴音信号通道如图 4-41 所示，其主要特点是双声道、数字化音频处理。

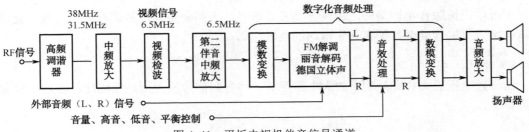

图 4-41　平板电视机伴音信号通道

1）高频调谐器

RF 电视信号进入高频调谐器，在 RF 电视信号中，伴音信号是高频调频信号，其载波频率视频道的不同而不同。在高频调谐器中，高频调频伴音信号被变换成 31.5 MHz 中频调频伴音信号，高频调幅图像信号被变换成 38 MHz 中频调幅图像信号。

2）中频放大

31.5 MHz 中频调频伴音信号和 38 MHz 中频调幅图像信号在中频放大电路中一起被传输，为避免伴音对图像的干扰，31.5 MHz 中频调频伴音信号实际上没有被放大，而 38 MHz 中频调幅图像信号被放大上千倍。

3）视频检波

在视频检波器中，38 MHz 中频调幅图像信号被解调成视频信号。对于伴音信号来说，视频检波器变成了混频器，31.5 MHz 中频与 38 MHz 中频混频，产生出 6.5 MHz 第二伴音中频信号。

4）FM 解调（鉴频）

FM 解调（鉴频）又称频率检波或频率解调，其作用是从 6.5 MHz 第二伴音中频信号中解调出音频信号。

5）丽音解码

丽音 NICAM（Near Instantaneous Companded Audio Multiplex），即准瞬时压扩音频多路广播。丽音使用数码技术，把 L、R 音频信号数码化后进行压缩传送，这种电视伴音可产生优质立体声，或作双声道广播。高档的平板电视机有丽音解码电路，丽音解码就是从 NICAM 数码伴音中解调出 L、R 立体声伴音信号。

6）德国立体声解码

随着人民生活水平的提高，迫切需要开设双伴音/立体声广播。我国于 1987 年通过了双伴音/立体声电视广播国家标准，该标准采用德国双载波方式，并结合我国 PAL-D/K 的实际情况，第一伴音载频为 6.5 MHz，第二伴音载频为 6.742 MHz。如果是普通伴音广播，第一、二伴音载频均传送普通音频信号；如果是立体声广播，第一伴音载频传送（L+R）/2 信号，第二伴音载频传送 R 信号；如果是双伴音广播，第一伴音载频传送一种普通话信号，第二伴音载频可传送少数民族语言信号。

7）音效处理

平板电视机除音量调整外，还设置高音、低音、平衡调整，这些调整统称为音效处理，若以数字方式进行处理，则有利于电路的集成化。

8）音频放大

由音频电压放大与音频功率放大电路组成，将音频信号放大到足够幅度以推动扬声器发出声音来。

任务 4-4　液晶电视机的测试

液晶电视机主要由液晶面板和电路板两部分组成。电路板的主要功能是接收 RF、VIDEO、YUV、VGA、USB、HDMI 等电视信号，信号经过处理后以 LVDS 格式送往液晶面板，以重现图像。电路板维修是液晶电视机最主要的维修，本任务以飞利浦 24HFL3336/T3 液晶电视机为例，介绍液晶电视机整机电路结构与原理，并识别和测试液晶电视机主要元器件。

学习目标

最终目标：会识别液晶电视机主要元器件，会测试液晶电视机电路中的电压与波形。

促成目标：（1）了解飞利浦 24HFL3336/T3 液晶电视机整机电路的组成；

（2）了解利浦 24HFL3336/T3 液晶电视机的主要芯片；

（3）熟悉 LVDS 信号的特点；

（4）会识别液晶电视机的主要元器件。

（5）会测试液晶电视机电路中的主要直流电压与信号波形。

活动设计

活动内容 1：分小组完成对飞利浦 24HFL3336/T3 液晶电视机的主要元器件进行识别。

工具准备：飞利浦 24HFL3336/T3 液晶电视机、电视机拆装工具、示波器、万用表等。

时间安排：40 分钟。

操作要求：在印刷电路板上识别下列元器件：信号处理芯片 U101（V59MS）；伴音功放芯片 U202（TPA1517）；调谐器芯片 U601（TDA18273）；LED 驱动芯片 U04（OB3362）；LVDS 接口（30 个引脚）；P 沟道增强型场效应管 Q2（SPP9527）；场效应管 Q1（ME15N10）；U401（EN25F32、Flash）；U102（3.3 V 稳压器 AMS1117）；U103（3.3 V 稳压器 AMS1084）；U104（1.8 V 稳压器 AMS1084）。

活动内容 2：飞利浦 24HFL3336/T3 液晶电视机测试。当电视机屏幕发光后，进行以下操作：

（1）在滤波电容 EC7（或 EC8）两端测试开关电源+12 V 输出电压；

（2）在滤波电容 EC5（或 EC6）两端测试开关电源+5 V 输出电压；

（3）在滤波电容 EC4 两端测试开关电源+22 V 输出电压；

（4）在 U102 上测试 3.3 V 稳压器 AMS1117 各引脚电压；

（5）在 U103 上测试 3.3 V 稳压器 AMS1084 各引脚电压；

（6）在 U104 上测试 1.8 V 稳压器 AMS1084 各引脚电压；

（7）在伴音功放芯片 U202 上测试 TDA18273 各引脚电压；

（8）在 LVDS 接口上测试各引脚电压；

（9）在 LVDS 接口上测试各引脚 LVDS 信号波形。

相关知识

相关知识部分将介绍飞利浦 24HFL3336/T3 液晶电视机的整机电路框图、V59MS 芯片、LED 背光模组驱动 OB3362 芯片、伴音功放 TPA1517 芯片、LVDS 信号接口等。

4.4.1　整机电路框图与主要芯片

1. 整机电路框图

飞利浦 24HFL3336/T3 液晶电视机整机电路框图如图 4-42 所示，主要由 V59MS 芯片、电源等电路组成。V59MS 芯片输入的信号有：调谐器 TUNER 信号；一路 AV 信号；一路 YPbPr 信号；一路 VGA 信号；两路 USB 信号；两路 HDMI 信号。V59MS 芯片输出的信号有：一路 AV 信号；一路耳机信号输出；LVDS 信号送往液晶屏。

2. 主要芯片

24HFL3336/T3 液晶电视机的主要芯片 TSUMV59MS，简称 MSTAR V59，是一款集成 DDR 的低成本的 IC，USB 多媒体强大，支持国内数字/模拟信号的 IC 驱动电视板。TSUMV59MS 芯片具有下列功能特点：

（1）支持图像格式：JPEG、BMP、PNG 三种格式；

（2）音乐文件：MP3、WMA、M4A（AAC）；

（3）视频文件：MPEG1、MPEG2、MPEG4、RM、RMVB、MOV、MJPEG、DivX、H.264 编码文件；

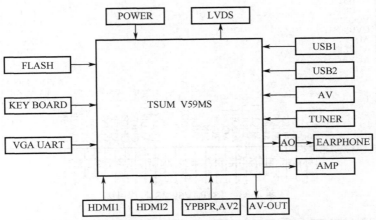

图 4-42　飞利浦 24HFL3336/T3 液晶电视机整机电路框图

（4）文本文件：记事本文件；

（5）模拟音频功放：最大输出功率 2×6 W（4 Ω）；

（6）输入信号：AV、YPBPR、VGA、HDMI；

（7）支持屏分辨率 1 920×1 080，双 6/8 bit，10 bit，LVDS 信号输出，可外接 120 Hz 转接板，支持 3D 电视；

（8）支持耳机输出功能，内置接口扩展丰富，多国 OSD 菜单语言，供显示屏的电压可选 3.3 V/5 V/12 V。

TSUMV59MS 芯片引脚如图 4-43 所示。

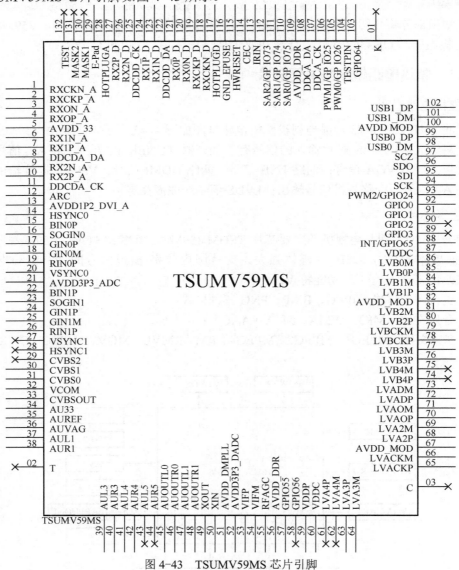

图 4-43 TSUMV59MS 芯片引脚

飞利浦 24HFL3336/T3 采用 TSUMV59MS 芯片功能后，使电视机具有下列功能：

（1）画面格式选择：宽屏幕、4:3、电影 16:9、字幕放大；

（2）灵智画面选择：鲜艳、标准、柔和、个人设定；

（3）手动画面调整：对比度、亮度、色饱和度、清晰度、降噪、色调、色温；

（4）灵智声音选择：标准、音乐、电影、个人设定；

（5）手动声音调整：高音、低音、平衡、自动音量、虚拟环绕；

（6）信号源选择：AV、YPbPr、VGA、USB1、USB2、HDMI1、HDMI2；

（7）USB、HDMI 数字信号处理；

（8）视频信号解码处理。

4.4.2 液晶电视机主要芯片电路

1. LED 背光板驱动电路 OB3362

LED 驱动由 OB3362 芯片组成，这是一个高集成度、高性能的 LED 驱动芯片，它集成了一个由㉖脚输出的升压驱动和有⑪～㉒脚输出的 12 通道 LED 电流平衡器。OB3362 芯片在 24HFL3336/T3 中的应用如图 4-44 所示，其中 Q2 是 P 沟道增强型 MOSFET。 每次启动时，由 OB3362②脚输入工作电压，接着开启⑤脚（EN），然后㉗脚输出高平，使开关管 Q2 导通，OB3362 开始工作。⑤脚电压大于 2.5 V 为 ON，⑤脚电压小于 1.5 V 为 OFF。LED 电流大小由⑥脚调整。Q1、L04、D1、EC1 组成升压电路。㉔、㉓脚分别为过流、过压保护检测。

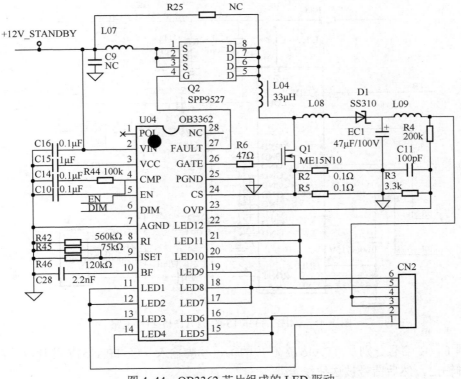

图 4-44 OB3362 芯片组成的 LED 驱动

OB3362 的主要特点有：

（1）高效率和紧凑的尺寸；

（2）6～30 V 的输入电压；

（3）每通道最大 70 mA 电流；

（4）±3%匹配精度之间的 12 LED 串电流控制；

（5）150~500 kHz 的工作频率可编程；

（6）10 V 栅极驱动，更好的 MOS 兼容性；

（7）内部/外部 PWM 调光；

（8）待机功耗低；

（9）综合保护范围：可编程过压保护，欠电压锁定（UVLO），LED 开路/短路保护，热关机。

2．伴音功放电路 TPA1517

伴音功放电路由 TPA1517 芯片组成。TPA1517 芯片为双列贴片（宽/窄）20 脚封装；工作电压 9.5～18 V，最高 22 V，输出功率 6 W。有正常工作、静音、待机三种模式。由⑧脚电压决定：当⑧脚电压大于 9.2 V 时为正常工作，经过 TPA1517 放大信号后，提供低阻的输出来驱动喇叭；当⑧脚电压为 3.4～8.8 V 时保持为静音偏置电压和静态电流；当⑧脚电压为 0 V 时，把输入截断，放大器的偏置电压和电流都被关闭。TPA1517 芯片在 24HFL3336/T3 中的电路如图 4-45 所示。

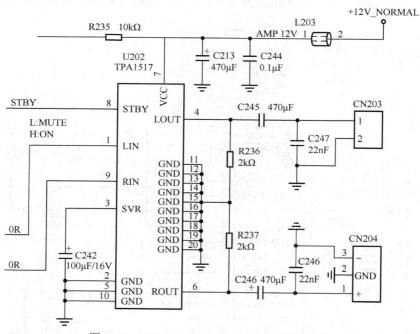

图 4-45　24HFL3336/T3 的 TPA1517 芯片电路

音频 L、R 信号分别从 TPA1517 芯片的①、⑨脚输入，经 TPA1517 芯片放大后分别从④、⑥脚输出，然后信号被送往扬声器。

3．新型硅调谐器 TDA18273 芯片

新型硅调谐器 TDA18273 具有无线网络抗干扰功能，可以屏蔽来自无线局域网（WLAN）和移动电话等无线网络接口的干扰。TDA18273 不仅支持全球范围内的模拟和数字电视标准，还可以作为单一通用调谐器平台，用于地面和有线电视信号接收。TDA18273 在

24HFL3336/T3 中的电路如图 4-46 所示。

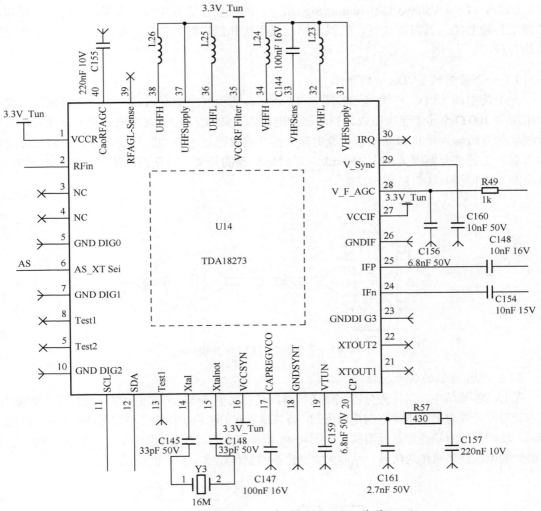

图 4-46　24HFL3336/T3 的 TDA18273 电路

硅调谐器解决方案 TDA18273 应用于其模拟和数字电视的接收。TDA18273 的尺寸小，非常有助于超薄平板电视面板的设计。TDA18273 的集成度很高，拥有射频跟踪滤波器、振荡器、IF 选择模块和宽带增益控制模块，无需 SAW 滤波器及平衡转换器等外部零件。和传统调谐器的不同之处在于，硅调谐器可以直接嵌入在主板上，不需要先封装成模块再嵌入进主板。整个硅调谐器方案所需的面积仅是传统调谐器方案的三分之一，为集成多调谐器于同一方案提供了可能。调谐器的主要功能如下。

（1）变频：将高频电视信号（RF）变换成中频电视信号（IF）。我国电视广播规定：图像中频频率为 38.5 MHz；伴音中频频率为 31. MHz。

（2）选台：选择某一个频道收看。即将需要收看的某频道的 RF 信号变换成 IF 信号。

如图 4-46 所示的 TDA18273 调谐器电路，RF 信号从②脚输入，IF 信号从㉔、㉕脚输出。TDA18273 通过⑪、⑫脚接受 V59MS 芯片的控制，实现调谐选台功能。

4. LVDS 信号接口

LVDS（Low Voltage Differential Signaling）低压差分信号接口，采用极低的电压摆幅高速差动传输数据，具有低功耗、低误码率、低串扰和低辐射等特点，在各种屏幕的平板电视机均有应用。

1）一个简单的 LVDS 传输单元

一个简单的 LVDS 传输单元如图 4-47 所示，它由一个驱动器和一个接收器通过一段差分阻抗为 100 Ω 的导体连接而成。驱动器的电流源（通常为 3.5 mA）来驱动差分线对，由于接收器的直流输入阻抗很高，驱动器电流大部分直接流过 100 Ω 的终端电阻，从而在接收器输入端产生的信号幅度大约为 350 mV。通过驱动器的开关，改变直接流过电阻的电流方向，从而产生"1"和"0"的逻辑状态。

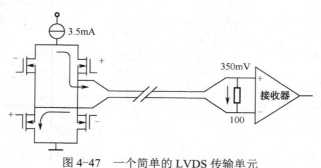

图 4-47　一个简单的 LVDS 传输单元

2）LVDS 传输的抗干扰性能

在 LVDS 系统中，采用差分方式传送数据，有着比单端传输方式更强的共模噪声抑制能力。因为一对差分线对上的电流方向是相反的，当共模方式的噪声干扰耦合到差分线对上时，在接收器输入端产生的效果是相互抵消的，如图 4-48 所示，因而对信号的影响很小。这样，就可以采用很低的电压摆幅来传送信号，从而大大地提高数据传输速率和降低功耗。

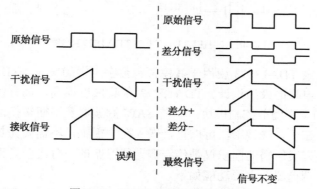

图 4-48　LVDS 传输的抗干扰性能

3）LVDS 接口电路及类型

在液晶显示器中，LVDS 接口包括 LVDS 发送器和 LVDS 接收器。LVDS 发送器将驱动板主控芯片输出的 TTL 电平并行 RGB 数据信号和控制信号，转换成低电压串行 LVDS 信号，

然后通过驱动板与液晶面板之间的柔性电缆（排线），将信号传送到液晶面板侧的 LVDS 接收器，LVDS 接收器再将串行信号转换为 TTL 电平的并行信号，送往液晶屏时序控制与行列驱动电路。图 4-49 为 LVDS 接口电路的组成框图。

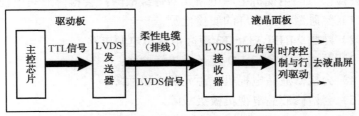

图 4-49　LVDS 接口电路组成框图

典型的 LVDS 发送芯片分为四通道、五通道和十通道几种，每个通道输出为两条线，一条线输出正信号，另一条线输出负信号。发送的信号通常包含一个通道的时钟信号和几个通道的串行数据信号。

（1）时钟信号输出：发送芯片输出的时钟信号频率与输入时钟信号频率相同。时钟信号的输出常表示为 TXCLK+和 TXCLK-，时钟信号占用发送芯片的一个通道。

（2）串行数据信号输出：对于四通道发送芯片，串行数据占用三个通道，其数据输出信号常表示为 TXOUT0+、TXOUT0-，TXOUT1+、TXOUT1-，TXOUT2+、TXOUT2-。同理，对于五通道发送芯片，串行数据占用四个通道。

4）LVDS 接口

24HFL3336/T3 中的 LVDS 接口如图 4-50 所示，共有 10 个通道，其中时钟信号有 2 个通道，串行数据信号有 8 个通道，每条通道由一条正信号线及一条负信号线组成。

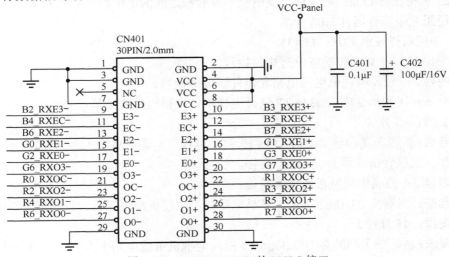

图 4-50　24HFL3336/T3 的 LVDS 接口

任务 4-5　液晶电视机的故障检修

液晶电视机主要由液晶面板和电路板两部分组成。电路板维修是液晶电视机最主要的维修项目，本任务以飞利浦 24HFL3336/T3 液晶电视机为例，介绍液晶电视机的故障检修方法。

学习目标

最终目标：会检修液晶电视机电源电路元器件级故障，会检修液晶电视机板级故障。

促成目标：（1）熟悉液晶显示屏的质量检测；

（2）熟悉 24HFL3336/T3 液晶电视机电源电路；

（3）熟悉 CCFL、LED 背光板故障检修；

（4）会检修液晶电视机电源元器件级故障；

（5）会检修液晶电视机板级故障。

活动设计

活动内容 1：液晶电视机电源电路主要元器件测试。

工具准备：飞利浦 24HFL3336/T3 液晶电视机、电视机拆装工具、示波器、万用表等。

时间安排：45 分钟。

操作要求：采用万用表电阻挡在路测试元器件质量：

（1）保险管 F01 质量检测。

（2）控制芯片 U01（OB5269CP）质量检测：测各引脚相对于接地脚的电阻值。

（3）开关变压器 T1 质量检测：测各绕组的电阻值。

（4）桥式整流二极管 DA01～04：测正反向电阻。

（5）其他二极管检测：测 D2、D3、D4、D5、D6、D106、D107 的反向电阻。

（6）交流输入滤波电感 L01、L02：测电阻值

（7）开关功率管 Q01 检测：测栅极、源极、漏极之间的电阻值（共测六次）。

（8）22 V 稳压管 Q02：测基极、集电极、发射极之间的电阻值（共测六次）。

（9）稳压光电耦合器件 U02 检测。

（10）稳压取样控制 U03：TL431。

（11）+12 V、+5 V 输出端有没有短路检测。

活动内容 2：液晶电视机电源电路元器件级故障检修。

工具准备：飞利浦 24HFL3336/T3 液晶电视机、电视机拆装工具、示波器、万用表等。

时间安排：45 分钟。

操作要求：教师在飞利浦 24HFL3336/T3 液晶电视机电源电路中人为地设置一个故障（如某电阻开路、三极管击穿等），然后让学生检修。

活动内容 3：液晶电视机板级故障检修。

工具准备：飞利浦 24HFL3336/T3 液晶电视机、电视机拆装工具、示波器、万用表等。

时间安排：45 分钟。

操作要求：教师在飞利浦 24HFL3336/T3 液晶电视机主板电路中人为地设置一个故障（如某电阻开路、三极管击穿等），然后让学生通过测试，提出是否更换主板。

相关知识

相关知识部分将介绍液晶屏质量检测、飞利浦 24HFL3336/T3 液晶电视机电源电路分析、V59MS 芯片、CCFL 和 LED 背光模组的故障检修、主板质量检测等。

4.5.1　液晶显示屏的质量检测

1．液晶屏的"坏点"问题

液晶屏按照品质可以分为 A、B、C 三个等级，其等级区分的依据便是"坏点"数量的多少。通常情况下，液晶屏的"坏点"数量在 5 个以内便是 A 级，"坏点"数量多于 5 个而少于 10 个便属于 B 级，"坏点"数量在 10 个以上则属于 C 级屏。

"坏点"是液晶屏上不可修复的像素点，是在生产过程中产生的。在液晶像素后面有三个 TFT 管（薄膜晶体管），对应着红、绿、蓝三个滤光片，其中任何一个 TFT 管出现问题都会使这个像素成为一个"坏点"。以 15 英寸 1 024×768 的显示屏来说，总共约需像素点 1 024×768×3=2 359 296 个，而且在每个液晶像素背后还集成有一个 TFT 管，在如此多的像素点和 TFT 管中难免会有个别点出现问题。产生"坏点"的多少直接与生产厂家的技术和工艺水平相关。就目前来看，每批生产出来的液晶板通常都有 20%的产品有"坏点"。随着技术的不断完善，一些品牌的液晶板"坏点"率已经能够控制到10%以内。

液晶显示技术发展到现在，仍然无法从根本上克服这一缺陷。因为液晶屏由两块玻璃板所构成，中间的夹层是厚约 5 μm 的水晶液滴。这些水晶液滴被均匀分隔开来，并包含在细小的单元格里，每三个单元格构成屏幕上的一个像素点。在放大镜下像素点呈正方形，一个像素点即是一个发光点。每个发光点都有独立的 TFT 管来控制其电流的强弱，如果控制该点的 TFT 管损坏，就会造成该光点永远点亮或不亮。这就是前面提到的亮点或暗点，统称为"坏点"。

检测坏点的方法比较简单，只要将液晶屏的亮度及对比度调到最大（显示全白的画面）或调成最小（显示全黑的画面），就会发现屏幕上有多少个亮点和多少个暗点。只要坏点的数量没有超出一定标准，出现数个坏点也是正常的，但最好不要低于 A 级屏标准。

另外，还可以利用专业的测试软件对液晶显示器的其他指标进行测试。比如说 NOKIA MONITOR TEST 这款软件，就是消费者可随身带在磁盘里的测试程序。该款软件共提供了 15 个选项，分别是 Geometry（几何）、Brightness and contrast（亮度与对比度）、High Voltage（高电压）、Colors（色彩）、To control panel/display（控制屏显示属性）、Convergence（收敛）、Focus（聚焦）、Resolution（分辨率）、Moire（水波纹）、Readability（文本清晰度）、Jitter（抖动）、Sound（噪音）等项目。

2．液晶屏使用故障

液晶屏"坏点"属于先天不良，液晶屏损坏还有如下使用不当的原因。

（1）液晶屏驱动电路表面焊接技术的特殊性：由于液晶屏驱动电路元器件的安装形式全部采用了表面贴装技术，元器件全部贴装在电路板两面，电路板采用接口线与液晶屏相连，接口引脚众多，非常密集。因此，若液晶屏受摔碰、进水或受潮都易使元器件造成虚焊或元器件与电路板接触不良，使液晶屏产生各种各样的故障。

（2）维修不当：相当一部分液晶屏故障是由维修人员操作不当、胡乱拆卸而造成的，操作时用力过猛会造成液晶屏破裂、变形等。

（3）更换驱动板时写错软件：一些液晶显示器维修人员在更换液晶显示器驱动板、重写液晶屏软件时，可能选错了数据，就会烧坏液晶屏。

（4）使用保养不当：液晶屏是非常精密的高科技电子产品，应当注意在干燥、温度适宜的环境下使用和存放，否则极易产生故障。清洁液晶屏幕时，尽量不要采用含水分太多的湿布，以免有水分进入屏而导致内部短路等故障发生。建议采用眼镜布、镜头纸等柔软物对屏幕进行擦拭，这样既可以避免水分进入液晶屏内部，又不会刮伤液晶屏的屏幕。

4.5.2 液晶电视机电源检修

电源电路是电视机最易发生故障的电路，电视机开关电源电路的结构五花八门，能检修某一种机芯的电源，并不一定能检修另一种机芯的电源。因此，检修者首先要熟悉电视机的电源系统，不能盲目检修。本节以飞利浦 24HFL3336/T3 液晶电视机电源电路为例，介绍液晶电视机的电源故障检修技巧。

1．电源电路的故障现象

平板电视机的电源均为开关电源，当电源电路发生故障时，电视机屏幕主要表现为黑屏、白屏、花屏、屏幕有杂波等。下面针对这几种故障现象进行介绍。

（1）黑屏：黑屏分二种情况，一是液晶电视机电源指示灯不亮、黑屏。首先检查机内有无虚脱、烧焦、接插件松动现象，然后测量开关电源输出 24 V、12 V 及 5 V 电压是否正常。二是液晶电视机电源指示灯亮、黑屏。首先检查 5 V 电压是否正常，因为主信号处理与控制电路是 5 V 供电。然后检查 24 V 电压是否正常，即检测逆变器电路是否正常，因为逆变器不工作会导致黑屏现象。

（2）花屏：主要原因为开关电源输出滤波电容漏电，造成主信号处理与控制电路供电不足，供电电压低，电流小，主信号处理与控制电路不能完全正常工作，输出的信号不正常，最终造成图像显示不正常，引起花屏现象。

（3）通电无反应：可能是电源保险管烧断，而保险管烧断是有原因的，很可能是整流二极管、开关管击穿等。

（4）屏幕上有杂波干扰：屏幕上有满屏干扰条纹，但开机时间长后会有所改善。主要原因是开关电源输出滤波电容失效所致。滤波电容不良导致输出电压不足，使主信号处理与控制电路电压不足，最终导致屏幕受到杂波干扰。

2．24HFL3336/T3 电源系统的组成

飞利浦 24HFL3336/T3 液晶电视机电源系统如图 4-51 所示，主要有一个产生 12 V、5 V 直流电压输出的开关电源，然后由各稳压芯片产生 1.26 V、1.8 V、3.3 V 直流电压给整机各芯片电路供电。

3．24HFL3336/T3 开关电源电路分析

飞利浦 24HFL3336/T3 液晶电视机开关电源电原理图如图 4-52 所示。主要元器件有：控制芯片 OB5269CP，开关变压器 T1，桥式整流二极管 DA01～DA04，保险丝 F01，300 V 滤波电容 EC9，交流输入滤波电感 L01～L02，开关功率管 Q01，22 V 稳压管 Q02，稳压光电耦合器件 U02，稳压控制 U01，+12 V 输出电压整流管 D106，+5 V 输出电压整流管 D107，+12 V 滤波电容 EC7、EC8，+5 V 滤波电容 EC5、EC6。

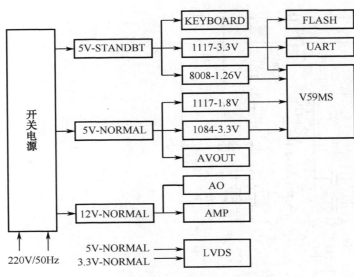

图 4-51　24HFL3336/T3 电源系统

1）交流电输入电路

在交流电输入电路中，F01 是 2 A 保险管，NTC 是负温度系数 8 Ω热敏电阻，用于开机限流保护。L01、L02、CY1、CT2、CX1 是双向滤波元件，一方面滤除交流电网中的高频干扰，另一方面是防止开关电源高频脉冲污染交流电网。DA01～DA04 是桥式整流二极管，220 V 交流电经桥式整流后，在滤波电容 EC9 上产生约 300 V 不稳定直流电压。

2）OB5269CP 控制芯片

OB5269CP 是 DC-DC 变换控制芯片，其主要功能：一是内部振荡电路产生开关脉冲从⑤脚输出，二是内部有稳压控制电路，由②脚输入负反馈信号来实现稳压控制。三是内部有过流、过压、过温保护电路。OB5269CP 芯片各引脚功能：①脚为功能设置（过温保护、过压保护）；②脚为反馈脚，即稳压控制输入；③脚过流检测保护输入；④脚接地；⑤脚为驱动脉冲输出；⑥脚为 30 V 电源脚；⑧脚为高压供电脚，可加 500 V 直流电压。

3）DC-DC 变换工作过程

当电视机通电后，220 V 交流电经整流滤波产生约 300 V 直流电压，该直流电压经启动电阻 R23、R24 加到 OB5269CP 芯片的⑧脚，OB5269CP 芯片内部开始振荡，产生开关脉冲从⑤脚输出，驱动 Q01 工作在开关状态。当 Q01 饱和导通时，电流流过开关变压器 T1 的③⑤绕组，此时开关变压器 T1 储存磁场能量，整流管 D106、D107、D5 截止；当 Q01 截止时，开关变压器 T1 中各绕组电压极性变反，整流管 D106、D107、D5 导通，给各滤波电容充电，此时开关变压器 T1 中的磁场能量转换成各滤波电容中的电场能量，即经 EC7、EC8、EC3、C20、L06 滤波产生+12 V 直流电压，经 EC5、EC6、C101、C26、L05 滤波产生+5 V 直流电压，经 EC4 滤波产生+30 V 直流电压（VDD）。其中 VDD 经 Q02、D2 稳压后，加到 OB5269CP 芯片的⑥脚供电。

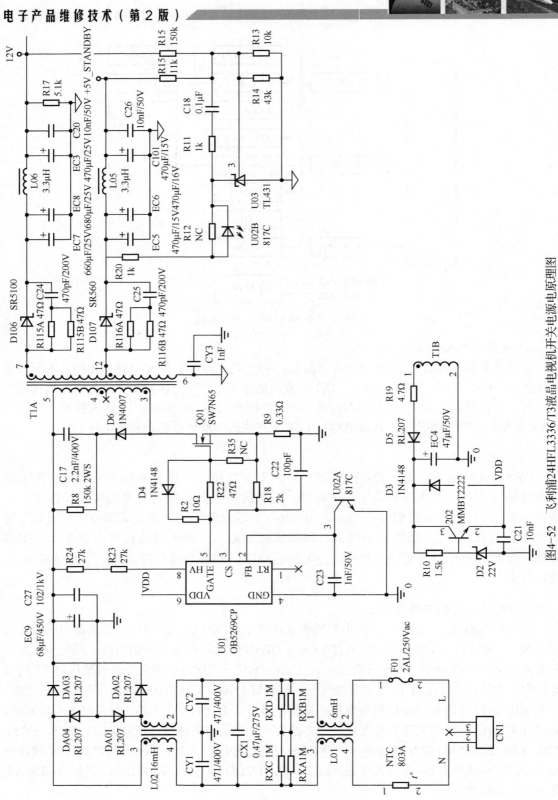

图4-52　飞利浦24HFL3336/T3液晶电视机开关电源电原理图

4）稳压工作过程

稳压电路主要由稳压芯片 U03（TL431）、光电耦合器件 U02（817C）组成。R13、R14、R15、R16 是取样电阻，如果输出电压+12 V 或+5 V 不稳定，此不稳定电压经取样电阻影响到 U03 的③脚，再经光电耦合器件 U02 影响到 OB5269CP 芯片的②脚，使 OB5269CP 芯片自动调整⑤脚输出的开关脉冲的宽度，从而实现稳压。假如输出电压偏高，经取样后使 U03③脚电压也偏高，U03①②脚间电流增大，U02 电流增大，OB5269CP②脚电压下降，OB5269CP⑤脚输出的脉冲宽度变窄，输出电压降回到正确值。

采用光电耦合器件的目的是实现开关电源热地与冷地的隔离。以开关变压器 T1 为界，T1 左边是热地电路，T1 右边是冷地电路。

4．24HFL3336/T3 开关电源故障检修

1）EC9 两端 300 V 电压为零

如果 EC9 两端 300 V 电压为零，说明整流滤波电路有故障，主要是 200 V 交流电不能输入进来。可检查保险管 F01 是否熔断、热敏电阻 NTC 是否开路、电视机电源是否通电等。

若保险管 F01 断，应查明原因，否则换上新保险管后又会熔断。通常保险管熔断的主要原因有：整流二极管 DA01～DA04 有一个击穿、开关管 Q01 击穿等。

2）EC9 两端 300 V 电压正常，输出电压（+12 V、+5 V）为零

此现象说明整流滤波电路正常，而 DC-DC 变换有故障。可重点检查启动电阻 R23、R24 是否开路，过流检测 R09 电阻开路，控制芯片 OB5269CP 是否损坏。

3）EC9 两端 300 V 电压正常，输出电压（+12 V、+5 V）偏高或偏低

输出电压（+12 V、+5 V）偏高或偏低，重点检查稳压电路，如取样电阻 R15、R16 开路会导致输出电压偏高；取样电阻 R13、R14 开路会导致输出电压偏低；控制芯片 OB5269CP⑥脚无供电电压会导致输出电压偏低，此时检查 D2、Q02 等元器件。

4.5.3　液晶电视机背光板检修

1．CCFL 背光板电路组成

在早期生产的液晶电视机中，均采用 CCFL 背光板。背光板是液晶电视机中消耗功率最大的电路，也是电流最大、电压最高的电路，所以故障率较高。

CCFL 背光板电路组成如图 4-53 所示，各部分电路功能如下。

（1）振荡器：产生 60～100 kHz 的方波信号。

（2）功率放大：把振荡器产生的信号放大到足够点亮 CCFL 灯管的功率。

（3）高压输出：把功率放大后的信号升压并转换为正弦波输出，点亮 CCFL 灯管。

（4）保护检测：对背光板输出的电压及 CCFL 灯管的工作电流、工作状态进行检测，如果有异常，控制振荡器停止输出，进入保护状态。

微处理器对背光板进行开/关（ON/OFF）控制及背光亮度（PWM）控制。目前，32 英寸及以上尺寸显示屏的背光板供电电压为 24 V/6～10 A，26 英寸及以下尺寸屏的背光板多采用 12 V 供电。

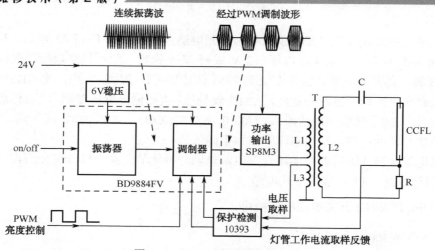

图 4-53　CCFL 背光板电路组成

2．CCFL 背光板故障检修

检修背光板时要掌握背光灯管的特性、点亮原理和背光板的组成、工作原理。背光板的故障现象种类不多，主要有"开机即黑屏"和"开机灯管点亮瞬间黑屏"。背光板的高压输出及功率放大电路的工作原理简单，多采用全桥/半桥驱动，一般采用 MOS 管或功率模块。

检修背光板时可以去掉电源板到主板的排线，把待机电压 5 V 分别与 STB（待机控制）、BRI（调光）和 BL-ON（背光控制）3 个脚连接在一起，正常时背光板应该是能够点亮的，这一步可以判别是主板问题还是电源板问题。如果 CCFL 背光灯管不亮，说明没有脉冲加到背光逆变器上。

背光控制芯片有一个特性，在芯片刚上电 2 s 左右是不受任何反馈引脚控制保护的，是有脉冲输出的，启动后检测到引脚的正常反馈信号时才会进入正常的工作状态。如果在启动后没有得到反馈信号或是不正常的反馈信号，芯片就会进入保护状态而停止输出激励脉冲。在上电时，利用此特性先检测背光控制芯片的脉冲输出脚，看其有无电压输出，可以用示波器观察，也可以用万用表的交流电压挡测试，我们据此判别出故障点是背光控制芯片电路还是后级驱动电路。**注意**：芯片保护后需断电再启动，才会有 2 s 左右的脉冲输出。

可以用万用表交流电压挡，测量背光激励变压器输出端是否有交流激励信号输出，因背光电路的工作频率在 56 kHz 左右，超出了普通万用表的频率响应范围，所以没有准确的测量值，数字表一般为 30 V 左右，指针表在 10 V 左右。

以 TCL 液晶电视机为例，CCFL 背光板故障检修案例如下：

（1）某一只背光灯损坏：故障现象是开机瞬间可以看到屏幕有启动发光的动作，有时能看到一条暗带，但随之又熄灭，熄灭后对着光线可以看到暗的图像。故障分析：开机闪亮一次又熄灭，通常是保护电路动作，为了最终确认故障，可将振荡控制芯片的背光灯管断路检测输入端（OLP）的电压提高到 2 V 以上，从而解除保护，使其他灯管全部点亮，损坏灯管区域是稍暗的。故障处理：更换液晶屏，因为更换灯管难度大、风险大。

（2）背光板保险管熔断：故障现象是背光不闪亮。故障分析：保险管熔断说明背光板有严重过流、短路故障，应查明原因再开机。故障原因是功率放大电路中的 MOS 管或 MOS 互

补模块击穿，而击穿的原因通常是升压变压器短路或局部短路。故障处理：更换功率模块。

（3）背光不亮、保险管好：此类故障涉及范围较大，首先检查背光板供电电压，其次检查振荡控制芯片的供电及使能端（ENA）启动电压、功率放大电路供电（12 V 或 24 V）及保护检测电路。解除所有保护，通电观察背光板是否有冒烟、打火现象？用手触摸背光板驱动元件，有没有过烫现象？

3．CCFL 背光板常见故障

（1）瞬间亮后马上黑屏：该问题主要为高压板反馈电路起作用导致，如高压过高导致保护，反馈电路出现问题导致无反馈电压，反馈电流过大、灯管 PIN 松脱、IC 输出过高等等都会导致该问题，原则上只要 IC 有输出、自激振荡正常，其他的任何零件不良均会导致该问题出现，该现象是液晶显示器升压板不良的最常见现象。主要的维修方法如下。

短接法：一般情况下，脉宽调制 IC 中有一脚是控制或强制输出的，若对地短路该脚则其不受反馈电路的影响，强制输出脉冲波，此时背光板一般均能点亮，并进行电路测试，但要注意：此时具体的故障点位还未找到，因此短路过久可能会导致一些意想不到的现象出现，如高压线路接触不良时，强制输出可能会导致线路打火而烧板等。

对比测试法：液晶显示屏 CCFL 灯管均采用 2 个以上，多数厂家在设计时左右灯管均采用双路输出，即两个灯管对应相同的两个电路，此时，两个电路就可以采用对比测试法，以判定故障点位。在故障不明的情况下，最好不要乱短路 IC 各脚，否则可能会出现异常后果！

（2）通电灯亮但无显示：此问题主要为背光板线路不产生高压导致，如 12 V 未加入或电压不正常、控制电压未加入、接地不正常、IC 无振荡/无输出、自激振荡电路产生不良等，均会出现该现象发生。

（3）三无：若因背光板导致该问题，则多数均为背光板短路导致，一般很容易检测到，如 12 V 对地、自激管击穿、IC 击穿等均会导致三无。另外，电源部分或背光板线路只做一块板的电视机，则电源无输出或不正常等亦会产生，维修时可以先切断升压部分供电，确认是哪一方面的问题。

（4）亮度偏暗：背光板上的亮度控制线路不正常、12 V 偏低、IC 输出偏低、高压电路不正常等均会导致该问题，部分电路可能在加热几十秒后进行保护，发生无显示现象。

（5）电源指示灯闪：该故障的原因同三无现象差不多，多数为管子击穿导致。

（6）干扰：主要有水波纹干扰、画面抖动/跳动、星点闪烁（该现象少数，多数均为液晶屏问题）等，主要是高压线路的问题。

以上几方面是背光板产生问题的最主要原因，对于背光板故障检修，可将 CCFL 灯管比作日光灯管（当然，其电压要比日光灯高得多，其粗的一根是高压线、细的一根是输出反馈端）、把线路板比作逆变器线路，围绕着该思路去检修，可能会容易一点。另外，电源与升压连为一体的板子，要判定是电源问题还是升压部分问题，可切断升压线路的供电线路，再测试电源输出的 12 V 或 5 V 等是否正常，以此来判定问题出在哪部分。

4．LED 背光板的特点

目前生产的液晶电视机均采用 LED 背光板。LED 背光液晶电视机具有外形美观、尺寸超薄等优点受到了消费者的广泛喜爱。LED 背光板采用低压直流供电，具有下列特点。

（1）LED 背光板供电输入接口：LED 背光板多数输入电压为 24 V，背光插座功能排列为①～⑤脚为 24 V，⑥～⑩脚为 GND，⑫脚为 ON/OFF，⑬脚为 BR。个别尺寸小的 LED 液晶屏背光板的输入电压不是 24 V，可能为 44 V、33 V 等。这些尺寸小的 LED 液晶屏没有背光控制开关，背光亮度也不可调节。

（2）LED 背光板供电输出接口：不同型号 LED 液晶屏背光板的供电输出插座数量可能不同，有用一个输出插座，也有用二个输出插座。不同型号 LED 液晶屏背光板的供电输出电压可能不同，如有输出 57 V、180 V、200 V 的电压。LED 液晶屏有几组 LED 灯，背光板就有几组电压输出。有 4 组供电电压输出，也有 6 组供电电压输出，每组之间相互独立，互不影响。

（3）LED 灯电路：每组 LED 灯共有 36 个 LED 单元，也有 62 个 LED 单元的，组内这些 LED 单元串联或并联在一起，每个 LED 灯的点亮电压约为 3.2 V。如当 18 个 LED 单元串联时，需要加 57 V 直流电压才能点亮。

（4）LED 单元：每个 LED 单元内部有两个 LED 二极管，可以提高 LED 单元亮度，同时这两个二极管是并联的，即便有一个二极管出现开路，另一个二极管仍可点亮，因而极大地提高了 LED 单元的可靠性。一台整机中即使出现一个 LED 单元不亮，也对整机的背光亮度几乎没有什么影响，因此，LED 背光板比 CCFL 背光板的可靠性更好。

5．LED 背光板故障检修

LED 背光板电路与 CCFL 背光板相比较，没有交流高压输出，保护电路较少，电路更加可靠。检修 LED 背光板时要注意，接负载与不接负载时的输出电压有很大差异。如 4A-LCD32T-AUC 屏 LED 背光板接负载时输出电压为 57 V，不接负载时输出电压是 120～140 V。

LED 背光板一般有几组电压输出，每组不仅输出电压值相同，而且电路元件及电路组成均相同，因此，检修其中一组电路时可参考其他组电路。

LED 背光板电路的输入电压均为 24 V。因此只要输出电压相同，就有代用的可能性（要考虑电源的带负载能力及组件板尺寸）。

检修时如发现一组 LED 灯不亮，可用指针式万用表的 R×1 挡或 R×10 挡测量每个 LED 单元两端的电阻值，从而判别是哪个 LED 单元不良。通常 LED 单元两端有几十欧到几百欧的阻值，既不能出现开路，也不能出现短路。检修时不能单独更换 LED 单元，只能更换同型号的 LED 灯组合电路，更换时连同整个金属条和供电插座一起换掉。

4.5.4　液晶电视机故障案例

1．液晶屏源极驱动不良

目前，在液晶电视机使用的液晶显示屏中，驱动 IC 与液晶显示屏大多使用 TAB（TCP）连接方式。TAB 的含义是"各向异性导电胶连接"，是一种将驱动 IC 连接到液晶屏上的方法；而 TCP 的含义是"带载封装"，是一种集成电路的封装形式，TCP 封装将驱动 IC 封装在柔性电缆上。TAB 驱动 IC 连接方式就是将 TCP 封装的驱动 IC 的两端用"各向异性导电胶"（ACE）分别固定在电路板和液晶屏上。TAB 和 TCP 两个术语有时经常混用，但常常都是指一个相同的意思。

TAB 连接方式的缺点是 TCO 连接电缆（连接引脚）容易受损断裂，液晶面板驱动 IC 以

及驱动 IC 与液晶屏的连接处接触不良也是液晶面板最为常见的故障。

液晶面板的驱动 IC 分为源极驱动 IC（数据驱动 IC）组和栅极驱动 IC（扫描驱动 IC）组，源极驱动 IC（栅极驱动 IC）组由若干个驱动 IC 组成。

源极驱动 IC 负责垂直方向的驱动，每个 IC 芯片驱动若干个像素，当一个 IC 芯片损坏或虚焊时，这些像素就不能被驱动，从而在图像上产生垂直线状的异常图像，可分为垂直亮线或暗（黑）线、垂直灰线或虚线，如图 4-54 所示。

2．液晶屏栅极驱动不良

栅极驱动 IC 负责水平方向的驱动，每个 IC 负责驱动若干行，当栅极驱动 IC 输出信号电路中的一个或几个损坏时，液晶屏上所对应的一行或几行像素就不能被驱动，从而在图像上产生水平线状的异常图像，可分为水平亮线或暗（黑）线、水平灰线或虚线，如图 4-55 所示。

图 4-54　源极驱动 IC 不良引起的故障现象　　图 4-55　栅极驱动 IC 不良引起的故障现象

3．液晶屏失去供电

液晶显示屏在背光灯正常点亮的情况下只显示为白屏（常亮）或黑屏（常暗）故障，大多情况下是由于液晶屏失去供电电压引起的。对于常亮（NW）液晶屏，失去供电压时表现为白屏；对于常暗（NB）显示屏，失去供电电压时表现为黑屏。因此，不管遇到黑屏或白屏故障，首先检查液晶屏的供电以及供电电路中的保险管。

4．液晶电视机 LCDS 信号接口不良

液晶电视机的 LCDS 信号接口不良时发生的故障现象如图 4-56 所示，此时需要检查信号接口。

5．液晶电视机同步、时钟信号不正确

液晶电视机，若输出到液晶屏上的同步信号和时钟信号不正确，会出现满屏乱码现象，如图 4-57 所示。

图 4-56　液晶电视机 LCDS 信号接口不良　　图 4-57　液晶电视机同步、时钟信号不正确

6. 液晶电视机色彩异常

液晶电视机输出到液晶屏上的若干个数字信号中，如果有一个波形不正确，会出现色彩异常或局部彩色异常等现象，如图 6-58 所示。

7. 液晶电视机 8 bit 信号异常

液晶电视机的 8 bit 信号异常时的故障现象如图 4-59 所示，故障部位可能是信号处理板。

图 4-58 液晶电视机色彩异常　　　　　图 4-59 液晶电视机 8 bit 信号异常现象

8. 液晶电视机图像偏色、拖尾

液晶电视机的图像偏色、拖尾（含屏显）现象如图 4-60 所示，检查结果一般是 LCD 组件不良。

9. 液晶电视机图像暗

液晶电视机的图像暗故障现象如图 4-61 所示，故障部位多是 LCD 组件不良。

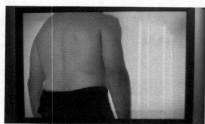

图 4-60 液晶电视机图像偏色、拖尾　　　　图 4-61 液晶电视机图像暗

10. 液晶电视图像淡

液晶电视机的图像淡故障现象如图 4-62 所示，故障部位多是信号处理板（A 板）。

11. 液晶电视机颜色异常

液晶电视机的图像颜色异常故障现象如图 4-63 所示，故障发生在信号处理板（A 板）。

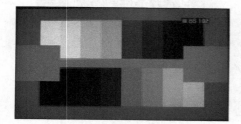

图 4-62 液晶电视机图像淡　　　　　图 4-63 液晶电视机颜色异常

12．液晶电视机屏显（OSD）异常

液晶电视机的图像彩色正常，但屏显（OSD）异常，如图 4-64 所示。通常是数字信号处理板（DG 板）有故障。

13．液晶电视机全屏垂直线

液晶电视机的全屏垂直线故障现象如图 4-65 所示，大部份是数字信号处理板（DG 板）有故障，也可能是液晶屏不良。

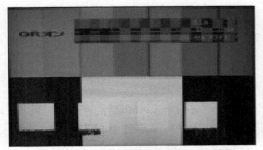

图 4-64　液晶电视机屏显（OSD）异常

图 4-65　液晶电视机全屏垂直线

14．液晶电视机颜色不规则

液晶电视机的图像颜色不规则故障现象如图 4-66 所示，其主要原因是液晶屏不良。

15．液晶电视机子画面不良

液晶电视机的图像子画面不良故障现象如图 4-67 所示，故障部位发生在数字信号处理板（DG 板）。

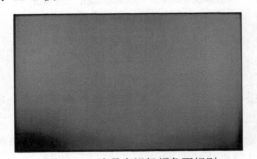

图 4-66　液晶电视机颜色不规则

图 4-67　液晶电视机子画面不良

16．液晶电视机垂直噪点

液晶电视机的屏幕垂直噪点故障现象如图 4-68 所示，故障部位可能是数字信号处理板（DG）板不良。

17．液晶电视机图像右（左）半部不良

液晶电视机的图像左半部不良故障现象如图 4-69 所示，故障部位可能是屏（屏驱动）或信号处理板（DG/A 板）不良。

图 4-68　液晶电视机垂直噪点

图 4-69　液晶电视机图像左半部不良

18. 液晶电视机图像上（下）部不良

液晶电视机的图像下部不良故障现象如图 4-70 所示，故障部位可能是液晶屏（屏驱动）不良。

19. 液晶电视机图像糊不清

液晶电视机的图像模糊不清故障现象如图 4-71 所示，对松下 LX60D 液晶电视机的原因是 LVDS 传输时 N 和 P 间会有一耦合电阻（衰减干扰用）开路后，导致 P 没有信号。

图 4-70　液晶电视机图像下部不良

图 4-71　液晶电视机图像模糊不清

知识梳理与总结

要学好电视机维修技术，应了解彩色电视广播基础知识：像素及像素信号的传送，全电视信号组成，电视信号调制方法、色度学知识、三基色原理、PAL 制编码。

目前液晶电视机已取代 CRT 电视机，了解液晶显示屏结构与工作原理、电视机电路结构与工作原理，熟练地使用和拆装液晶电视机是维修液晶电视机的基本要求。

本项目介绍了液晶电视机电路结构与信号处理流程、液晶电视机关键点电压或信号波形的测试方法，以及飞利浦 24HFL3336/T3 液晶电视机故障维修等。

任务 4-5 介绍液晶电视机故障检修方法，主要包括液晶显示屏质量检测、液晶电视机电源检修、液晶电视机背光板检修等。最后给出了液晶电视机的故障检修案例。

思考与练习 4

1. 什么是电视机中的隔行扫描？为什么要采用隔行扫描？

2．为什么图像信号采用残留边带调幅发射方式？

3．画出 8 频道高频电视信号的频谱结构图。

4．什么是彩色三要素？各要素分别由什么因素决定？

5．人的视觉特性有哪些？彩色图像大面积着色的依据是什么？

6．何谓三基色原理？三基色与混合色的关系如何？

7．请分析下列颜色相加混色后的色调：

（1）黄色+紫色+青色；（2）黄色+青色+蓝色；

（3）紫色+绿色+红色。

8．为什么要发送色差信号？G-Y 信号为什么不发送？

9．以彩条测试图案为例，请画出 R、G、B、Y、R-Y、G-Y、B-Y 波形。

10．什么是 PAL 制的逐行倒相正交平衡调幅？

11．为什么要发送色同步信号？

12．彩色全电视信号由哪些信号组成？各信号的作用分别是什么？

13．晶体、液晶、液体的分子各有何特点？

14．液晶有哪些基本性质？

15．简述液晶像素发光的基本原理。

16．液晶显示器件由哪些部件组成？各部件的作用是什么？

17．LED 背光灯为什么比 CCFL 背光灯性能更好？

18．何谓 TFT-LCD 器件？主要优点是什么？

19．若液晶屏的分辨率为 1024×768，则门走线有多少条，源走线有多少条？

20．什么是液晶屏的反转驱动法？

21．试说明 RF、AV、S-VIDEO、YUV、VGA、DVI、USB、HDMI 分别是什么信号？

22．在 RF、AV、S-VIDEO、YUV、VGA、DVI、USB、HDMI 等输入信号中，哪些属于模拟信号？哪些属于数字信号？哪些已含有声音信号？

23．电视机整机电路由哪些功能电路组成？

24．当 RF 信号输入后，在电视机中通常需要经过哪些处理？才能送往显示屏以产生图像。

25．高频调谐器有何作用？它由哪些电路组成？

26．隔行扫描有何缺点？什么是隔行转逐行处理？

27．为什么要对图像进行缩放处理？基本原理是什么？

28．什么是 LVDS 信号？LVDS 信号传输有何优点？

29．从 RF 信号输入到扬声器发出声音，伴音信号要经过哪些电路处理？其频率如何变化？

30．平板电视机为什么要采用 D 类伴音功放？

31．在电视机中，用户对音量、音质的调整是如何实现的（在什么电路进行）？

32．在电视机中，用户对亮度、对比度、色饱和度的调整是如何实现的（分别在什么电路进行）？

33． 在电视机中，TV/AV/S-VIDEO/YUV/VGA/DVI/USB/HDMI 的选择是如何实现的（在什么电路进行）？

34．在电视机中，用户选择待机控制是如何实现的（在什么电路进行）？

35．如何检查液晶屏的"坏点"质量问题？

36．对于图 4-52 所示的电视机开关电源，下列元件损坏会出什么故障？为什么？

（1）热敏电阻 NTC 开路；（2）DA01 开路；

（3）开关管 Q01 击穿；（4）R23 开路；

（5）R9 电阻开路；（6）R15 开路；（7）R13 开路。

37．如何检修液晶机电视机 LED 背光板故障？

38．如何通过测试判别液晶电视机主板有故障？

项目 5
智能手机维修技术

学习导航

　　智能手机是传统手机与个人电脑的完美结合，是电子技术硬件与软件的完美结合，它不但是移动通信的终端设备，也是移动互联网的终端设备。智能手机属于高档电子产品，近年来发展迅猛，很快普及到老百姓手中。智能手机的维修问题日益突出，本项目介绍智能手机维修入门知识。

　　本项目有 3 个任务：任务 5-1 是智能手机结构与工作原理，任务 5-2 是智能手机拆卸与装配，任务 5-3 是智能手机故障维修技术。

学习目标	最终目标	能对智能手机进行板级维修	
	促成目标	1. 了解智能手机基本原理；	2. 熟悉智能手机硬件组成；
		3. 能正确拆装智能手机；	4. 能检修智能手机板级故障
教师引导	知识引导	移动通信基础；智能手机软件与硬件系统；智能手机电路组成及工作流程；智能手机拆装技巧；智能手机板级故障检测技巧	
	技能引导	智能手机拆装是维修的基础，要求教师示范后学生再练习，然后再进行智能手机板级故障检测练习	
	重点把握	智能手机拆装技巧，怎样判别板级故障	
	建议学时	12 学时	

任务 5-1 学习智能手机结构与工作原理

智能手机目前是一个十分普及的高档电子产品，它不但是移动通信的终端设备，也是移动互联网的终端设备，它是传统手机与个人电脑的完美结合。智能手机的维修十分重要，本任务将介绍智能手机的概念与特点、智能手机的软件与硬件系统，智能手机的工作原理，这些都是智能手机维修工作的基础。

学习目标

最终目标：能简述智能手机结构与工作原理。

促成目标：（1）了解移动通信的基本概念；

（2）了解智能手机的概念及特点；

（3）了解智能手机的软件系统；

（4）熟悉智能手机的硬件系统；

（5）熟悉智能手机的工作原理。

活动设计

活动内容：

（1）拆卸一款智能手机，认识智能手机主要部件（主处理器芯片、从处理器芯片、储存卡、显示屏、触摸屏、电源与充电电路、键盘、蓝牙、摄像机、天线模块、音频编解码器芯片、功率放大器芯片、扬声器、传声器、耳机、振动器、接口、传感器等）；

（2）测试智能手机电路板上关键点供电电压、关键点信号波形。

工具准备：智能手机、普通示波器、万用表。

时间安排：60 min。

操作要求：能熟练地说出智能手机各主要部件的名称。

相关知识

相关知识部分将介绍移动通信基础知识、智能手机的概念与特点、智能手机的软件与硬件系统、智能手机的工作原理。

5.1.1 移动通信的概念与发展历程

自 20 世纪 70 年代末第一代模拟移动通信系统面世以来，移动通信产业一直以惊人的速度迅猛发展，并对人类生活及社会发展产生了重大影响。移动通信（Mobile Communication）是移动体之间的通信，或移动体与固定体之间的通信。移动体可以是人，也可以是汽车、火车、轮船等在移动状态中的物体。

移动通信系统由移动台（MS）、基站（BS）、移动交换中心（MSC）组成，其中移动台包括车载台与手机。若要同某移动台通信，移动交换局通过各基站向全网发出呼叫，被叫台收到后发出应答信号，移动交换局收到应答后分配一个信道给该移动台并从此话路信道中传送一信号使其振铃。

1．移动通信的使用频段

我国移动通信使用频段原则上参照国际划分规则，我国正在大量使用 900 MHz 及 1.8 GHz 等频段。

（1）中国移动。第三代移动通信技术为 TD-SCDMA，频段：1 880～1 900 MHz（移动台发）、2 010～2 025 MHz（基站发）。

（2）中国联通。第三代移动通信技术为 WCDMA，频段：1 940～1 955 MHz（移动台发）、2 130～2 145 MHz（基站发）。

（3）中国电信。第三代移动通信技术为 CDMA2000，频段：1 920～1 935 MHz（移动台发）、2 110～2 125 MHz（基站发）。

2．蜂窝移动通信

蜂窝移动通信也称"小区制"移动通信，采用蜂窝无线组网方式，如图 5-1 所示。它的特点是把整个大范围的服务区划分成许多小区（覆盖半径为 100～3 000 m），每个小区设置一个基站，负责本小区各个移动台（车载台、手机）的联络与控制，移动交换中心与市话交换局及各基站之间通过电缆或光缆中继线路连接。利用超短波电波传播距离有限的特点，离开一定距离的小区可以重复使用频率，使频率资源可以充分利用。每个小区的用户在 1 000 以上，全部覆盖区最终的容量可达 100 万用户。

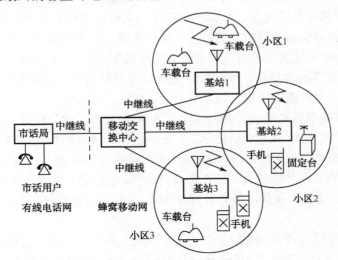

图 5-1　蜂窝无线组网方式

3．码分多址（CDMA）

在移动通信系统中，有许多移动台（MS）可能同时通过一个基站（BS）和其他移动台进行通信，多个移动台同时通信的示意图如图 5-2 所示。因而，必须对不同移动台和基站发出的信号赋于不同的特征，使基站能从众多移动台的信号中区分出是哪一个移动台发出来的信号，各移动台又能识别出基站发出的信号中哪个是发给自己的信号。解决这个问题的办法称为多址技术。

多址方式有三种：频分多址 FDMA（Frequency Division Multiple Access）、时分多址 TDMA（Time Division Multiple Access）、码分多址 CDMA（Code Division Multiple Access）。

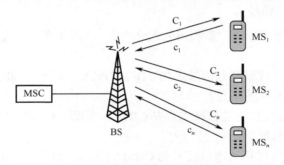

图 5-2　多移动台同时通信

CDMA 是以不同的码序列实现通信。CDMA 允许不同的移动台采用同一频率在同一时间内通信，但每一移动台被分配一个独特的随机码序列，各移动台的码序列不同，彼此不相关，各个移动台相互之间也没有干扰。采用 CDMA 技术可以比 TDMA 容纳更多的移动台，具有容量大、覆盖范围广、手机功耗小、话音质量高的突出优点，将移动通信技术推向新的发展阶段，被人们称之为第三代移动通信。

4．移动通信的发展历程

移动通信经历了1G、2G、3G、4G的发展历程，G是英文Generation的缩写。

1G 是指第一代模拟移动通信，即模拟蜂窝移动通信，出现于七十年代末，经过大约 10 年的快速发展，模拟蜂窝移动通信网的缺陷已明显显露，存在同频干扰和互调干扰、保密性差等缺点。我国 1994 年社会上出现的"大哥大"就属于1G 通信，只能进行语音通话。

2G是指第二代数字移动通信，如GSM、TDMA等移动通信，主要在 1996～1997年间应用，其主要特征是：手机能发短信，能下载彩信、彩铃、游戏等。

3G 是指第三代数字移动通信。2000 年，国际电信联盟正式公布第三代移动通信标准，中国于 2009 年才正式上市，CDMA 是 3G 的根本基础。目前世界主要的三大标准是：美国版 CDMA2000（中国电信）、欧洲版 WCDMA（中国联通）、中国版 TD-SCDMA（中国移动）。3G 与 2G 的主要区别是在传输声音和数据的速度提升，它能够在全球范围内更好地实现无线漫游，并处理图像、音乐、视频流等多种媒体形式，提供包括网页浏览、电话会议、电子商务等多种信息服务。

4G 是指第四代数字移动通信。4G 通信的特征有：通信速度更快，可以达到 10～20 Mbps，甚至最高可以达到 100 Mbps 速度传输无线信息；网络频谱更宽，可达到 100 Mbps 的传输；通信更加灵活，4G 手机更应该算得上是一台小型电脑了；智能性能更高；兼容性能更平滑；提供各种增值服务；实现更高质量的多媒体通信；频率使用效率更高；通信费用更加便宜。

5.1.2　智能手机的主要特点

智能手机，是指像个人电脑一样，具有独立的操作系统、独立的运行空间，可以由用户自行安装软件、游戏、导航等第三方服务商提供的程序，并可以通过移动通讯网络来实现无线网络接入手机类型的总称。

智能手机的使用范围已经布满全世界，著名品牌有：华为（HUAWEI）、联想（Lenovo）、

中兴（ZTE）、酷派（Coolpad）、小米（Mi）、魅族（MEIZU）、一加手机（oneplus）、金立（GIONEE）、HTC（宏达电）、Google（谷歌）、苹果、三星、诺基亚等。智能手机外形如图5-3所示。

图5-3　智能手机

　　智能手机的诞生，是掌上电脑（Pocket PC）演变而来的。最早的掌上电脑并不具备手机通话功能，但是随着用户对掌上电脑个人信息处理方面功能的不断依赖，又不习惯于随时都携带手机和PPC两个设备，所以厂商将掌上电脑的系统移植到手机中，于是才出现了智能手机这个概念。

　　世界上第一款智能手机是IBM公司1993年推出的Simon，它也是世界上第一款使用触摸屏的智能手机，使用Zaurus操作系统，只有一款名为《DispatchIt》第三方应用软件。它为以后的智能手机处理器奠定了基础，有着里程碑的意义。

　　第一代iPhone于2007年发布，2008年7月11日，苹果公司推出iPhone 3G。自此，智能手机的发展开启了新时代，iPhone成为引领业界的标杆产品。大屏幕平板手机逐渐成为主流，到了2014年销售量甚至超越小型平板电脑。

　　智能手机具有以下六大特点。

　　（1）具备无线接入互联网的能力：即需要支持GSM网络下的GPRS或者CDMA网络的CDMA1X或3G（WCDMA、CDMA-2000、TD-CDMA）网络，甚至4G（HSPA+、FDD-LTE、TDD-LTE）。

　　（2）具有PDA的功能：包括PIM（个人信息管理）、日程记事、任务安排、多媒体应用、浏览网页等。

　　（3）具有开放性的操作系统：拥有独立的核心处理器（CPU）和内存，可以安装更多的应用程序，使智能手机的功能可以得到无限扩展。

　　（4）个性化：可以根据根据个人需要，实时扩展机器内置功能以及软件升级，智能识别软件兼容性，实现了软件市场同步的人性化功能。别软件兼容性，

　　（5）功能强大：扩展性能强，第三方软件支持多。

　　（6）运行速度快：随着半导体业的发展，核心处理器（CPU）发展迅速，使智能手机在运行方面越来越极速。

5.1.3　智能手机软件与硬件

1．智能手机软件系统

智能手机由硬件、软件两大部分组成，软件就是指智能操作系统，它是智能手机的灵魂，

可以认为：智能手机＝智能操作系统＋手机硬件，如图 5-4 所示。

图 5-4　智能手机组成

目前，主要的智能手机操作系统有：谷歌 Android、苹果 iOS、微软 Windows Phone、黑莓 Blackberry、塞班 Symbian 及三星 bada、米狗 MeeGo 等。

1）谷歌 Android

Android 的中文名为"安卓"，是谷歌独家推出的智能手机操作系统，2011 年初数据显示，仅正式上市两年的操作系统 Android 跃居全球第一。因为谷歌以开放源代码（开源）的形式推出 Android，所以世界上大量手机生产商采用 Android 系统生产智能手机，再加上 Android 在性能和其他各个方面上都非常优秀，便让 Android 一举成为全球第一大智能手机操作系统。Android 已彻底占领中国智能手机市场，也成为了全球最受欢迎的智能手机操作系统。

支持厂商：世界所有手机生产商都可任意采用，并且世界上 80%以上的手机生产商都采用 Android。

2）苹果 iOS

苹果公司研发推出的智能操作系统，采用封闭源代码（闭源）的形式推出，因此仅苹果公司独家采用，为全球第二大智能操作系统，iOS 操作系统独特又极为人性化，其极为强大的界面及性能深受用户的喜爱。

支持厂商：苹果（闭源）。

3）微软 Windows Phone

微软公司研发推出的智能操作系统，现为全球第三大智能操作系统。全球第一大手机生产商诺基亚与微软达成全球战略同盟并深度合作共同研发 Windows Phone，预计谷歌 Android 和苹果 iOS 会迎来新的强大竞争对手。

支持厂商：诺基亚、三星、华为、HTC 等。

4）黑莓 Blackberry

由 RIM 研发推出的智能操作系统在全世界受到欢迎，在此系统基础上，黑莓的手机更是独树一帜地在智能手机市场上拼搏，也已在中国吸引了大批"粉丝"，现为全球第四大智能操作系统。

支持厂商：RIM 等。

5）塞班 Symbian

塞班公司研发推出的 Symbian 操作系统，由于塞班公司被诺基亚收购，塞班曾经是全球第一大手机操作系统，但由于苹果 iOS 和谷歌 Android 两款智能操作系统的问世，诺基亚也放弃塞班转而与微软公司合作，导致塞班现在降为全球第五大智能操作系统。

支持厂商：诺基亚、三星、LG、索尼、爱立信等。

6）三星 bada

bada 是三星集团研发推出的新型智能手机操作系统，该系统结合当前热度较高的体验操作方式，承接三星 TouchWIZ 的经验，支持 Flash 界面，对互联网应用、重力感应应用、SNS应用有着很好的支撑，现为全球第六大智能操作系统。

支持厂商：三星。

7）米狗 MeeGo

MeeGo 是诺基亚和英特尔联合宣布推出的一个免费手机智能操作系统，中文昵称米狗，与安卓相同都为开放源代码智能操作系统，该操作系统可在智能手机、笔记本电脑和电视等多种电子设备上运行，并有助于这些设备实现无缝集成。

支持厂商：英特尔、诺基亚、富士通、三星、联想、宏基、华硕、AMD、LG、中兴、华为、康佳、金立、海尔、多普达、天语、步步高、TCL、海信、酷派、长虹等。

2. 智能手机硬件系统

智能手机硬件系统由如图 5-5 所示，主要由主处理器、从处理器（无线 Modem）、储存卡、显示屏、触摸屏、电源与充电电路、键盘、蓝牙、摄像机、天线模块、音频编解码器、功率放大器、扬声器、传声器、耳机、振动器、传感器等组成。

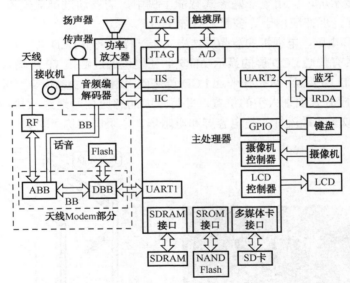

图 5-5　智能手机硬件体系结构

1）主处理器

主处理器又称为应用处理器，它运行开放式操作系统，负责整个系统的控制。主处理器可以理解为 CPU、芯片组、显卡、数字声卡、视频加速卡、浮点加速单元的一个结合体。主处理器上含有 LCD 控制器、摄像机控制器、SDRAM 接口、SROM 接口、SD 卡接口、蓝牙接口等，很多接口标准与电脑完全一样。主处理器基本就决定了手机的主要功能和性能档次。

一部性能卓越的智能手机最为重要的是处理器，目前的处理器芯片主要生产厂商有：美国高通（Qualcomm）、台湾联发科技（MTK）、韩国三星（Samsung）等。高通 MSM8260 微

处理器如图 5-6 所示。

2）从处理器

从处理器又称为基带处理器、射频处理器，为无线 Modem（调制解调器）部分。打电话、发短信、上网，均通过这个 Modem 传输数据。Modem 的种类，决定手机支持的网络、执行的标准、可用的速度、通讯的稳定性和带宽等。手机的信号好不好、上网快不快，很大程度上由这部分决定。有些厂商把这部分和主处理器封装在一起，相当于内置 Modem 了，这就是所谓的单芯片解决方案。

3）内存、闪存、外接储存卡

手机的内存和电脑内存的概念完全相同。闪存相当于电脑的硬盘；外接储存卡，相当于电脑的 U 盘和移动硬盘。内存速度越快、带宽越大、机器的运行速度越快。内存越大，打开多个任务时切换越流畅。闪存越大，手机储存的东西越多。闪存读写速度越快，手机载入程序越快，感觉越流畅。

4）显示屏

智能手机的主流显示屏主要分为两大类，即普通 LCD 屏和 TP 屏。普通 LCD 屏是不带触摸功能的液晶显示屏，应用于一些老式智能手机中，需要通过键盘输入人工指令；而 TP 屏俗称触摸显示屏，现在应用于许多新型智能手机。

普通 LCD 屏和电脑、电视机的液晶屏结构完全一样，采用 LED 背光灯，仅仅是手机屏幕小些。TP 屏除了具有普通 LCD 屏的显示功能外，还提供通过触摸 TP 屏输入人工指令的功能。TP 屏的结构与 LCD 屏类似，只是在普通 LCD 屏基础上增加一块触摸交互板，如图 5-7 所示。TP 屏通过矩阵感应方式识别人手的位置，并将生成的感应信号通过软排线传送到主处理器中。TP 屏的种类较多，最流行的是电容屏和电阻屏，电阻屏俗称"软屏"，采用压力控制操

图 5-6　高通 MSM8260 微处理器

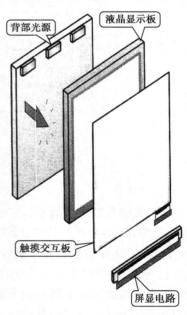

图 5-7　TP 屏的结构

作，可以用手指、指甲、屏写笔进行触摸操作。电容屏俗称"硬屏"，采用静电感应操作，只能通过手指来感应。

5）音频 CODEC 芯片、扬声器

这相当于电脑的声卡和音箱，现在都是集成声卡，手机也是把数字音频的功能集成到了主处理器上面，外接芯片只需要提供数/模转换就可以了，CODEC 芯片就是做这个工作的，芯片的档次与电路配合决定了手机的音质。

6）听筒、话筒

这对于手机是非常重要的配件，相当于电脑聊天用的耳麦。评判的标准无非是音量、信噪比、频响这些普通的声学指标，但是受制于信号源的低品质。

7）摄像头

手机的摄像头与数码相机没有本质区别，同样是镜头、感光原件加上处理器，只不过有些手机的主处理器足够强大，可以替代专用处理器的功能。镜头和感光原件的品质越好，处理器算法越先进，摄出来的照片效果越好。

8）振动器

振动器实际上是一个小型电动机。该电动机转轴上套有一个偏心的振轮，电动机旋转带动偏心轮旋转，在离心力作用下，半圆形金属使电动机发生振动，致使智能手机发出振动提示。

9）天线模块

天线模块通过压接的方式与主电路相连，有主天线模块和副天线模块。主天线模块即射频天线模块，当智能手机接听电话或接收短信时，射频天线模块将接收到的射频信号传递到射频电路中；当智能手机拨打电话或发送短信时，射频天线模块便会向外发送射频信号。副天线模块位于智能手机底部，主要用于接收蓝牙信号、无线网络信号及 FM 收音信号。

由于手机工作在 900 MHz 或 1 800 MHz 的高频段上，所以其天线体积可以很小。一些手机的天线通过巧妙的设计，变得与传统观念上的天线大不一样，如一些手机采用机壳上的金属镀膜作为天线。

10）传感器

很多人会奇怪，智能手机是如何实现自动转屏等各种功能的？其实，这都是传感器的功劳。例如：加速度传感器能够测量加速度，可以监测手机加速度的大小和方向，因此能够实现自动旋转屏幕，以及应用于一些游戏中；距离感应器通过红外光来判断物体的位置，可实现接通电话后自动关闭屏幕来省电，可以实现"快速一览"等特殊功能；气压传感器能够实现大气压、当前高度检测，辅助 GPS 定位；光线感应器用来根据周围环境光线，调节手机屏幕本身的亮度，以提升电池续航能力。

5.1.3　智能手机的工作原理

智能手机由各单元电路协同工作，完成手机信号的接收、发送以及其他功能的控制，其工作过程非常复杂。

1. 智能手机整机工作原理

智能手机整机控制系统原理框图如图 5-8 所示。射频电路主要用于完成手机信号的接收与发送；语音电路主要用于对接收或发射的语音信号进行转换以及对音频信号进行处理，最终用户可以通过听筒、扬声器、耳机听到声音或通过天线将语音信号发射出去。微处理器及数据信号处理电路是整机的控制中心，各种控制信号都是由该电路输出的；电源及充电电路主要用于为各单元电路提供所需的工作电压，使各单元电路能够正常工作；操作及屏显电路主要用于对智能手机相关功能的控制与显示；接口电路主要用于与外部设备的连接，从而实现数据交换；其他功能电路则为智能手机的一些扩展功能电路（如 FM 收音机、摄像/照相电路、蓝牙通信电路等），使智能手机不仅局限于接打电话或收发信息。

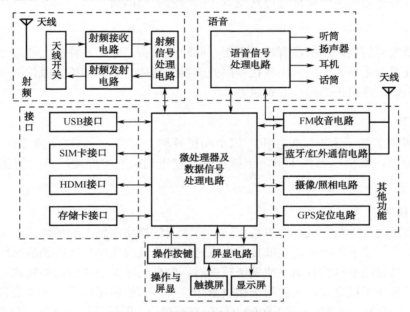

图 5-8　智能手机整机工作原理框图

2. 微处理器与射频、语音电路工作原理

射频电路又称高频电路，语音电路又称音频电路，射频电路和语音电路均在微处理器芯片控制下工作。微处理器与射频、语音电路之间的工作原理框图如图 5-9 所示，它包括接收信号处理和发射信号处理两个过程。

接听电话时，由天线接收信号，先进行射频放大，再进行变频/解调处理，然后输出数字语音信号到语音电路中进行处理，最后将数字语音信号经 D/A 变换后送到听筒或扬声器中。

拨打电话时，由话筒输入语音信号，经 A/D 转换后，进行语音信号处理，然后输出数字语音信号到射频调制与放大电路，最后由天线发射出去。

3. 微处理器与各接口电路工作原理

微处理器与各接口电路之间的工作原理框图如图 5-10 所示。微处理器是智能手机的控制中心，几乎所有电路都接受微处理器芯片的控制。电池接口连接手机电池，电源接口连接充电器，用于输出各路直流电压，给微处理器及其他单元电路供电。存储卡接口连接存储卡，

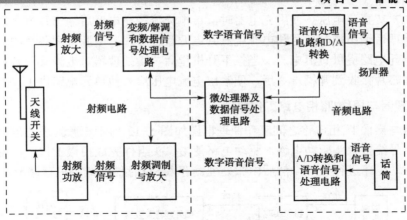

图 5-9　微处理器与射频、语音电路工作原理框图

并与微处理器进行数据传输。SIM 卡接口连接 SIM 卡，在微处理器控制下完成信号的接收与发送。USB 接口连接 USB 数据线，在微处理器控制下完成与计算机设备的数据传输。耳机接口连接耳机，在微处理器控制下完成接打电话及收听音乐。

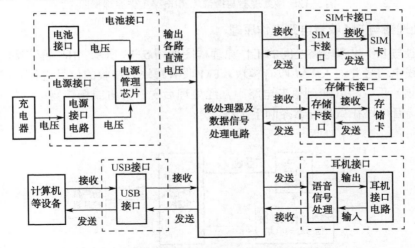

图 5-10　微处理器与各接口电路工作原理框图

4．电源管理芯片与各单元电路工作原理

电源电路与各单元电路之间的工作原理框图如图 5-11 所示。首先，电池接口为电源管

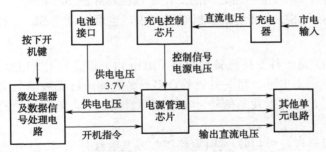

图 5-11　电源管理芯片与各单元电路工作原理框图

理芯片提供 3.7 V 直流电压。使用充电器时，市电交流经充电器后输出直流电压到充电管理芯片，经其处理后输出控制信号和电源电压到电源管理芯片。电源管理芯片的作用是为微处理器及其他单元电路提供直流电压。当按下开机键后，微处理器对电源管理芯片输出开机指令，电源管理芯片接收到开机指令后，便输出电流电压给其他单元电路供电。

5. 微处理器与摄像/照相电路工作原理

微处理器与摄像/照相电路之间工作原理框图如图 5-12 所示。微处理器根据拍摄操作按键输出控制信号给摄像头驱动电路，驱动电路使摄像头组件完成拍摄工作，拍摄的录像或照片数据送到驱动电路进行处理，然后由微处理器存入 SD 存储卡或手机存储卡。

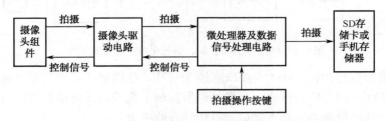

图 5-12　微处理器与摄像/照相电路工作原理框图

6. 微处理器与 FM 收音电路工作原理

微处理器与 FM 收音电路之间的工作原理框图如图 5-13 所示。由耳机连接线作为 FM 天线，接收无线电信号并送入 FM 收音模块。FM 收音模块对接收的信号进行处理（变频、中频处理、鉴频）后，将其送到语音电路中，经处理后送到耳机或扬声器中，使其发声。FM 收音模块和语音电路在微处理器控制下工作。

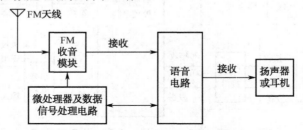

图 5-13　微处理器与 FM 收音电路工作原理框图

7. 微处理器与蓝牙/红外通信电路工作原理

微处理器与蓝牙/红外通信电路之间的工作原理框图如图 5-14 所示。首先，微处理器可以将蓝牙/红外信号存入 SD 存储卡或手机存储卡中，也可以调用 SD 存储卡或手机存储卡中的蓝牙/红外信号。

蓝牙（Bluetooth）是一种支持设备短距离（10 m 内）通信的无线电技术，能在包括手机、PDA、无线耳机、笔记本电脑、相关外设等众多设备之间进行无线信息交换。蓝牙天线即可以接收外部设备信号，也可以发送信号。在微处理器控制下，蓝牙信号的接收与发送都通过蓝牙模块进行。

微处理器还可以通过红外接收/发射电路接收或发射红外信号。红外接口是智能手机的配置标准，手机若内置支持红外通信的芯片，则可以用手机遥控电视机、机顶盒、空调等。

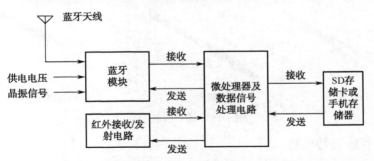

图 5-14　微处理器与蓝牙/红外通信电路工作原理框图

任务 5-2　智能手机的拆卸与装配

维修智能手机，必须先拆卸智能手机。由于智能手机的体积小、结构紧凑，不正确的拆卸方法很容易损坏智能手机。维修智能手机完成后，需要进行装配，装配也是一项细致的工作。拆卸与装配智能手机是维修人员的一项基本功，这项功夫本来很简单，但没有拆卸与装配经验，操作不细心，有时会造成重大损失，因此要特别谨慎。

学习目标

最终目标：能对智能手机进行拆卸与装配。
促成目标：（1）了解智能手机的硬件、机械结构；
　　　　　（2）熟悉使用智能手机拆装工具；
　　　　　（3）掌握智能手机的拆装步骤与方法；
　　　　　（4）掌握智能手机的拆装技巧。

活动设计

活动内容：先由教师进行智能手机的拆装示范，然后学生每两人一组，按一定规范及顺序拆装智能手机，最后由教师对拆装工作检查及评分。
工具准备：智能手机，拆装工具。
时间安排：60 min。

相关知识

熟练掌握智能手机的拆卸与装配技巧，是从事智能手机维修工作的基础。下面以三星 Galaxy S6 智能手机的拆装为例进行介绍。三星 Galaxy S6 智能手机的特点：曲面屏、5.1 英寸、操作系统 Android OS 5.0、双四核、CPU 型号为 64 位三星 Exynos 7420、RAM 容量 3 GB、ROM 容量 32 GB/64 GB/128 GB。

5.2.1　智能手机的拆装工具

1．镊子/拆卸棒/改锥

镊子/拆卸棒/改锥是智能手机拆装最基本的工具，如图 5-15 所示。

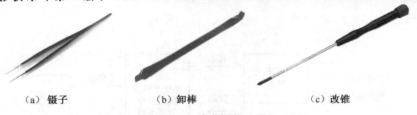

|（a）镊子 | （b）卸棒 | （c）改锥 |

图 5-15 基本拆装工具

2. 防静电手套/防静电垫

防静电手套如图 5-16 所示。手机维修时的静电防护很重要，静电电压很容易使手机中的芯片损坏，维修过程中维修人员一定要带防静电的手套。

防静电垫如图 5-17 所示。维修工作台要铺上防静电垫，而且对防静电垫要接地。

图 5-16 防静电手套　　　　　　　　图 5-17 防静电垫

3. OCTA 拆卸架/电池压紧垫

为方便拆卸智能手机的 OCTA（LCD 和触摸屏组件），需要将智能手机固定在 OCTA 拆卸架上进行操作，OCTA 拆卸架如图 5-18 所示。

装配手机电池时，需要将手机盒中的电池压紧，此时需要铺上手机电池压紧垫。手机电池压紧垫如图 5-19 所示。

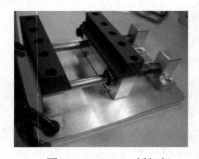

图 5-18 OCTA 拆卸架　　　　　　　图 5-19 电池压紧垫

4. 移动式干燥机/TSP 模板胶带安装工具

在拆卸三星智能手机背部玻璃、OCTA 前，需要将智能手机放在移动式干燥机中烘烤几分钟。移动式干燥机如图 5-20 所示。

TSP 模板胶带安装工具专们用于安装 TSP 模板胶带，如图 5-21 所示。

图 5-20　移动式干燥机

图 5-21　TSP 模板胶带安装工具

5．玻璃吸盘/窗口压紧夹具

玻璃吸盘如图 5-22 所示。玻璃吸盘又称吸盖器，当手机盖是玻璃材料，若取下手机盖，必须采用玻璃吸盘。

在装配过程中，为了将电池等部件紧固定在手机中，需要用到窗口压紧夹具。窗口压紧夹具如图 5-23 所示。

图 5-22　玻璃吸盘

图 5-23　窗口压紧夹具

6．各种胶带

对智能手机正面部件（OCTA、副 PBA、主屏幕键）维修时，以下项目必须换为新的，例如：UB 模板胶带、UB 左/右胶带、背部玻璃胶带、OCTA 模板胶带、OCTA 铜带、触键顶部胶带。

5.2.2　智能手机的拆卸

当智能手机有故障时，总是要拆卸后再检修。能够熟练地拆卸智能手机，是智能手机维修中的基本功。智能手机拆卸分为背面部件拆卸和正面部件拆卸。

1．智能手机背面部件的拆卸

智能手机背面部件的拆卸步骤：背部玻璃拆卸、后壳拆卸、主 PBA（印刷板组装件）拆卸、副 PBA 拆卸（适用于 Edge 款式）、托架拆卸及电池拆卸。

1）背部玻璃拆卸

（1）将移动式干燥机设为 80 ℃/3 min，如图 5-24（a）所示。

（2）将智能手机放入移动式干燥机中进行加热，如图 5-24（b）所示。

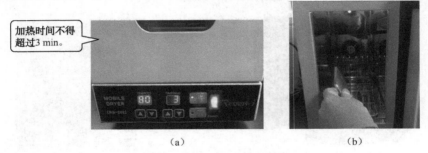

加热时间不得
超过3 min。

（a）　　　　　　　　　　　（b）

图 5-24　背部玻璃拆卸步骤 1

（3）将智能手机固定在拆卸架上，如图 5-25（a）所示。

（4）拉吸盘，拆下背部玻璃，如图 5-25（b）所示。

（5）拆下背部玻璃中的胶带，如图 5-25（c）所示。

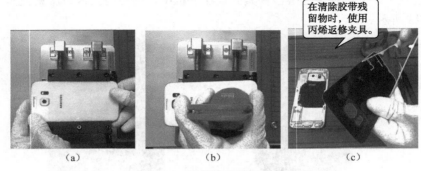

在清除胶带残
留物时，使用
丙烯返修夹具。

（a）　　　　　　　　　（b）　　　　　　　　　（c）

图 5-25　背部玻璃拆卸步骤 2

2）后壳拆卸

（1）拧下后壳上的所有螺钉（13 个），如图 5-26（a）所示。

（2）用弹出针弹出 SIM 卡托盘，如图 5-26（b）所示。

（3）拆下底部部分中的后壳，如图 5-26（c）所示。

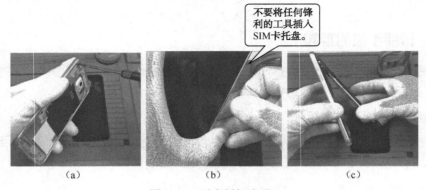

不要将任何锋
利的工具插入
SIM卡托盘。

（a）　　　　　　　　　（b）　　　　　　　　　（c）

图 5-26　后壳拆卸步骤 3

3）主 PBA 拆卸

（1）打开所有排线，如图 5-27（a）所示。

（2）从托架中取出主 PBA，断开副 PBA 排线，如图 5-27（b）所示。

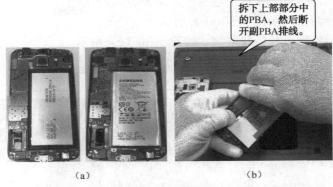

拆下上部分中的PBA，然后断开副PBA排线。

（a）　　　　　　　　　　（b）

图 5-27　主 PBA 拆卸步骤

4）副 PBA 拆卸（仅适用于 Edge 款式）

（1）拧下副 PBA 上的 2 个螺钉，如图 5-28（a）所示。

（2）弯曲 FPCB，如图 5-28（b）所示。

（3）用镊子拆下副 PBA，如图 5-28（c）所示。

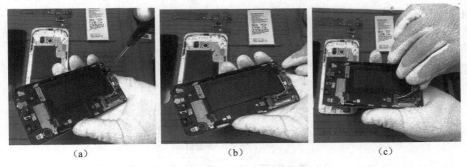

（a）　　　　　　　　（b）　　　　　　　　（c）

图 5-28　副 PBA 拆卸步骤

5）RCV 和马达拆卸

（1）用镊子拆下接收器模块，如图 5-29（a）所示。

（2）用镊子拆下马达，如图 5-29（b）所示。

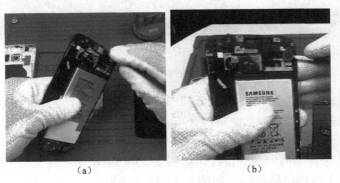

（a）　　　　　　　　　　（b）

图 5-29　RCV 和马达拆卸步骤

6）电池拆卸

（1）通过拆卸孔，用拆卸棒拆下电池，如图5-30（a）所示。

（2）用拆卸棒推两侧，如图5-30（b）所示。

（3）用拆卸棒清除所有胶带残留物，如图5-30（c）所示。

> 注意：不要将拆卸棒过深或过猛向里推。在拆卸电池期间，不要使用任何锋利的工具（刀子、镊子）

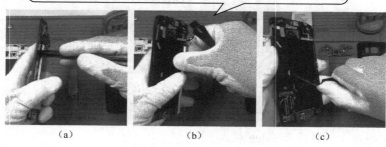

（a）　　　　　　　（b）　　　　　　　（c）

图5-30　电池拆卸步骤

2. 智能手机正面部件的拆卸

智能手机正面部件的拆卸步骤：OCTA（LCD和触摸屏组件）拆卸、副PBA拆卸（适用于Flat款式）、主屏幕键拆卸。

1）OCTA 拆卸

（1）提前拆下背部玻璃、后壳和PBA，如图5-31（a）所示。

（2）在不装PBA情况下，重新组装后壳和拧紧6个螺钉，如图5-31（b）所示。

（3）将移动式干燥机设为80 ℃/10 min，进行加热，如图5-31（c）所示。

> 左侧有3个螺钉、右侧也有3个螺钉。

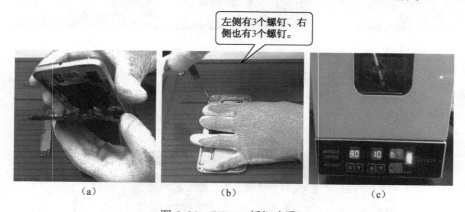

（a）　　　　　　　（b）　　　　　　　（c）

图5-31　OCTA 拆卸步骤1

（4）将设备固定在拆卸架上，如图5-32（a）所示。

（5）拉吸盘，如图5-32（b）所示。

（6）拆下OCTA，如图5-32（c）所示。

（7）清除OCTA背面的铜带残留物，如图5-33（a）所示。

（8）清除托架上的铜带残留物，如图5-33（b）所示。

（9）清除 OCTA 外侧的模板胶带，如图 5-33（c）所示。

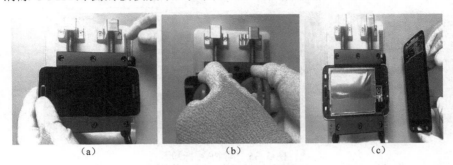

图 5-32　OCTA 拆卸步骤 2

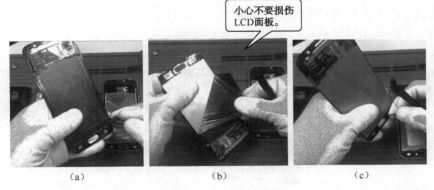

小心不要损伤 LCD面板。

图 5-33　OCTA 拆卸步骤 3

（10）用丙烯返修胶带和夹具清除 OCTA 上所有残留物，如图 5-34（a）所示。

（11）拧下后壳上的 6 个螺钉，如图 5-34（b）所示。

（12）拆下后壳，如图 5-34（c）所示。

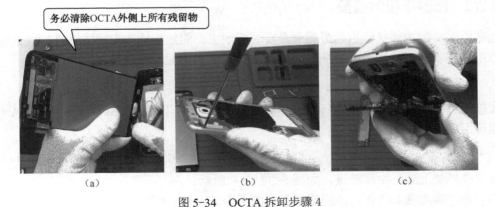

务必清除OCTA外侧上所有残留物

图 5-34　OCTA 拆卸步骤 4

2）副 PBA 拆卸（仅适用于 Flat 款式）

（1）拆卸副 PBA 以前，首先拆下触键，如图 5-35（a）所示。

（2）拧下副 PBA 上的 1 个螺钉，如图 5-35（b）所示。

（3）用镊子拆下副 PBA，如图 5-35（c）所示。

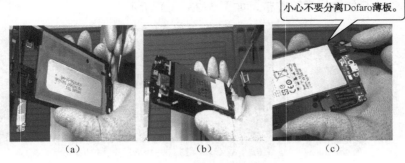

图 5-35　副 PBA 拆卸

3）主屏幕键拆卸

（1）用镊子拆下主屏幕键 FPCB，如图 5-36（a）所示。

（2）用镊子拆下主屏幕键，如图 5-36（b）所示。

（3）从托架上取出主屏幕键，如图 5-36（c）所示。

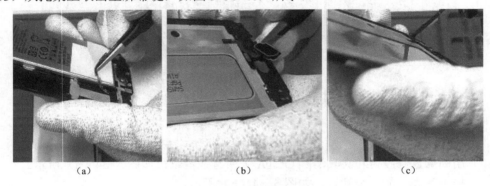

图 5-36　主屏幕键拆卸

5.2.3　智能手机的装配

当智能手机的故障排除后，最后总是要装配回去。能熟练地装配智能手机，也是智能手机维修中的基本功。智能手机装配分为背面部件装配和正面部件装配。

1．智能手机正面部件的装配

智能手机正面部件的装配包括：主屏幕键、副 PBA（适用于 Flat 款式）、OCTA（LCD 和触摸屏组件）的装配。

1）主屏幕键装配

（1）在托架上装配主屏幕键，如图 5-37（a）所示。

（2）将主屏幕键 FPCB 安装到托架上，如图 5-37（b）所示。

2）副 PBA 装配（仅适用于 Flat 款式）

（1）将副 PBA 安装到托架背面，如图 5-38（a）所示。

（2）用镊子弯曲和安装触键 FPCB，如图 5-38（b）所示。

（3）拧紧副 PBA 上的 1 个螺钉，如图 5-38（c）所示。

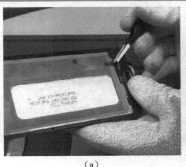
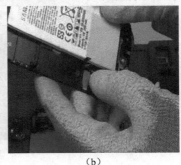

（a）　　　　　　　　　　　　　　（b）

图 5-37　主屏幕键装配

小心不要分离Dofaro薄板。

（a）　　　　　　　　　（b）　　　　　　　　（c）

图 5-38　副 PBA 装配

3）OCTA 装配

（1）在 OCTA 背面安装铜带，如图 5-39（a）所示。

（2）用拇指轻推整个胶带区域，如图 5-39（b）所示。

（3）确认边缘部分的胶带边线是否对准，如图 5-39（c）所示。

精确对准边缘部分与FPCB。

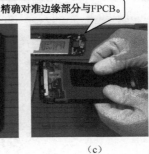

（a）　　　　　　　　　（b）　　　　　　　　（c）

图 5-39　OCTA 装配 1

（4）将 OCTA 模板胶带粘贴在夹具上，如图 5-40（a）所示。

（5）沿胶带的边缘对准杠杆，如图 5-40（b）所示。

（6）将 OCTA 放到胶带上，并轻推，如图 5-40（c）所示。

（7）由底部部分开始装配托架，如图 5-41（a）所示。

（8）推托架外侧，以正确进行装配，如图 5-41（b）所示。

安装完胶带后，用拆卸棒轻推OCTA外侧。

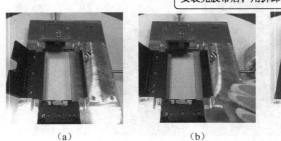

（a） （b） （c）

图 5-40　OCTA 装配 2

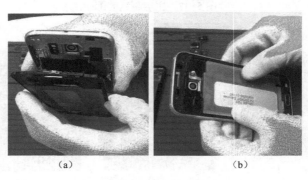

（a） （b）

图 5-41　OCTA 装配 3

（9）撕下 OCTA 上的乙烯保护膜，如图 5-42（a）所示。

（10）用一个玻璃吸盘固定 OCTA，如图 5-42（b）所示。

（11）用拇指充分按压 OCTA 外侧，如图 5-42（c）所示。

由顶部部分开始安装OCTA（RCV deco）。

（a） （b） （c）

图 5-42　OCTA 装配 4

（12）再拆下后壳，以装配主 PBA，如图 5-43（a）所示。

（13）将前组件放在压紧垫上，如图 5-43（b）所示。

（14）用压紧夹具按压 OCTA 窗口，如图 5-43（c）所示。

2．智能手机背面部件的装配

智能手机背面部件的装配包括：电池、托架、副 PBA（适用于 Edge 款式）、主 PBA、后壳、背部玻璃及 SIM 卡托盘的装配。

压紧力: 1N / 压紧时间: 1 min。

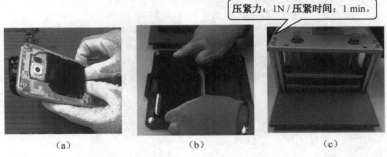

(a)   (b)   (c)

图 5-43   OCTA 装配 5

1）电池装配

（1）将电池粘接胶带粘贴在托架上，如图 5-44（a）所示。

（2）用拆卸棒按压两侧，如图 5-44（b）所示。

（3）撕下乙烯保护膜和安装电池，如图 5-44（c）所示。

安装完毕以后，用拇指充分按压电池的两侧。

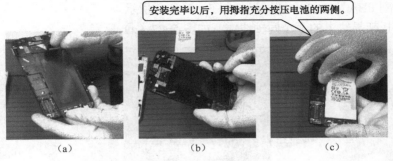

(a)   (b)   (c)

图 5-44   电池装配 1

（4）用支垫和压紧夹具按压电池，如图 5-45（a）所示。

（5）将装置置于下支垫的中心，如图 5-45（b）所示。

（6）松开手柄和取出装置，如图 5-45（c）所示。

压紧力: 1N / 压紧时间: 3 s。

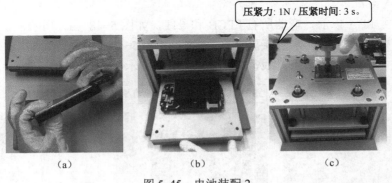

(a)   (b)   (c)

图 5-45   电池装配 2

2）RCV 和马达装配

（1）用镊子装配 RCV 模块，如图 5-46（a）所示。

（2）装配马达，用拇指按压，如图 5-46（b）所示。

（a）　　　　　　　　　　　　　（b）

图 5-46　RCV 和马达装配

3）副 PBA 装配（仅适用于 Edge 款式）

（1）将副 PBA 装到托架上，如图 5-47（a）所示。

（2）拧紧副 PBA 上的 2 个螺钉，如图 5-47（b）所示。

（3）对准托架导轨上的 2 个同轴线缆，如图 5-47（c）所示。

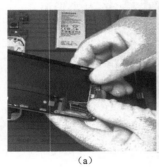

（a）　　　　　　　　　　（b）　　　　　　　　　　（c）

图 5-47　副 PBA 装配

4）主 PBA 装配

（1）装配主 PBA 以前，弯曲所有 FPCB 和导线，如图 5-48（a）所示。

（2）将 PBA 置于托架上和连接副 PBA 排线，如图 5-48（b）所示。

（3）连接主 PBA 上的所有排线，如图 5-48（c）所示。

组装PBA以后，检查确认所有导线是否都已连接和对准。

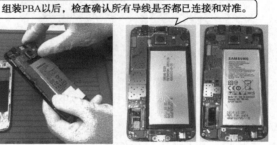

（a）　　　　　　　　　　（b）　　　　　　　　　　（c）

图 5-48　主 PBA 装配

5）后壳装配

（1）将后壳装到托架上，如图 5-49（a）所示。

（2）用拇指按压 OCTA 外侧，如图 5-49（b）所示。

（3）拧紧后壳上的 13 个螺钉，如图 5-49（c）所示。

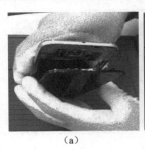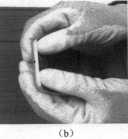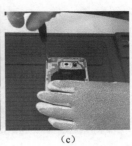

（a）   （b）   （c）

图 5-49 后壳装配

6）背部玻璃装配

（1）将背部玻璃模板胶带放在夹具上，如图 5-50（a）所示。

（2）沿胶带的边缘对准杠杆，如图 5-50（b）所示。

（3）将背部玻璃置于胶带上，轻轻按压，如图 5-50（c）所示。

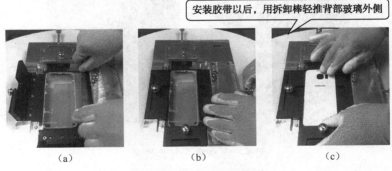

（a）   （b）   （c）

图 5-50 背部玻璃装配 1

（4）撕下背部玻璃上的乙烯保护膜，如图 5-47（a）所示。

（5）用一个玻璃吸盘固定背部玻璃，进行组装，如图 5-47（b）所示。

（6）用拇指充分按压背部玻璃外侧，如图 5-47（c）所示。

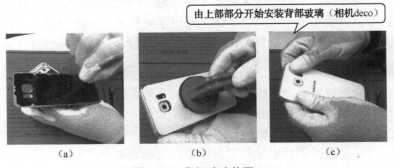

（a）   （b）   （c）

图 5-51 背部玻璃装配 2

（7）将设备放在压紧垫上，以按压背部玻璃，如图 5-52（a）所示。

（8）按压背部玻璃窗口，如图 5-52（b）所示。

（9）松开手柄和取出设备，如图 5-52（c）所示。

压紧力：1N / 压紧时间：1 min

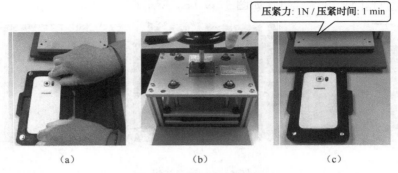

（a）　　　　　　　　　　（b）　　　　　　　　　　（c）

图 5-52　背部玻璃装配 3

7）SIM 卡托盘装配

（1）插入 SIM 卡托盘，如图 5-53（a）所示。

（2）进行最后检查，如图 5-53（b）所示。

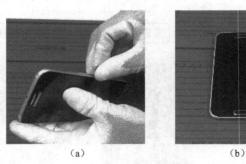

（a）　　　　　　　　　　（b）

图 5-53　SIM 卡托盘装配

任务 5-3　智能手机维修技术

　　智能手机维修又分为板卡级（一级）和芯片级（二级）故障维修。在具体的维修过程中，首先想到的是芯片级维修，不得已才采用板卡级维修，即换电路板。芯片级维修就是利用万用表、电烙铁以及示波器等专用工具，检测某个电子元件或芯片是否损坏来修复故障。芯片级维修对维修人员要求较高，要求能分析电路的工作原理，熟练掌握焊接技术。

学习目标

　　最终目标：能对智能手机进行板卡级或简单的芯片级维修。

　　促成目标：（1）了解智能手机各部件的作用；

　　　　　　　（2）熟悉常见芯片的型号及功能；

　　　　　　　（3）掌握各单元电路的工作原理、关键测试点；

　　　　　　　（4）熟悉检修流程和易损元件；

（5）能对智能手机进行板卡级或简单的芯片级维修。

活动设计

在智能手机中设置一个人为故障，进行一次板卡级或芯片级维修。下列操作供选择：

（1）开关机异常故障；

（2）充电不良故障；

（3）网络不良故障；

（4）送话/受话不良故障；

（5）显示不良故障。

工具准备： 三星智能手机、智能手机拆装工具、示波器、万用表等。

时间安排： 45 min。

操作要求： 采用万用表电阻挡在路测试元器件质量。

相关知识

相关知识将介绍智能手机的开/关机异常、充电不良、网络不良、送话/受话不良、显示不良、部分功能失常共六个方面的故障分析、故障检修流程及故障案例。下面以三星智能手机的维修过程为例进行介绍，故障案例中所涉及的相关元器件，本教材难以给出相应的电路图，读者可自行参阅三星手机维修手册。

5.3.1 开/关机异常故障检修

1. 不开机故障

按下开/关机键，智能手机无任何反应，没有开机画面出现。这说明智能手机电源电路无法启动，多数为电源及充电电路和微处理器及数据信号处理电路不正常所致。不开机故障检修流程如图5-54所示。

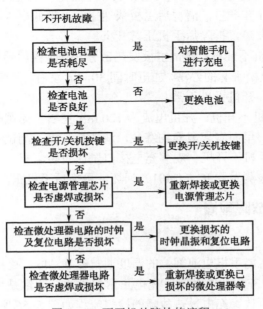

图 5-54　不开机故障检修流程

2．自动关机故障

没有按下开/关机键，自动出现关机画面。此故障应根据具体情况确定故障原因，如用力按手机各部位自动关机的故障现象，多数为智能手机内部芯片虚焊引起的，而来电/去电关机则多数为射频功率放大器不良所致。自动关机故障的检修流程如图5-55所示。

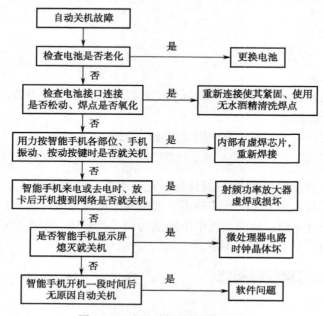

图5-55　自动关机故障检修流程

3．开关机异常故障案例

（1）三星W999手机进水不开机。用电流表加电测量，电流大说明手机主板短路，拆机查看主板下半部分发霉比较严重，清洗后主板依然短路，调低电压用手触摸主板进水部分零件C599和ZD500明显发热，拆除后手机正常开机。

（2）三星i9003手机不开机。测试主板发热部分，有时候用手可以摸到发烫的电容。如果不可以发现的话，用上松香雾的办法，加电时间30 min左右，仔细观察可以发现发烫电容。更换或者清除发烫电容，开机手机正常。

（3）三星i8160手机不开机。开机电流为120 mA左右，测试时会抖动，确定是主板问题，检测后发现充电接口里面有导电异物塞住，清洗后开机，测试一切正常。

（4）三星S6352手机不开机。观察充电接口发现较多尘土，发黑。更换充电接口后无效果，故障依然，后经检测发现IC（U401）损坏，更换后手机正常。

5.3.2　充电不良故障检修

1．充电过热故障

当插上充电器后，智能手机电池部位的温度通常在0～45 ℃之间，若智能手机电池部位的温度超过45 ℃，属于充电过热故障。充电正常但过热，通常是手机电池老化、充电电流过大、轻微短路等问题所致。充电过热故障的检修流程如图5-56所示。

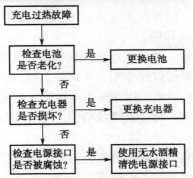

图 5-56 充电过热故障检修流程

2．不充电故障

插上充电器后，智能手机无充电提示，屏幕中的电池格无动作，手机其他功能正常，仅不能充电。此故障多数为电池老化、充电电路不良、充电器损坏、电源接口脏污等所致。不充电故障检修流程如图 5-57 所示。

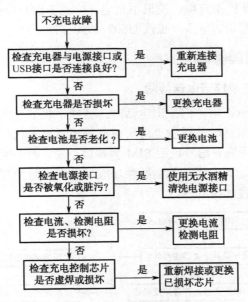

图 5-57 不充电故障检修流程

3．充电不良故障案例

（1）三星 i9100 手机不充电。更换尾插板无效，仔细观察发现主板 IC（U504）边上有腐蚀迹象，清洗无效，更换 U504 故障排除。

（2）三星 i9100 手机不充电。更换过尾插板，依然不充电，后再更换传感器组件，问题解决。注：传感器能引起多个问题，比如开机显示电池符号。

（3）三星 i9220 手机显示充电，但是充不上。软件升级无效，更换电池无效，后查看电路分析，更换 U607 故障排除。

（4）三星 i9300 手机不充电。此手机为进液机，清洗主板后仍不能充电，充电接口有轻微腐蚀，更换后故障还是存在，检查发现电容 C565 无 5 V 供电（维修手册上面此处正常为 5 V），更换 U502 后，测试故障排除。

（5）三星 S6358 手机不充电。关机充电显示叹号，开机充电能显示充电，但不能充满。更换尾插后还是同样故障。根据维修线路图，怀疑是 U402 问题，更换试机，故障排除。

6）三星 i9105P 手机不能充满电。用线充充电试机，能显示充电，但是发现电量越来越少，更换尾插后再试，还是不充。查看维修线路图，发现 U202 处于断开状态，取下更换后试机，电量增长了。

（7）三星 N8000 手机不充电。一开始充电就很难，到后来完全不显示充电。确定用户的充电器是否原配，查看充电接口有没有受潮或有杂物，可更换充电接口是否正常。测量主板上的 C512，C508 有没有 4.7 V 电压，此机 C508 只有 2.8 V，属于不正常，更换 U505 后测量有 4.7 V，充电正常。

（8）三星 N7100 手机浸液不充电。此手机为进液机，清洗主板后仍不能充电，充电接口有轻微腐蚀，更换后故障仍存在，再检查发现电容 C562 无 5 V 供电（维修手册此处正常为 5 V），更换 U502 后，测试故障排除。

（9）三星 N719 手机开机不充电，关机不充电。检测更换充电接口小板，故障未能排除。查看维修手册电容 C647 无 5 V 电压，更换 U602 故障排除。

5.3.3 网络不良故障检修

1．有信号、不能拨打或接听电话故障

智能手机的信号格显示正常，但拨出电话时，智能手机显示"网络无应答"或"呼叫失败"等字样；当对方打入电话时，提示"您所拨打的电话已关机"或"您所拨打的电话暂时无法接通"等语音提示。手机有信号说明 SIM 卡接口正常，而不能拨打或接听电话则说明射频电路中的相关元件不良，如天线开关、射频功放、射频信号处理芯片等。有信号、不能拨打或接听电话故障检修流程如图 5-58 所示。

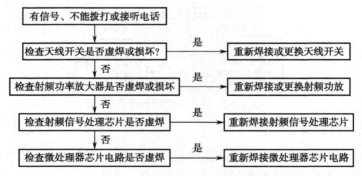

图 5-58 有信号、不能拨打或接听电话故障检修流程

2．无信号故障

智能手机的基站信号强度正常，但智能手机显示屏显示"无信号"或"无网络"字样，且无信号塔标志，不能接收手机基站信号。此故障现象通常是射频接收电路不良所致，如 SIM 卡卡座、天线接口、天线开关、射频电源管理芯片、射频功放、射频信号处理等。无信号故

障检修流程如图 5-59 所示。

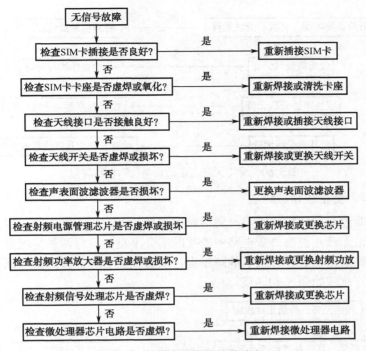

图 5-59　无信号故障检修流程

3. 网络不良故障案例

（1）三星 S7562 手机对某个电话打不出去。检测手机没有什么异常，随意地进入 *#*#4636#*#* 查看"手机信息"，看到"切换 DNS"项后边为"not allowed"，因为之前遇到过这种情况无法上网的手机，所以就将其更改为"allowed"，试机后故障排除。

（2）三星 i939D 手机无 3G 上网信号。重新做软件后不解决问题，拆机后发现 3G 功放烧了个洞，更换后故障排除。

（3）三星 S5830 开机后屏幕显示无服务。确定为主板电路故障，进一步测量发现是 U200 旁路的一个旁路电容 C210 短路，更换后试机故障排除。

（4）三星 i9100 无基带文件。由于之前维修过此类问题，都是主板硬盘故障，更换主板后，待机测试 2 天后出现了同样的故障。检测后发现，不安装送话前板就有基带文件，说明送话前板有问题，更换送话前板后故障排除。

5.3.4　受话/送话不良故障检修

1. 受话无音、送话正常故障

智能手机在非静音模式的状态下，听筒（扬声器或耳机）无音，不能听到对方的声音，但送话正常，对方可以听到发射出去的信号。受话无音，说明语音电路中的接收部分不良，应对三种情况分别进行测试，即听筒接听、扬声器接听和耳机接听，这样可缩小故障范围，从而找出引起故障的具体部位。受话无音、送话正常故障检修流程如图 5-60 所示。

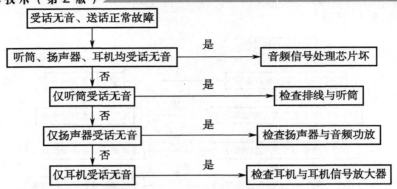

图 5-60　受话无音、送话正常故障检修流程

2．送话无音、受话正常故障

智能手机在非静音模式的状态下，通话时不送话，对方听不到声音，但受话正常，能听到对方声音。送话无音，说明语音电路中的发射部分不良，应对两种情况分别进行测试，即主话筒送话和耳机送话，这样可缩小故障范围，从而找出引起故障的具体部位。送话无音、受话正常故障检修流程如图 5-61 所示。

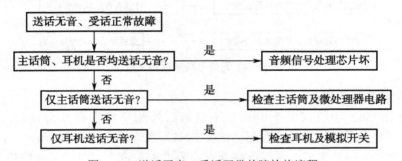

图 5-61　送话无音、受话正常故障检修流程

3．受话/送话故障案例

（1）三星 i869 手机有时没有声音。此手机送修几次，用户称手机音乐或打电话时都会没声音。经检查确实有问题存在，软件更新最版本仍未解决，拆机查看主板良好，用万用表按音量下键测量正常，测量 C513 不正常，更换后测试正常。

（2）三星 i9100G 手机听筒无声。软件升级并更换听筒组件后故障依然存在，检查扬声器正常，根据维修原理图，加焊音频 U607，听筒出声了，但是音质不好，最后更换试机，声音正常。

（3）三星 i9100 手机不送话。接机后先进行了软件升级，未能解决。拆机后未发现有明显的浸液现象，于是更换了送话器组件，依然不能送话。仔细观察主板，最后发现 U602 一侧的电容 C621 两侧腐蚀发黑，取下更换再试机，故障排除。

（4）三星 i9220 手机听筒无声、免提有声。一开始更换耳机组件无效，仔细检查主板发现 R228 有虚焊的现象，重新加焊后测试，听筒声音正常。

（5）三星 S6108 手机送话有回音，与新手机对比发现，面壳的送话胶套没有。更换面壳，故障排除。

（6）三星 i9300/i9308 手机送话声音小。两种情况下手机送话声音小，正常打电话没有声音，对着麦克风说话声音很小，排除送话器问题后，发现电容 C645 脱焊导致，重焊之后正常。

（7）三星 i9300 手机不送话。拆机未见外摔及浸液现象，软件升级并更换送话器后，故障未排除，查图后发现送话与 U600 芯片有关系，加焊此芯片后试机，有送话了但是有杂音，更换后再试机，故障排除。

（8）三星 i9308 手机扬声器无声。更换扬声器故障无法排除，查看主板有电容击穿导致扬声器无声，更换后故障排除。

（9）三星 N7100 手机听筒、扬声器均无声。最初以为是耳机接口问题，更换后故障依然存在。怀疑是主板问题，经检测 U601 虚焊，重焊后故障解决。

（10）三星 W999 手机不送话。此手机浸液，清洗后仍不送话。检查后发现 R219、R218 浸液严重腐蚀，更换后开机送话正常。

（11）三星 i9100G 手机插耳机无效。更换耳机接口组件依然无反应；仔细检查接口座附件元器件无异常。查电路，发现 U603 为耳机控制芯片，找良品主板测量数据对比后确认 U603 不良，更换后试机正常。

（12）三星 s5830 手机听筒无声，打电话不黑屏，传感器失效。打电话不黑屏多数是客户装第三方软件引起的，软件升级后不行，更换听筒不行，更换充电接口，拆去耳机座不行，确定主板问题。仔细观察主板，参考维修手册，发现音频保护电路元件 ZD504 有烧毁的坏点，更换后正常。

（13）三星 i9100 手机三无，无听筒声音，无铃声，无送话。排除软件问题，排除耳机座、充电接口问题，确定是主板问题，仔细看维修手册电路图，发现全部声音受控于音频 IC（U602），更换后正常。

（14）三星 s5830 手机耳机一边无声。首先更换耳机座无效后，更换充电接口还是一样，仔细观察主板，参考维修手册，对比发现电感 L506 断开，更换后正常。

（15）三星 i9300 手机无铃声。加电电流为 10～20 mA，拆机检查主板，发现主板有受潮痕迹，清洗烘干后，可以开机，但是机器无铃声。检查主板音控电路，U605 为音控芯片，加焊后耗电和声音的故障排除。

5.3.5　显示不良故障检修

1. 屏幕无显示故障

智能手机能够开机，拨打或接听电话也正常，但屏幕黑屏，不能显示任何信息。此故障现象说明射频电路、电源及充电电路、语音电路、微处理器电路正常，主要是显示屏接口排线、显示屏本身、屏显供电电路损坏引起。屏幕无显示故障检修流程如图 5-62 所示。

2. 显示不良故障案例

（1）三星 i699 手机黑屏。更换显示屏后故障依然存在，仔细观察后发现是液晶屏的背光灯不亮，检查主板发现 U600 损坏。

（2）三星 i9108 手机黑屏。进水清洗后试机无效，液晶屏是好的，检查 U701 损坏，更换后故障排除。

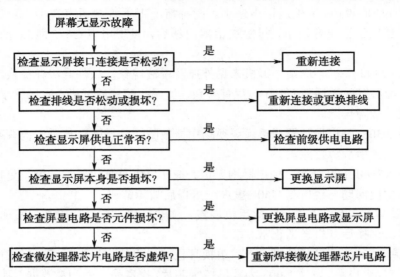

图 5-62 屏幕无显示故障检修流程

（3）三星 i9220 手机经常无显示。更换显示屏有时无显示，确定主板故障，吹焊 U504 故障排除，虚焊造成经常无显示。

（4）三星 i9300 手机黑屏。用户反应进液，开机黑屏。更换 U707 后故障排除。

（5）三星 i9308 手机开机屏幕不显示。拆机检测手机内部无人为现象，更换显示屏后故障依旧。测量主板上无显示供电电压，更换 U706 后故障排除。

（6）三星 S5830i 手机黑屏。更换感应灯还是没有排除，软件升级还是那样。通过图纸分析，判断出电源芯片有 1 个引脚给显示屏供电，于是加焊电源芯片后测试，故障排除。

（7）三星 N7108 手机黑屏。检查主板 LCD 接口 HDC702 芯片，测量第②、④、⑥脚无 -4.0 V 电压，第⑩脚无 7.7 V 电压。以上供电由 U704 提供，测量 U704 输入①、⑫脚有 4.0 V 电压，判断 U704 损坏，更换 U704 后一切正常。

（8）三星 i779 手机黑屏后不能唤醒。此手机进液，清洁主板后开机显示正常，但每次黑屏后就不能再点亮显示屏，经仔细检查发现显示接口 12 脚 lcd_ncs_f 信号断线，进行飞线处理，开机测试故障消除。

（9）三星 i699 手机开机黑屏，无灯光，耗电大。手触主板感觉温度较高，经查背光灯控制芯片（U603）损坏，更换后正常。

（10）三星 i8552 手机开机有时花屏。手机经常花屏后会自动重启，手机拿着正常使用没有问题，但稍微用力放在桌面上或拍一拍就会花屏。更换电池还是一样，拆机检查主板良好，换显示屏后故障一样，但装显示屏时感觉高低不平衡，单看前壳有一些弯曲现象，于是更换前壳后测试一切正常。分析：由于前壳弯曲导致主板和显示屏背面挤压下会接触短路，所以出现花屏后自动重启。

（11）三星 i9300 手机开机花屏。首先经查看确定手机显示屏无人为损坏，拆机更换新的显示屏故障依然存在，确定主板问题。查看电路图，测量 C549 电压为 3.3 V 正常，测量 C735 电压为 2.2 V 正常，说明 VCC 供电正常。测量 C713 和 C712 都无电压，说明 ELVDD 供电有问题，ELVDD 电压是 U706 输出，更换 U706 后开机显示正常。

5.3.6 部分功能失常故障检修

1. 触摸不准故障

1）故障分析

通过触摸显示屏上的相关图标，不能准确地进入相应功能界面，而触摸图标的某侧却能进入相应界面。此故障多数是触摸屏组件不良引起，如触摸屏损坏、屏显电路中存在故障元件等。触摸不准故障检修流程如图 5-63 所示。

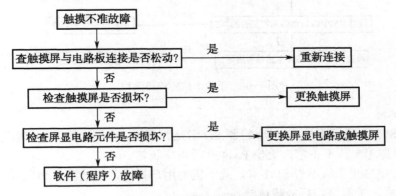

图 5-63 触摸不准故障检修流程

2）故障案例

（1）三星 i9100 手机触摸失灵。用户送修反映机身摔过后触摸屏失灵，换 LCD 后故障无法排除，加焊 U804 故障解决。

（2）三星 i9220 手机触摸失灵。换新屏后不能解决问题，确定为主板问题。查找电路，首先检查触摸供电管 U508，亮屏状态下测量 U508⑤脚电压为正常 2.8 V，而⑥脚只有 1.9 V 左右，显然明显偏低于正常 3.3 V。更换 U508 后测试 3.3 V 输出正常，装机试机正常。

（3）三星 S5380D 手机触摸屏乱跳。更换触摸屏后故障依旧，测量触摸屏接口引脚供电电压，发现其中一脚比正常电压偏低，只有 1.0 V，正常在 1.8 V，于是按照图纸分析，对触摸接口附件的线路和电压芯片进行更换加焊，加电发现故障排除，可是再等主板冷却后，故障再次恢复。于是再对触摸线路进行测量，发现保护电容 C709 对地阻值偏低，接近短路，更换后故障排除。

（4）三星 i9100G 手机触屏失灵。更换新屏后故障依旧，确定主板问题，经测试 U806 虚焊，加焊后故障排除，过几天故障又重现。更换 U806 后故障再未出现。

2. 不检卡故障

1）故障分析

智能手机开机后，提示"请插入 SIM 卡""没有 SIM 卡"或"SIM 卡错误"等字样，重新插入 SIM 卡后，手机仍无法检测到 SIM 卡。不能识别 SIM 卡，多数为 SIM 卡接口电路中存在故障元件，可能是由 SIM 本身、SIM 卡卡座、SIM 卡接口电路供电等不良引起的。不检卡故障检修流程如图 5-64 所示。

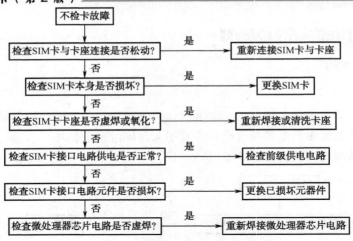

图 5-64　不检卡故障检修流程

2）故障案例

（1）三星 S7562 手机不检 SD 卡。检测 SD 卡是否正常，检测主板 SD 卡槽有无断针现象。检测 SD700 管脚④电压不正常，更换 PM400 后电压正常。

（2）三星 S5830I 手机不检 SIM 卡。此手机为用户摔过，经过测量为主板与 SIM 卡座的两个角断线造成。重新接线后故障排除。

（3）三星 i8530 手机不检卡。检查卡座正常，测量卡座的对地阻值时发现 SIM_CLK 对地导通了。更换晶振 2801-004551 后故障排除。

（4）三星 i5508 手机不检 SIM 卡。首先确认 SIM 卡卡座焊接没有问题，然后测量 SIM 卡卡座管脚又没有输入电压，与好的主板对比测量，在 C450 处应该有 VREG_USIM_3.0 V，而此机没有，怀疑是不是控制管虚焊引起，然后重新焊接 Q400 后，果然故障排除。

（5）三星 W799 手机进液不检卡。现象为进液不检双卡，开机测量 SIM 卡卡座无电流反应。尝试加焊电源无效。进一步用万用表测量 C712、C720、C711 电压等异常，更换 U702 故障解决。

（6）三星 S5820 手机不检内存卡。排除软件问题，可能是内存卡或内存卡座问题，仔细分析维修手册，发现电阻 R500 无穷大，更换正常。

3．照相故障

主要检查：CAM 相关供电、数据时钟、图像处理器、时钟信号等。案例如下：

（1）三星 i9228 手机前摄像头不照相。i9228 前摄像头不照相，更换前摄像头后故障还是存在，测试主板对比发现电容 C507 无电压，正常应该有 1.5 V 电压，更换 U502 后电压正常，测试前摄像头故障排除。

（2）三星 W899 手机照相花屏。拆机检测未发现有浸液。更换主板、PX、LCD 板后故障依旧。整理思路，照相数据连接应该和副摄像头有关联，订购小摄像头更换，故障排除。

（3）三星 i8150 手机开闪光灯拍照关机。拍照时候只要开闪光灯，手机就会关机。通过测量发现主板上各路信号都正常。于是用替代法更换主板、摄像头、LCD 等，最终发现是电池问题，更换电池后故障排除。

（4）三星 i9108 手机照相故障花屏现象。经排查为一个三极管故障造成。补焊重置后故障排除。

知识梳理与总结

智能手机是一种高档电子产品，智能手机有故障时需要维修，社会需要智能手机维修人员。项目 5 的学习，主要是为学生毕业后能够从事智能手机维修工作打下一个基础。

要学好智能手机维修技术，应了解智能手机的结构与原理，这由任务 5-1 来完成，主要内容有：移动通信的概念及发展历程，智能手机软件与硬件、智能手机工作原理。

要学好智能手机维修技术，必须能熟练地拆装智能手机。由于智能手机的体积小、结构紧凑，不正确的拆装方法很容易损坏智能手机。智能手机的拆装是一项细致的工作，应对学生进行一次智能手机拆装实训，一方面让学生了解智能手机拆装方法与技巧，另一方面让学生增加对智能手机硬件系统的感性认知。智能手机拆装由任务 5-2 来完成，并以三星 Galaxy S6 智能手机为例介绍拆装方法与技巧。

任务 5-3 是智能手机的故障检修，主要介绍了智能手机开关机异常、充电不良、网络不良、送话/受话不良、显示不良、部分功能失常共六个方面的故障分析、故障检修流程及故障案例。

思考与练习 5

1. 什么是蜂窝移动通信？

2. 什么是多址技术？什么是码分多址技术？

3. 什么是 4G 数字移动通信？

4. 什么是智能手机？有何特点？

5. 目前智能手机的操作系统主要有哪些？

6. 智能手机由哪些硬件组成？

7. 智能手机显示屏与电脑显示屏相比较，有何特点？

8. 什么是 TP 屏？有哪两种主要类型？

9. 智能手机由哪些单元电路组成？

10. 智能手机的主电路板中通常有哪些接口？

11. 智能手机电路中的射频电路模块与语音电路模块有什么区别？

12. 拆装智能手机，为什么要戴防静电手套？

13. 在拆装智能手机的过程中，玻璃吸盘和窗口压紧夹具有什么用处？

14. 智能手机开关机异常故障通常怎样检修？

15. 智能手机充电不良故障通常怎样检修？

16. 智能手机网络不良故障通常怎样检修？

17. 智能手机受话/送话不良故障通常怎样检修？

18. 智能手机显示不良故障通常怎样检修？

项目 6
笔记本电脑维修技术

学习导航

　　随着计算机技术的普及，笔记本电脑以其轻巧、便于携带等特点，越来越受到人们的青睐。随着笔记本电脑社会拥有量的增大，维修问题日益突出。由于笔记本电脑属于高科技电子产品，维修人员了解其工作原理是维修工作的基础。本项目将介绍笔记本电脑的结构、拆装方法以及常见故障的维修方法。

　　本项目有 3 个任务：任务 6-1 是笔记本电脑拆装，任务 6-2 是硬件板卡级维修，任务 6-3 是硬件芯片级维修。

学习目标	最终目标	能对笔记本电脑进行板卡级维修	
	促成目标	1．了解笔记本电脑基本原理；	2．熟悉笔记本电脑电路组成；
		3．能正确拆装笔记本电脑；	4．能更换笔记本电脑的板卡；
		5．能检修笔记本电脑板级故障	
教师引导	知识引导	笔记本电脑结构；笔记本电脑电路组成与原理；笔记本电脑故障分析；笔记本电脑拆装技巧；笔记本电脑板卡级故障检测技巧	
	技能引导	笔记本电脑板卡级维修离不开拆装技巧、板卡故障的检测及更换，要求学生在教师示范后再进行操作。芯片级维修要求高，供选学	
	重点把握	笔记本电脑拆装技巧、板卡更换	
	建议学时	12 学时	

任务 6-1 笔记本电脑拆装

维修笔记本电脑，必须先拆开笔记本电脑。由于笔记本电脑体积小、结构紧凑、并且多数采用塑料外壳，所以不正确的拆卸方法很容易损坏笔记本电脑外壳。拆卸笔记本电脑是维修人员的一项基本功，这项功夫本来很简单，但在实际维修过程中经常会出现各种预料之外的问题，有时会造成重大损失，增加不必要的麻烦，耽误大量时间，因此要特别谨慎。

学习目标

最终目标：能拆装笔记本电脑。
促成目标：（1）了解笔记本电脑的组成；
          （2）熟悉笔记本电脑的基本原理；
          （5）能拆装笔记本电脑。

活动设计

活动内容：先由教师进行笔记本电脑拆装示范，然后学生按一定规范及顺序拆装笔记本电脑。将如图 6-1 所示的 IBM T30 笔记本电脑拆卸成图 6-2 所示，再将图 6-2 所示的 IBM T30 笔记本电脑散件装配成图 6-1 所示，且能正常工作。

图 6-1 拆卸前的 IBM T30 笔记本电脑　　　图 6-2 拆卸后的 IBM T30 笔记本电脑

工具准备：IBM T30 笔记本电脑，拆装工具。
时间安排：90 分钟。
评分标准：满分为 100 分，其中拆卸占 60%，装配占 30%，装配后能工作占 10%。
扣分标准：①在拆装过程中，每犯 1 次拆装错误扣 5 分；②每超时 1 分钟扣 1 分；③每要求教师提示 1 次扣 5 分；④拆装过程中人为损坏笔记本电脑扣 20 分。

相关知识

完成笔记本电脑拆装工作任务的相关知识有：笔记本电脑的组成及各部件功能，笔记本电脑拆装注意事项（拆装工具、拆卸顺序、拆装注意事项），IBM T30 笔记本电脑拆装技巧。

6.1.1 笔记本电脑的组成

笔记本电脑更新换代的速度非常快，各部件的制造技术不断推陈出新，但外部结构基本相同，主要包括液晶显示屏与主机两大部分。笔记本电脑是一个高度集成的电子设备，内部结构比较复杂，主机内部包括了主板、硬盘、内存条、光驱、软驱、网卡、声卡、Modem 卡、各种芯片与接口等。

1．外壳

笔记本电脑外壳主要起到保护和固定的作用，同时起到美观效果。笔记本电脑外壳有塑料外壳（ABS 工程塑料、聚碳酸酯、碳纤维）和金属外壳（铝镁合金、钛合金）两大类。塑料外壳成本低、重量轻、但机械性能差，容易损坏。金属外壳机械性能好，易散热，不易损坏，但成本高。

笔记本电脑从上到下分为 A、B、C、D 壳（顶面是 A，屏幕面是 B，键盘面是 C，底面是 D），在维修中，更换 A、B 壳时需要更换屏轴，A、B 壳与 C、D 壳之间在拆装时有隐藏螺丝。

2．液晶屏与显示卡

液晶屏用于显示用户执行的指令是否执行以及执行的结果。液晶屏是笔记本电脑上最贵、最大的部件。液晶屏的分辨率一般是 1 024 点×768 行的 XGA 显示模式，液晶屏尺寸通常为 15in 左右，宽高比一般为 4:3，也可做成 16:9 宽屏形式。

显示卡简称显卡，有集成显卡和独立显卡之分，集成显卡是指将显卡集成到主板上；独立显卡是指显卡独立于主板，通过接口与主板相连。

3．主板

笔记本电脑主板（IBM T30）实物图如图 6-3 所示。

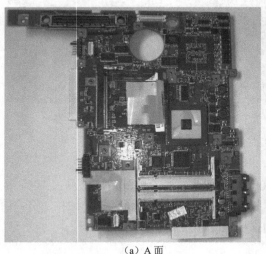

（a）A 面　　　　　　　　　　　　　　　　（b）B 面

图 6-3　笔记本电脑主板

主板是笔记本电脑的核心部分。主板起主要作用的是 CPU、北桥和南桥，它们是主板的三大核心元件。其中 CPU 相当于董事长；北桥相当于总经理；南桥相当于经理。三者密切配合工作。另外，I/O 芯片、键盘芯片等相当于科员；硬盘、光驱、键盘和网卡等相当于员工，它们负责完成具体工作。也可以把 CPU 比喻为人的大脑；各芯片比喻为人的器官；总线比喻

为人的神经，由此可见，各芯片及总线的作用和关系十分密切。

1）主板电路框图

主板电路框图如图 6-4 所示。由图可知，CPU 通过北桥和南桥形成 FSB 总线、AGP 总线、PCI 总线和存储器总线，用来控制着主板各个设备，同时与各个设备交换数据。很明显，CPU 直接管理北桥、北桥管理内存和显卡，并与内存和显卡交换数据；南桥管理硬盘、光驱、声卡和 USB 接口等，并处理和这些设备数据交换；键盘芯片负责管理键盘、触摸板等；I/O 芯片负责管理低速设备，并和它们进行数据交换。

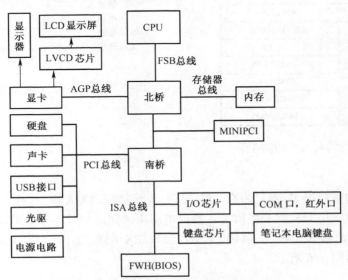

图 6-4　笔记本电脑主板电路结构框图

2）CPU 工作电路框图

CPU 是主板第一核心元件，CPU 工作电路的作用是保证 CPU 正常工作，控制高速设备及数据交换。CPU 工作电路以 CPU 为核心，充电器选择电路、核电源电路、热冷却（散热）电路、电池组、时钟信号和复位信号均为 CPU 工作创造工作条件，接口电路、视频电路、音频电路、存储器、无线上网和北桥与 CPU 进行数据交换，如图 6-5 所示。

3）主板芯片及芯片组

笔记本电脑主板型号是根据北桥的芯片组命名的。我们通常说 845 板，用的北桥就是 Intel 845 的芯片组。4 系列的笔记本电脑主板型号命名如表 6-1 所示；8 系列的笔记本电脑主板型号命名如表 6-2 所示。

4）键盘芯片

笔记本电脑常用的键盘芯片有三菱和日立系列。三菱键盘芯片有 M38867、M38869、M38857 等，日立键盘芯片有 H83437、H821497、H82169、H8S/2161BV 等。

5）I/O 芯片

笔记本电脑常用 I/O 芯片有 PC97338、PC97392、SMSC、PC87951、FDC57N869、

表 6-1　4 系列的笔记本电脑主板型号命名

北桥	82443BX
	82443ZX
	82443mX 集成 NS
南桥	82371EB
	82801MB

表 6-2　8 系列的笔记本电脑主板型号命名

北桥	82815M
	82830mP/MZ
	845GM
	855GM
	915GM
南桥	82801CAM
	82801DBM

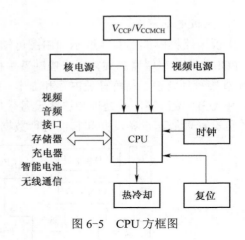

图 6-5　CPU 方框图

LPC47N267、PC87393、PC87570 等。

4．接口

笔记本电脑的接口很多，常见的有 USB 接口、光驱接口、VGA 接口、打印机接口、PCMCIA 接口、红外线接口、声卡和网卡接口等。接口电路用来完成与外部设备的数据交换，该电路以 I/O 芯片为核心，包括 RS-232 串口、USB 接口、RS-485、智能卡和 PCMCIA 键盘接口电路等。连接关系如图 6-6 所示。

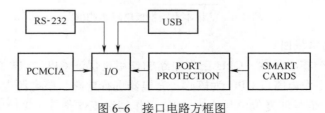

图 6-6　接口电路方框图

5．硬盘

硬盘是笔记本电脑的重要部件之一，硬盘是利用特定磁料子的极性记录数据。为协调硬盘与主机在数据传输处理速率上的差异，硬盘中设置一个存储缓冲区。

笔记本电脑硬盘的价格很高，早期容量一般为 40～80 GB，目前容量一般为 160 GB～4 T。硬盘转速主要有 4 200 r/min、5 400 r/min 和 7 200 r/min 三种。由于笔记本电脑经常需要移动，甚至户外使用，因此要求硬盘有较强的防振动能力。

硬盘接口有电源与数据两个接口，其中电源接口与主机电源相连，为硬盘提供电力；数据接口则是硬盘与主板控制器之间数据传输的纽带。

6．光驱

光驱的主要作用是安装操作系统及应用软件。除此之外，光驱通常还能读取 DVD、VCD、CD、MP3 等格式的文件。对于轻薄型笔记本电脑，为减小体积，采用光驱外置方式。

7．电池与电源适配器

笔记本电脑在移动办公时，其动力源是电池。目前笔记本电脑都使用锂离子电池，是锂电池的替代产品。锂离子电池具有容量大、体积小、质量轻、无环境污染、能安全快速充电等优点。另外还有镍镉电池、镍氢电池及燃料电池等。

笔记本电脑在办公室中使用时，一般由电源适配器提供动力源。电源适配器是一个高品质的开关电源，输出直流电压为 12～19 V，消耗功率一般可达 35～90 W，触摸电源适配器会有烫手的感觉。

8．几种"鼠标"

笔记本电脑的"鼠标"主要用于操作和控制电脑的设备，主要包括触摸板、指点杆、触摸屏及轨迹球等。

触摸板是一种在平滑的触控板上，利用手指的滑动操作来移动游标的输入装置，是目前最为广泛使用的笔记本电脑鼠标。

指点杆是一个小按钮，位于键盘的 G、B、H 三键之间，在空白键下方还有两个大按钮。小按钮能够感应手指推力的大小与方向，由此来控制鼠标的移动轨迹，而大按钮相当于鼠标的左右键。指点杆适用于抖动环境下的工作。

触摸屏是指用配套的笔直接在液晶屏上操控电脑。触摸屏在笔记本电脑中还比较少见，目前只有 IBM 的一款笔记本电脑采用触摸屏。

轨迹球主要用于老式笔记本电脑。用手滚动轨迹球，光标会跟着移动。

6.1.2 笔记本电脑拆装顺序与注意事项

1．拆装工具

笔记本电脑常用的拆机工具有螺丝刀、镊子、钳子等。

（1）准备各种直径的十字螺丝刀，或者多用螺钉接头的螺丝刀。螺丝刀最好用带有磁性的，避免螺钉掉入笔记本电脑内部和散落到其他地方。

（2）准备两把镊子。一把尖的镊子，一把纯的镊子。尖镊子用于夹取细小的部件或狭小空间内的部件。

（3）部分机型在拆卸时需要用内六角的螺丝刀，最好能购买成套的六角螺丝刀，这样使用比较方便。

（4）准备斜口钳、尖嘴钳和钢丝钳等夹取工具。

（5）准备螺丝盒。用于盛放螺钉，防止螺钉丢失；在拆卸的时候，特别要注意各个部位采用哪种螺钉，便于安装时对号入座。

（6）准备多只大小不同的胶盒，用于盛放拆卸后的部件。对于初学者，最好一部分采用一个胶盒，例如外壳用一个胶盒，主板上的部件用一个胶盒，显示部分用一个胶盒，避免安装时出错。

2．拆卸顺序

笔记本电脑应按以下顺序拆卸。

（1）拆卸笔记本电脑的外部连接：笔记本电脑在拆卸前先关闭电源，如 AC 适配器、电源线、PC 卡及其他电缆等。因为在关机前的情况下，电源还会给一些电路和设备供电，同时静电也会通过网线传入笔记本电脑，直接拆卸可能会损坏一些脆弱元件。

（2）拆卸笔记本电脑的外设：首先要拆卸的是笔记本电脑的电池，电池只有锁扣，没有螺钉。由于笔记本电脑电池在不开机的状态下也会对主板上某些电路供电，使主板处于待机状态，因此在拆卸过程中应该特别注意，避免在拆卸过程中引起供电短路、损坏电池（甚至是电池爆炸），甚至烧损主板。在拆去电源线与电池后，打开电源开机键，等其自行关闭，以释放掉内部直流电路的电量。

（3）拆卸光驱、硬盘、软驱：通常只要拆掉光驱和硬盘上的几颗固定螺钉就可以了，注意不要损坏连线或插件、插座；部分机型的光驱和硬盘在打开笔记本电脑的外壳后才能拆下。

（4）拆卸键盘：拆笔记本电脑分为前拆和后拆两类。前拆的笔记本电脑键盘是靠压条压住的，只要把压条拆下就能取下键盘；后拆是指部分键盘通过笔记本电脑后面的固定螺钉固定。拆开后整个机器就便于拆卸了。取下键盘的时候注意键盘与主板是通过一条线与主板上的一个接口相连，接口处有卡子，小心损坏卡子。要是这个卡子损坏了，键盘与主板的连线就无法固定，就需要用热枪来固定。

（5）拆卸显示屏：首先拆卸显示屏的屏框，然后拆卸高压板，最后拆卸液晶显示屏。拆卸时需要特别注意以下三点：①不要划伤显示屏的屏幕，更不要损坏显示屏；②显示屏的连线十分细小，容易折断，又不容易购买，请参照"连线的拆卸方法"；③高压的连线尽量不要靠近金属的屏框，以免发生高压放电。

3. 拆装注意事项

（1）防止电力损坏：维修人员应配戴相应防静电器具，如静电环的防静电绝缘塑料垫等。如果没有这些设备，至少释放一下人体静电，如用手摸一下自来水管。笔记本电脑内部有电池，即使关机后，电池也要向笔记本电脑的某些部位供电，因此拆机前要取下电池。

（2）不要损坏螺丝帽：笔记本电脑上的螺丝帽有梅花型和内六角型两种，在拆机时要根据螺丝的大小和种类选择合适的螺丝刀，以免损伤螺丝帽，导致螺钉无法拆下。如果有滑了丝的，可以用斜口钳夹住，然后慢慢旋出。

（3）注意隐藏的螺钉：有的机器电池下面有螺钉，有的机器在光驱上面有螺钉，很多机器在标签下面也有螺钉，还有一些螺钉是用胶泥密封了的。可以用手指试压，探出是否有螺丝孔或螺钉。只要把所有螺钉都拆下，外壳就很容易取下来。如果拆卸困难，往往是由于螺钉没有被拆卸完，切记不能强行用力撬开笔记本电脑的外壳，这样会造成笔记本电脑外壳损坏。机器的 CD 壳之间除了螺钉固定外，还有卡子，在拆的时候找到卡子地方轻轻扳开就行，太用力易损坏卡子。

（4）注意螺钉的长短和种类：在装配时要注意螺钉的长短、粗细的螺丝帽的种类，螺丝帽有平头或圆头两种。当元件的上部还有部件的时候需要特别注意，也可以在拆卸的时候用记号笔做一定的标记。比如，IBM 和东芝的笔记本电脑部分机器都有明显的长度标识。对于没有标识的机器，当不能确定采用螺丝的长度的时候，在拧紧螺钉的时候就一定要注意，以免螺钉过长损害外壳或电路板以及电路板上的元件，这样受损的笔记本电脑很难修复。特殊的螺钉需要特别注意安装位置。

（5）外壳拆装注意事项：由于笔记本电脑很多部件采用塑料，所以拆卸这些部件时用力

一定要适度，为可以用力过式。有些外壳采用锁扣方式，一定要小心，可用大拇指指甲轻轻拨开，切忌用金属工具撬开，这样会留下痕迹。

（6）零件的存放：将拆卸的大件放在一个塑料盒内，小件放在另一个塑料盒内，不要大小件混装，避免小件掉入大件内。拆卸各类电缆（排线）时，不要直接拉拽，而要明确其插口是如何吻合的，解除吻合装置，握住其端口（切忌握住线拉拽）缓慢向外左右移动拉出，用力不要太大。不要压迫、振动硬盘，硬盘要单独放置。

（7）记住拆卸顺序：在拆机时要记住拆机顺序，尽量每拆一个元件，反复看几次，按顺序放好，以保证安装时能按相反的顺序装回。对于不熟悉的机器，最好拍照，以免在装机的时候装不完整，特别是初学者更有必要拍照。另外，在拆机的时候螺钉也要按长度、按顺序放置。

（8）安装注意事项：在安装的时候先要把几个元件放在一起，以确保位置正确才开始上螺钉固定，以免最后返工。安装电缆（排线）时，手拿线头插入插槽内，有固定部件的先要安装好固定件；对螺钉、弹簧等要对号入座，当拧螺钉感觉比较紧时，要检查螺钉是否长了或粗了。当拧螺钉感觉特别松的时候，要检查螺钉是否短了或细了；螺钉和卡子严禁掉入笔记本电脑内，避免引起其他故障；安装过程和拆卸过程是一个相反的过程。硬盘和光驱要尽量放在最后安装。安装内部的每个元件都要到位。特别是音箱线、无线网卡线和鼠标线等，都要记得插上，以免在全部装好后，发现没有装完，这样又要拆一次机。最后，在安装完以后，检查是否有遗漏的元件（螺钉与配件），摇晃一下机器，检查是否有螺钉掉入机器内部。机器内部是否固定好，安装完全正确之后再安装电池，然后开机观察机器能否正常工作。

6.1.3 IBM T30 笔记本电脑拆卸

笔记本电脑的拆装是一项十分细致的工作。下面以 IBM T30 为例介绍笔记本电脑的具体拆卸过程。

1. 电池拆卸

IBM T30 笔记本电脑的电池拆卸方法如图 6-7 所示。

（1）右手将电池固定卡子向右拉。

（2）左手将电池轻轻向上取出。

2. 光盘驱动器的拆卸方法

IBM T30 笔记本电脑光盘驱动器的拆卸方法如图 6-8 所示。

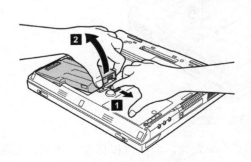

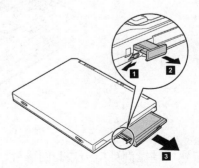

图 6-7　电池的拆卸方法　　　　　图 6-8　光盘驱动器的拆卸方法

（1）将锁定的卡子向外拨，这时将弹出一个拉杆。

（2）将拉杆轻轻向外拉，就可以拉动光盘驱动器。

（3）用手将光盘驱动器取出来。

3．硬盘的拆卸方法

（1）首先拆掉固定螺钉，如图 6-9 所示。

（2）然后用双手的大拇指顶住硬盘连在一起的塑料盖，移出硬盘，如图 6-10 所示。

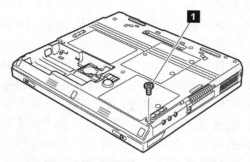

图 6-9　硬盘的拆卸方法（一）

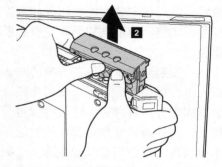

图 6-10　硬盘的拆卸方法（二）

4．拆卸防震气垫

（1）防震气垫一般不用拆卸。在拆卸的时候，用"一"字小螺丝刀从带有圆点的缝隙处轻轻地插入，注意不要损坏塑料气垫，如图 6-11 所示。

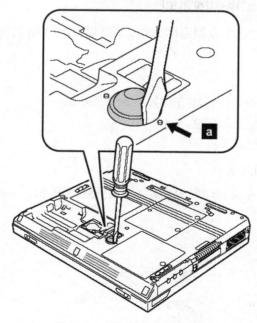

图 6-11　拆卸防震气垫（一）

（2）然后稍微向外用力撬起防震气垫，幅度不能太大，否则将损坏塑料挂钩，如图 6-12 所示。

（3）安装防震气垫的时候需要将挂钩沿着里面的"槽"压下去，就在"圆点"的旁边，如图 6-13 所示。

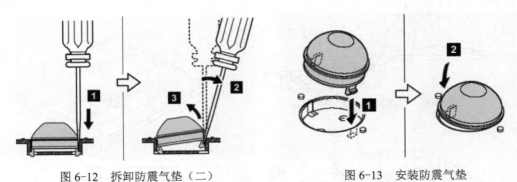

图 6-12　拆卸防震气垫（二）　　　　图 6-13　安装防震气垫

5. 拆卸 CMOS 电池

拆卸 CMOS 电池如图 6-14 所示。

（1）首先拆卸固定 CMOS 电池的螺钉。

（2）然后轻轻左右移动 CMOS 电池组件，向上抬起 CMOS 电池组件（靠电池这边）。

（3）用弯头镊子取下连接插头（不要拉断连线），这样就可以取出组件。

如图 6-15 所示是 CMOS 电池组件。当 CMOS 电池的电量不足时，可以更换该组件，也可以单独更换 CMOS 电池。

6. 拆卸内存

（1）内存外面有一张金属盖，首先旋松金属盖上的螺钉（此螺钉是不能退出来的）。

（2）然后在螺钉处向外轻轻用力拉，就可以拆掉该金属盖，露出内存条，如图 6-16 所示。

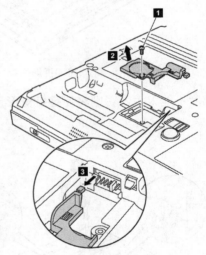

图 6-14　拆卸 CMOS 电池

（3）IBM T30 有两条内存插槽，原装机子配有一条内存，向外用力搬开固定内存的卡子。

（4）内存会自动弹起来，然后向外取出内存，如图 6-17 所示。

7. 拆卸 PCI 卡

PCI 卡的拆卸方法和内存的拆卸方法相类似，如果是无线网卡，上面连接两根天线连线，必须先拆下这两根天线连线才能拆卸外壳，否则可能拉断这两根天线的连线。

8. 拆卸键盘

（1）拆卸键盘需要特别小心，容易使键盘变形或连接线损坏。首先拆卸背盖上的两颗键盘螺钉，在这两颗螺钉旁边有两个小箭头，如图 6-18 所示。

（2）然后轻轻用力取出键盘，有时比较紧，可用削尖的充值卡等塑料卡片将键盘挑起，

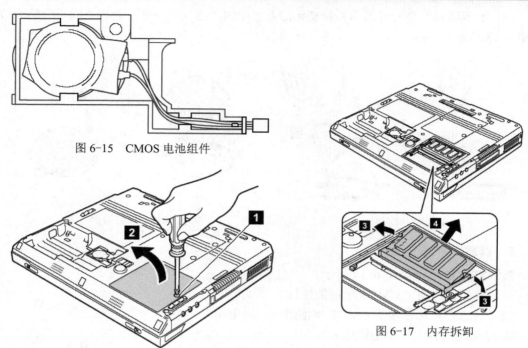

图 6-15　CMOS 电池组件

图 6-16　拆卸内存

图 6-17　内存拆卸

幅度不能太大，否则将使键盘变形，如图 6-19 所示。

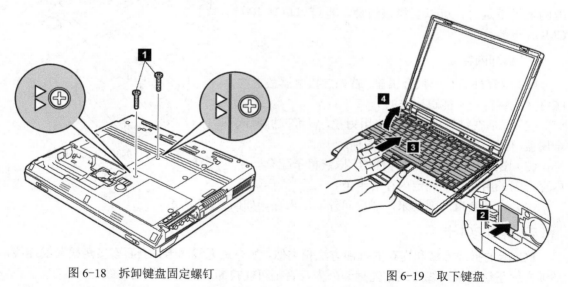

图 6-18　拆卸键盘固定螺钉

图 6-19　取下键盘

（3）取下键盘与主板的连线后，就可以移出键盘了，如图 6-20 所示。

9. CPU 风扇拆卸

CPU 风扇拆卸如图 6-21 所示。

（1）首先取下 CPU 风扇上的 3 颗螺钉。

图 6-20 取下键盘与主板的连线

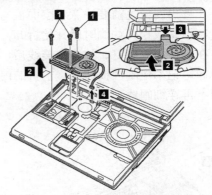

图 6-21 CPU 风扇拆卸方法

（2）取出 CPU 风扇，拔出风扇电源插头。

应检查一下 CPU 上的硅脂是否干涸，安装时先清除已经干涸的硅脂，再在 CPU 芯片上涂上薄薄的一层硅脂，硅脂太厚和太薄都不利于散热。

10．拆卸面板

笔记本电脑面板的拆卸难度最大，稍有不慎将会损坏面板，而且很多机型没有单独的面板出售，只能购买全套笔记本电脑外壳。一套 P3 的笔记本电脑外壳售价接近于一台旧的 P3 笔记本电脑，如果人为损坏外壳，损失会比较大。

（1）首先拆卸笔记本电脑底板上的"1"号螺钉，如图 6-22 所示。

（2）有的"2"号螺钉外面贴有不干胶，请仔细观察，在不清楚具体需要拆卸哪些螺钉的情况下，最好拆掉底板上所有的螺钉，同时注意螺钉的长短和粗细，避免安装的时候出错。

（3）然后拆卸面板上的螺钉，有些螺钉比较隐蔽，拆卸的时候应特别注意，如图 6-23 所示中的"5"号螺钉。有些面板上有连线，首先要拆除这些连线，IBM T30 面板上的螺钉分布如图 6-23 所示。

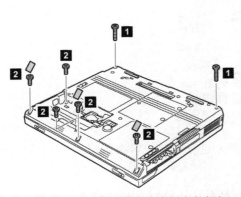

图 6-22 拆卸笔记本电脑底板上的螺钉

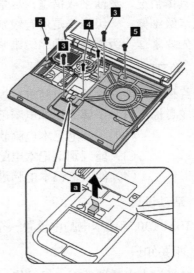

图 6-23 拆卸面板上的螺钉

（4）在移出面板之前要注意观察面板与底板之间是否有挂钩，如图 6-24 所示。不少初学者在没有拆卸或松开挂钩时就开始拆卸，容易造成面板损坏。

（5）在拆除所有螺钉、挂钩和连线后，就可以拆除面板了，如图 6-25 所示。

在拆卸笔记本电脑面板之后，主机的内部结构一目了然，主机的其他部件拆卸就很简单了，这里不再详细阐述。

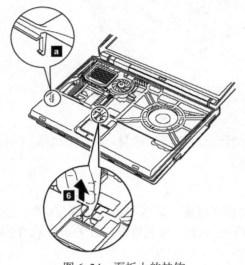

图 6-24　面板上的挂钩

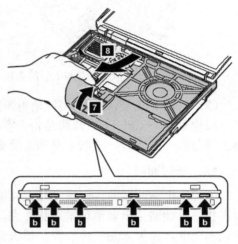

图 6-25　拆卸面板

任务 6-2　硬件板卡级维修

笔记本电脑常见故障分为软件故障和硬件故障。硬件故障维修又分为板卡级（一级）、芯片级（二级）、线路级（三级）故障维修。在具体维修过程中，需要准确判断故障部位，并根据具体情况，灵活采取措施，尽量降低维修成本。首先想到的是芯片级维修，不得已才采用板卡级维修。一级维修是所有级别维修的基础，二级维修是三级维修的基础。在学习过程中首先要掌握一级维修，为二级维修创造条件，需要进行三级维修的电脑很少。

1．学习目标

最终目标：能对笔记本电脑进行板卡级维修。

促成目标：（1）了解笔记本电脑硬件故障；

　　　　　　（2）了解笔记本电脑软件故障；

　　　　　　（3）能判别笔记本电脑部件质量；

　　　　　　（4）能对笔记本电脑进行板卡级维修。

2．活动设计

在 IBM T30 笔记本电脑中设置一个人为故障，进行一次板卡级维修。

3．相关知识

完成笔记本电脑硬件板卡级维修，需要了解笔记本电脑硬件故障特点及类型，熟悉笔记

本电脑故障检修步骤，并重点掌握笔记本电脑板卡损坏的检测判别方法与技巧。

6.2.1　硬件故障

硬盘、主板、显卡和显示屏都是硬件，而对应的操作系统和应用软件、主板 BIOS、显卡 BIOS 和显示屏控制程序等都是软件。BIOS 既是硬件又是软件。硬件和软件密不可分，硬件是软件工作的物质基础和条件，硬件作用的发挥需要软件的支持，用户通过软件操作硬件，使硬件完成相应的工作，它们的工作关系是：

用户→应用软件→操作系统→硬件设备→完成任务

没有软件支持，硬件就成了"废铁"，可以想象，一台只有硬件设备而没有软件的电脑没有任何作用。

1. 硬件及硬件故障特点

笔记本电脑中硬件就是指主板、硬盘、光驱和屏，它是实体，看得见摸得着。硬件设备损坏导致的故障称为硬件故障。这一般是因为电路损坏或接口电路损坏造成的，如主板上电路出现问题造成不加电，接口电路损坏造成光驱不能工作，这些都属于硬件故障。主板故障在维修技术中是要求最高的，必须对笔记本电脑主板上的电路和接口上电路非常清楚，知道它的工作原理，才能动手维修。芯片级电脑维修人员大部分是对硬件进行维修。

笔记本电脑主板上的元件众多、电路复杂，所以故障率高，且故障现象多种多样，发生故障的原因可能是设计上造成的，也可能是用户使用或者环境造成的，主板故障分布也十分分散，维修人员需要经过系统培训后才能进行维修。

2. 常见硬件故障类型

笔记本电脑的故障大体可以分为以下几类。

（1）不开机：也叫"不触发"故障，指不能加电，即按下开机键，笔记本电脑没有任何开机现象，如电源指示灯和硬盘指示灯不亮，CPU 风扇也不转，就如同没有按下开机键一样。这种故障多数是开机电路出现故障，也可能是与开机有关的其他电路出现问题。

（2）开机不亮：也叫"黑屏"故障，按下开机键的时候，电源指示灯和硬盘指示灯亮了，CPU 风扇也转动，也能正常关机，但显示器不显示。这是最常见的电脑故障，主要是主板、CPU、内存或显示部分出现故障，而主板的每一部分均可能造成"黑屏"故障。

（3）"死机"：这种故障是指用户在使用过程中，经常性"死机"或"蓝屏"，这可能是硬件的原因也可能是软件的原因。

（4）不能"自举"：这类故障不能引导系统，一般是系统文件或硬盘出现故障，需要重装系统或更换硬盘。

（5）液晶显示屏故障：当背光系统、图像系统和显示屏出现故障时会出现无光栅、光栅暗淡、缺色、偏色和图像模糊等。

3. 利用自检程序检修硬件故障

笔记本电脑的 BIOS 内都有自我检测和诊断的 POST 程序，在开机后电脑需要检查系统各个主要部分的配置以及是否能正常工作。如果检查出某个部件出现错误，系统就显示对应的错误信息或发出报警声，提示故障的性质和位置。仔细观察和记录错误信息，查阅错误代码含义，维修人员就可以初步判断故障部位，进行笔记本电脑诊断及检修工作。

笔记本电脑开机后的检查顺序如下：

（1）首先检查 CPU 和它的寄存器，再检查 CMOS 的启动信息，然后对 CMOS ROM 进行全面检查。

（2）设置 RAM 中的第一个 4 KB 空间，再检查相关系统并对其初始化，然后对基本和扩展系统内存进行全面检测。

（3）检查键盘、硬盘驱动、软盘驱动器和 I/O 接口。所有测试都必须顺利通过，系统加载操作系统，POST 程序将控制权交给操作系统，由操作系统完成后续启动工作。

若在 POST 自检过程中发现错误，电脑则会通过报警或屏幕显示提示相应错误，维修人员以此判断故障部位。对于专业维修人员，采用笔记本电脑专用诊断卡测试，根据代码可以准确判断故障部位。

6.2.2 软件故障

软件故障是指软件所造成的故障。软件就是指程序，它不是实体。电脑软件出现故障时，需要对其刷新或重新安装，软件维修主要应用于硬盘和 BIOS 故障，最常见的软件故障维修方式就是重装系统，也是最低级的软件维修。其他的维修方式有分区、格式化硬盘、修复坏道等。当 BIOS 软件有故障时，一般采取刷新和更新 BIOS 程序等方法来排除故障。

软件故障现象有：应用软件无法运行、死机、蓝屏、非法操作、自动重启、无法上网等。

1. 操作系统故障

操作系统故障是指 Windows 98、Windows 2000 或 Windows XP 等系统崩溃，或中了病毒，这样的故障重新安装系统就可以排除，操作系统故障表现为如下特点。

（1）操作系统速度慢：这是由于文件破坏、感染病毒，注册表臃肿或临时文件太大等原因造成。

（2）死机：死机可能是硬件原因，也可能是软件原因，这时要重新安装系统，如果安装系统后故障仍然不能排除，说明是硬件故障。

（3）不能正常关机和休眠死机：均可能是高级电源管理电路出现故障或操作系统出现故障所致。

操作系统故障解决的最佳办法就是重装系统。

2. 驱动程序类故障

因为驱动安装错误造成不能进入系统、重启或死机，以及某个硬件不能使用等都是驱动程序类故障。

（1）显示驱动程序不正常。在"显示属性"的"设置"中，"颜色质量"最高只有 4 位，字体明显增大，只有重新安装正确的显卡驱动程序，当然显卡故障也可能造成无法正常安装驱动程序。

（2）声卡驱动程序不正常。找不到音频设备或音频设备前面的问号"？"。在音频设备里面无"音频控制器"，说明是硬件故障；如果音频设备前面有一个"？"，说明是驱动程序安装错误，或者没有安装驱动程序。

（3）MODEM 或 LAN 不能工作。表现为找不到网络适配器或网络适配器前面的问号"？"。在网络适配器里面无"网卡型号"，说明是硬件故障；如果设备前面有一个"？"，说

明是驱动程序安装错误，或者没有安装驱动程序。

（4）其他硬件因为没有加载驱动或驱动程序加载不正确而出现的故障现象，如打印机和摄像头等。

笔记本电脑的驱动程序大多数到官方网站都能下载，但并不像台式机那么容易安装。特别是 IBM 的笔记本电脑，在安装完成后，会在 C 盘生成一个 DRIVE 文件，在这个文件夹里会有三个文件夹（Windows 98、Windows 2000、Windows XP），根据安装的系统，打开对应的文件夹就行了。

3．应用程序类故障

应用程序类故障经常造成系统蓝屏、死机、运行速度很慢、不能正常关机等。主要原因是病毒和杀毒软件冲突，这时最好重新安装系统和杀毒软件（安装后还要对杀毒软件和操作系统升级），然后对硬盘全盘杀毒，再安装其他的应用软件。对于特殊的病毒，需要用"专杀工具"，可以在网上查找和下载。

软件故障是笔记本电脑维修中最简单的，一般从事系统维护的技术员都能做，本项目不做详细说明。

6.2.3 板卡级维修

一级维修也称板卡级维修，板卡级维修就是检测具体某个板、卡部件是否损坏，如主板、电源、显示器等。维修时采用的方法主要通过简单替换、调试操作定位故障部件或设备，之后更换部件和设备，排除故障。这种维修技术要求不高，能懂一些简单的原理和按照一定的操作规范进行维修就可以，但这样做的成本较高，要求备用的部件和设备较多。对于现有的配件，直接更换后经过简单的调试就可以修好，维修周期短，但缺配件的机器，维修周期就很长，有些机型无法购买到配件时，就无法维修。目前很多笔记本电脑厂商的维修站都是板卡级维修，用户的笔记本电脑主板坏了，直接换主板，然后将主板返回工厂，由工厂帮助维修，这样有利于提高维修效率。

板卡级维修是芯片级维修的基础，在未完成芯片级维修或某些部件无法维修的情况下，可以采取板卡级维修。下面介绍笔记本电脑常见故障的排除（板卡级）方法。

1．加电时电源指示灯不亮

加电后电源指示灯不亮故障，是指按开机键之后屏幕无任何反应，一般是电源适配器、电池、主板电源管理芯片、主板开机电路故障。通过测量先排除电源适配器或电池故障，然后更换主板。检修的板卡级方法如图 6-26 所示。

2．硬启动失败检修

笔记本电脑不能硬启动表现为不能开机，但电源指示灯亮，说明电源适配器、电池及主板供电电路正常，此时不开机原因可能是开机键、主板损坏。先更换键盘或短路一下开机键，仍不能硬启动，则更换主板。检修的板卡级方法如图 6-27 所示。

3．软启动失败检修

软启动表现为电源的指示灯亮，但自检不能通过，LCD 也无法显示，外接显示器也不能点亮。软启动失败检修的板卡级方法如图 6-28 所示，可通过更换内存、更换 CPU、更换键

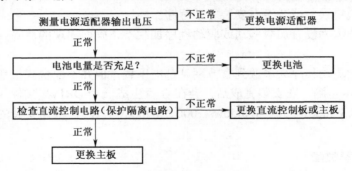

图 6-26　加电后，电源指示灯不亮的检修的板卡级方法

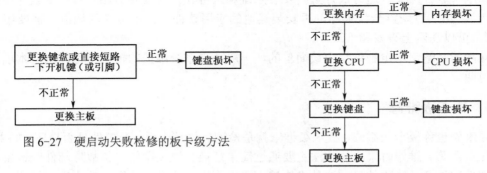

图 6-27　硬启动失败检修的板卡级方法

图 6-28　软启动失败检修的板卡级方法

盘或更换主板来排除故障。

4. 显示图像不清晰

此故障涉及的部件较多，对于维修经验丰富的技术人员，比较容易判断故障部位。维修时主要要认清故障现象，若外接显示器仍不正常，应更换主板；若亮度不正常造成图像不清楚，则可能是显示器背光系统出故障；花屏可能是主板显卡出故障；缺色可能是成像系统出故障。检修的板卡级方法如图 6-29 所示。

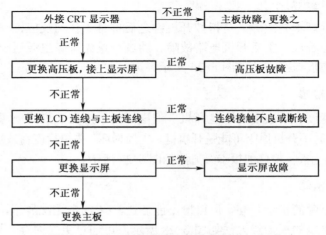

图 6-29　显示图像不清晰检修的板卡级方法

5．不显示故障

此故障是指笔记本电脑的硬启动和软启动完成，但屏幕无显示。硬启动和软启动是否完成可以根据电流大小和诊断卡代码来确定，不显示类故障检修可根据有光无图、有图无光、无图无光来判别故障部位，其板卡级方法如图6-30所示。

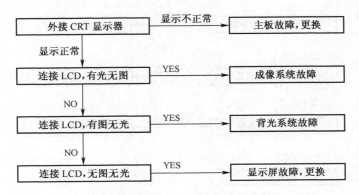

图6-30　不显示类故障检修的板卡级方法

6．触摸板故障

触摸板故障检修的板卡级方法如图6-31所示。

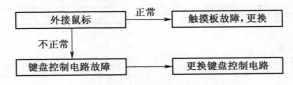

图6-31　触摸板故障检修的板卡级方法

7．串口故障

串口也叫做串行接口，串行接口的数据和控制信息是一位接一位地传送出去的。虽然这样速度慢一些，但传送距离较并行接口更长，因此若要进行较长距离的通信时，应使用串行接口。串口一般用来连接鼠标等，串口故障检修的板卡级方法如图6-32所示。

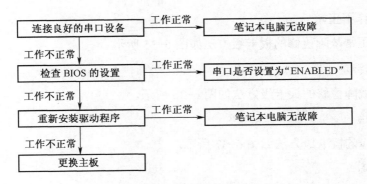

图6-32　串口故障检修的板卡级方法

8. 并口故障

并口又称为并行接口。目前，并行接口主要作为打印机端口，采用的是 25 针 D 形接头。所谓并行是指 8 位数据同时通过并行线进行传送，这样数据传送速度大大提高，但并行传送的线路长度受到限制，因为长度增加，干扰就会增加，数据也就容易出错。并口故障检修的板卡级方法如图 6-33 所示。

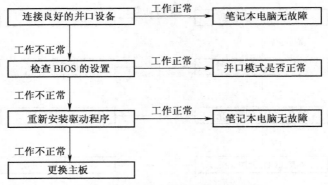

图 6-33　并口故障检修的板卡级方法

9. USB 口不工作

USB 口故障检修的板卡级方法如图 6-34 所示。

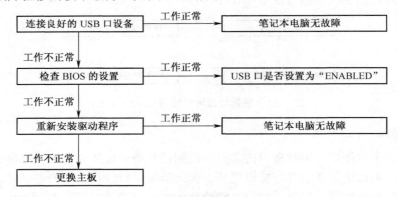

图 6-34　USB 口故障检修的板卡级方法

10. 声卡工作不正常

声卡工作不正常故障检修的板卡级方法如图 6-35 所示。

11. 风扇不转动

风扇不转动故障检修的板卡级方法如图 6-36 所示。

12. 键盘故障

键盘故障检修的板卡级方法如图 6-37 所示。

13. 硬盘故障

硬盘故障现象有：启动时屏幕提示为正常、异常死机、频繁出现蓝屏、无法识别硬盘。

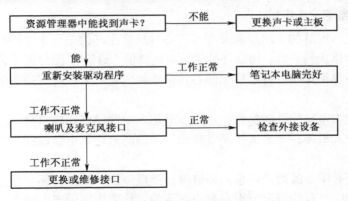

图 6-35　声卡工作不正常故障检修的板卡级方法

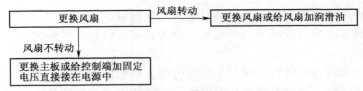

图 6-36　风扇不转动故障检修的板卡级方法

图 6-37　键盘故障检修的板卡级方法

硬盘故障原因有：坏道、无供电、分区表丢失、接口电路故障、磁头芯片损坏、电动机驱动芯片损坏、其他部件损坏。

14．光驱故障

光驱故障现象有：光驱挑盘、无光驱盘符、打不开光驱仓门、光驱指示灯不亮、光驱不读盘等。光驱故障原因有：光驱与主板接触不良、驱动程序丢失可损坏、激光头脏或老化、传动带打滑、电动机烧坏等。光驱的激光头功率可以调整，激光头脏可以清洗，驱动程序可重新安装，最后就是更换光驱。

15．内存故障

内存故障现象有：死机、开机无显示报警、系统自动进入安全模式、出现内存容量不足提示等。内存故障原因有：CMOS 是内存参数设置不正确、内存条插槽接触不良、内存与主板不兼容、内存芯片质量不佳、内存损坏。维修时，一般需要更换内存条。

6.2.4　笔记本电脑维修步骤

笔记本电脑维修原则是：先调查后熟悉，先机外后机内，先机械后电气，先软件后硬件，先清洁后检修，先电源后机器，先通病后特殊，先外围后内部。笔记本电脑维修步骤：

外部观察→内部观察→确定故障类型→确定故障部位→排除故障

1. 从外部观察笔记本电脑

（1）观察笔记本电脑的生产厂家及型号，各种厂家生产的笔记本电脑有着不同的特点。对于经验丰富的维修人员，他们知道各种笔记本电脑的"通病"，配件的价格和能否有配件替换。如有些厂家的屏很难买；有些厂家的芯片很难买或资料欠缺；有的电池价格很高或难以购买。

（2）确定笔记本电脑的性能参数。这对于笔记本电脑维修比较重要，笔记本电脑的维修费用和材料均比台式机高。一台破损严重和比较陈旧的笔记本电脑送到你手上的时候，应先估计维修费用。

（3）观察是否有明显的故障现象，如破屏、键盘进水、接口损坏和外壳损坏等，有些外观损坏用户是知道的，有些情况下用户是不知道的，均应告诉用户，或者在签收单上注明，避免不必要纠纷。

（4）检查用户所带来的部件，如包装、电源适配器等。

（5）检查笔记本电脑电源部分的外部部件是否正确。特别是机外的一些开关，插座有无断路、短路现象等。

（6）检查笔记本电脑的螺钉，确定是否经过他人维修，便于进行故障诊断。

（7）检查软件环境。除标准软件及设置外，还包括用户加装的其他应用与配置。电脑的软件配置：BIOS 的种类、版本；当能够启动系统时，要注意观察电脑使用的是哪一种操作系统，其上又安装了何种应用软件，特别是杀毒软件；硬件的驱动程序版本以及是否正确等，这对维修死机或工作不稳定的笔记本电脑十分重要。

（8）询问客户故障发生时间，是否经常发生此类故障，是人为或自然引起的故障。

（9）询问硬盘是否有异常响声，是否存有重要数据等。

根据掌握的情况判断故障部位，判断是软件故障还是硬件故障，以及维修的成本，维修的难度和修复的可能性。掌握了以上情况后采取相应的维修方法。

2. 观察笔记本电脑内部情况

主要观察采用了哪些设备和是否有明显故障，观察笔记本电脑使用的配置，连线是否松动、是否有明显的损坏痕迹。特别要注意用户使用的硬件环境和周围环境。

（1）硬件环境。硬件环境包括机器内的清洁度、温湿度，部件上的跳接线设置、颜色、形状，用户加装的与机器相连的其他设备等一切与机器运行有关的其他硬件设施。

（2）周围环境。周围环境是指电源环境、其他高功能电器、磁场状况、网络硬件环境、温湿度、环境的洁净程度。

（3）装配检测。笔记本电脑的装配具有特殊性，因此在检修时一定要注意机器的装配是否正确。

（4）异常现象。异常现象有烧焦味、假焊、脱焊、连线断、电路板断裂、被别人修过。

（5）通电检查。通电后检查散热风扇是否旋转，元件的温度是否过高。

（6）除尘、清洗、烘干。对于污染严重的笔记本电脑，维修前需要除尘、清洗、烘干，被视为板级维修"三步曲"，在芯片级维修中仍然经常采用。

3. 确定故障类型

系统不能启动或不能工作时，应该首先检查软件是否损坏，排除软件的故障。例如，BIOS

设置不当，机器染上病毒、程序被破坏等。当确定软件完全正常，再从硬件方面着手检查。

例如，电脑不能启动系统，可以重新安装系统，或者换用一只能启动系统的硬盘，看能否启动系统，先从软件方面排除故障。

再如电脑频繁死机，可能是软件的故障（系统文件损坏、病毒），也可能是硬件的故障，先检查软件，后检查硬件。

当有些软件不便于工作更新时，应该先从硬件着手，例如电脑"黑屏"，可能是 BIOS 文件，也可能是硬件问题，由于重写 BIOS 涉及很具体的问题，一般先检查它的硬件设备。

4．确定故障部位

明确故障现象后，根据故障现象，借助相应工具，根据主板的结构，准确判断故障部位。在维修过程中一定要思路清晰、逻辑严谨、推理正确、避免走弯路。在具体检修时，首先确定是哪个设备的问题，是硬盘、主板还是电源的问题；然后确定设备的故障部位，如主板的电源电路、时钟电路或 I/O 电路；最后确定是哪个元件的问题。

"黑屏"故障可以根据喇叭报警声或诊断卡代码来判断故障部位。例如，代码"C1"表示内存插槽或内存本身有故障。"死机"故障可以根据死机后电脑显示的代码分析，再反复试验，观察电脑在什么情况下死机，进行综合分析、判断故障部位。"自举"故障可以根据屏幕提示判断。

如果对于所观察到的现象，判断故障部位有一定难度，尽可能先查阅相关的技术资料。如主板的类型、方框图或电路图，看有无相应的技术要求、使用特点等，然后根据查阅到的资料，再着手维修，切忌乱拆乱焊。例如，键盘不工作，在排除键盘本身连接的电阻、电容元件、保险电阻损坏之后，就应该考虑芯片损坏，I/O 芯片集成在南桥里面的就应该考虑更换南桥，若是单独的 I/O 芯片，就应该考虑更换 I/O 芯片。

5．排除故障

在出现故障时，有时可能会看到不止一个现象，应该先判断、维修简单的故障。当修复后，再检修复杂的故障。有时简单的故障维修好之后，复杂故障也就明显了，更有甚者复杂的故障现象就消失了。

一个元件损坏可能表现出多个故障现象，如内存接触不良，可能使电脑不能启动，也可能使电脑死机。

任务 6-3　硬件芯片级维修

芯片级维修也称二级维修。芯片级维修就是利用万用表、电烙铁以及示波器等专用工具，检测某个电子元件或芯片是否损坏来修复故障。芯片级维修对维修人员要求较高，要求能分析电路的工作原理，熟练掌握焊接技术。

如笔记本电脑的开机芯片坏了，会导致笔记本电脑不能开机；若充电管理芯片坏了，会导致充不了电；若声卡芯片坏了，会导致没有声音；笔记本电脑上有 CPU 供电电路某个电容击穿，就会导致供电短路，电压过高时开机有可能烧坏 CPU；笔记本电脑上的南桥部分电路坏了就可能会导致网卡不能用，USB 口不能用，或者不认硬盘等，这时采取的办法不是更换主板，而是利用专业的检测工具，具体找出是哪个电子元件引起的故障，然后换一个新元件来排除故障。

最终目标：能对笔记本电脑进行芯片级维修。

促成目标：（1）了解笔记本电脑各部件的作用；

（2）熟悉常见芯片的型号及功能；

（3）掌握每个电路的工作原理、关键测试点；

（4）熟悉检修流程和易损元件；

（5）明确在开机前、后有哪些电路在工作；

（6）能对笔记本电脑进行芯片级维修。

活动设计

在 IBM T30 笔记本电脑主板电源系统中设置一个人为故障，进行一次芯片级维修。下列操作供选择：

（1）改高压板：能将 OEM 高压板，与任何一种原装高压板任意代换成功。

（2）换液晶屏灯管操作：液晶屏电路板内、外两种灯管放置方式的换装实战练习。

（3）芯片焊接操作：各种密集引脚的芯片焊接技术实战演练。

（4）借助可调电源在不开机下判断出故障类型及部位。

（5）供电电路芯片级检修：保护隔离电路、CPU 供电电路、系统单元供电电路、液晶屏背光电路、电池充电电路。

相关知识

要完成笔记本电脑硬件芯片级维修，必须对笔记本电脑主板电路非常熟悉，即必须熟悉笔记本电脑供电电路、启动电路、时钟电路、显示电路等相关知识。

6.3.1　IBM T30 **供电电路检修**

1. **笔记本电脑供电电路组成**

笔记本电脑供电电路组成如图 6-38 所示。它由电源适配器、保护隔离电路、电池及充电管理电路、待机电路、开机电路、系统单元供电电路、CPU 供电电路等组成。

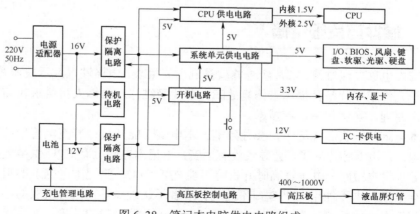

图 6-38　笔记本电脑供电电路组成

电源适配器的作用是将 220 V 交流电变成 15～20 V 直流电。保护隔离电路的作用是防止电池电源窜入电源适配器，当适配器供电正常时，由电源适配器供电，当电源插头没有插上，由电池供电。系统单元电源电路采用开关电源，将 16 V 主供电降为 3.3 V/5 V 或者 1.8 V/2.5 V 的直流电压，提供给主板上的各个单元电路（如插槽、南桥、北桥、时钟电路、显卡及 BIOS 等）。CPU 供电电路也采用开关电源，给 CPU 提供十分稳定的供电电压。高压板控制电路为液晶屏灯管提供 400～1 000 V 交流高压。充电管理电路负责对电池的充电管理，当电池电压下降到一定程度时给电池充电。

2. 适配器供电中的保护隔离电路

适配器供电电路的作用是将电源适配器输出的 15～20 V 直流电，通过控制电路提供给笔记本电脑的系统单元电路、CPU 核心供电电路和电池充电电路等。

IBM T30 适配器供电中的保护隔离电路如图 6-39 所示。交流电源适配器输出的 16 V 电压送到 4 芯插座 J16①、②脚，经熔丝 F2 输出 16VSRC，给待机电路和开机电路等供电。P 沟道 VT34 的导通受开机电路控制，在实际电路中无控制电路，因此无论开机与待机，只要电源适配器输入了电压，V34 将导通，输出 16 V 的 DOCK_PWR16_Q34 电压，经 R210、R211、R213 加到 VT36 源极。

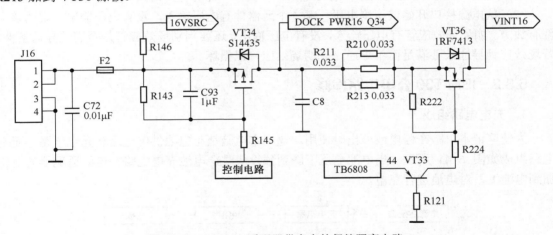

图 6-39　IBM T30 适配器供电中的保护隔离电路

当电源适配器供电时，从 TB6808 的㊹脚输出一个比电源还高的 20.5 V 电压，使 VT33 导通，输出 20.4 V 电压使隔离开关场管 VT36 导通，VT36 漏极输出 VINT16 电压，给系统单元电路、CPU 核心供电电路和充电电路等提供电源。

当电池供电时，VT36 截止，由电池提供约 12 V 的 VINT16 电压。

3. 电池供电中的保护隔离电路

IBM 电池供电中的保护隔离电路如图 6-40 所示。电池输出的 12 V 电压送到 J13①脚，经熔丝 F12 输出 M-BAT-PWR 电压送待机电路（如图 6-45 所示），然后经 N 沟道场效应管 VT8、P 沟道场效应管 VT10，输出 12 V 的 VINT16 电压，给系统单元供电电路、CPU 供电电路和充电电路等提供电源。

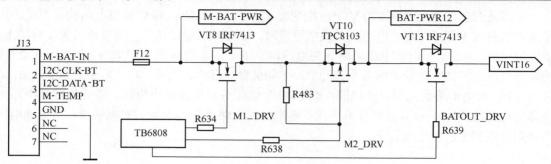

图 6-40　IBM T30 电池供电中的保护隔离电路

BAT-PWR12 是来自充电管理电路的 12 V 充电电压。VT8、VT10 是隔离开关场管，其导通分别受电池供电控制信号 M1_DRV 和 M2_DRV 的控制。M1_DRV 为高电平时 VT8 导通，M2_DRV 为低电平时 VT10 导通。在充电及电池供电状态，VT8、VT10 将导通。

4．故障检修

（1）保护隔离电路一般由保险管、滤波电容、二极管及场效应管组成。首先排除短路故障，用万用表 R×1 挡测量电源接口对地电阻，若为 0，说明有短路故障。

（2）从电源接口开始依次测电压，哪一个元器件有电压输入，没有电压输出，说明该元件有故障。如果场效应管有电压输入，没有电压输出，还要判别场效应管是否满足导通条件，若场效应管导通条件满足而不导通，说明场效应管已损坏。

6.3.2　IBM T30 充电电路检修

1．充电电路组成

为使笔记本电脑在停电或外出时使用，笔记本电脑都有电池供电电路和充电电路。充电电路组成如图 6-41 所示，当电池电压下降到预设值时，电池充电电路将电源适配器的电压加到电池上，对电池进行充电。

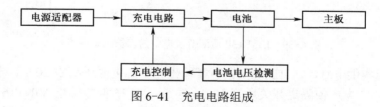

图 6-41　充电电路组成

2．ADP3806 电池充电芯片介绍

ADP3806 是美国模拟器件公司的高频开关式锂离子电池充电集成电路，它将高输出精度电压与精密电流控制功能相结合，提高了恒流恒压（CCCV）充电器的性能。ADP3806 内部框图及引脚如图 6-42 所示。

①脚为供电，②、③脚为过流检测输入，④脚为充电结果输出，⑤脚为电流门限调整，⑥脚为振荡器外接电容，⑦脚为振荡同步与频率选择，⑧脚为 6.0 V 输出，⑨脚为 2.5 V 基准，⑩脚为关闭输入，⑪脚为外部补偿电容，⑫脚为低电流输出，⑬脚接地，⑭、⑮脚为电池电

压检测输入，⑯脚为充电电流大小调置，⑰、⑱脚为电池电压检测输入，⑲脚为地、⑳脚为低端驱动方波输出，㉑脚为7.0V电压输出，㉒脚为高端驱动器供电，㉓脚为高端驱动方波输出，㉔脚为高端驱动器检测输入。

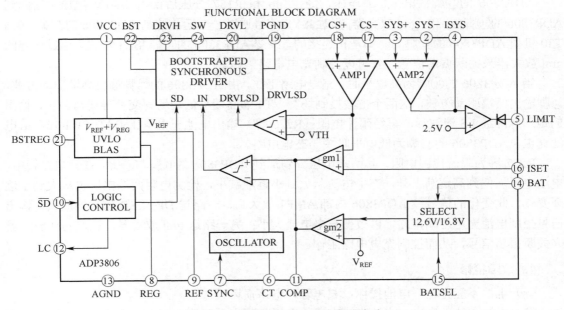

图6-42　ADP3806电池充电集成电路

3. IBM T30充电电路

IBM T30充电电路如图6-43所示。

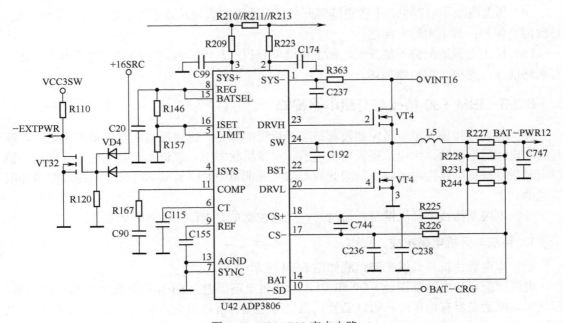

图6-43　IBM T30充电电路

R210、R211、R213 为适配器供电时的整机过流精密取样电阻（如图 6-39 所示），过流取样电压加到 ADP3806 的②、③脚，经内部 AMP2 放大后，作为工作状态 ISYS 信号从④脚输出等相关电路，经处理后，使显示屏显示电池充电状态。

ADP3806 的⑧脚输出 6.0 V 电压，经 R146 和 R157 分压后得到 3.36 V 电压，送回到 ADP3806 的⑯脚内部的 gml 放大器。同时 ISYS 信号通过一个运放控制 ADP3806 的⑤脚。IBM T30 机型 ADP3806 的⑤脚与⑯脚是相连接的，改变 ADP3806 的⑯脚 ISET 电位，通过内部的 gml 放大器来关断振荡信号，就可以控制充电电路工作。

当 ADP3806 的⑩脚为高电平时，充电电路工作，由 ADP3806 的㉓脚输出高端驱动方波，⑳脚输出低端驱动方波，这两个方波控制场管 VT4 的高端与低端场管交替导通与截止，输出的矩形脉冲经 L5 滤波后，再经限流电阻（R227 等）输出电池充电电压 BAT-PWR12，给电池充电。ADP3806 的⑩脚为低电平时关闭充电电路。

R227 等为限流检测电阻，其两端电压分别加到 ADP3806 的⑰脚与⑱脚。在充电过程中，电池电压从低到高逐渐上升，充电电流从大到小逐渐减小，检测电阻两端电压也从大到小逐渐变化，此变化的信号经 ADP3806 内部 AMP1 放大后，一路送 DRVLSD 放大器放大，输出信号控制电池充电驱动电路，以改变充电电流大小；另一路送 gml 放大器，通过 gml 放大器来关断振荡信号，从而控制充电电路工作。

4．故障检修

（1）电池不能充电：电池损坏；充电管理电路损坏。

（2）电池不能充满电：电池充满电后的电压是额定电压的 1.3 倍。场效应管及升压电容损坏；充电芯片内部控制参数错误，或温度检测损坏，或电压检测损坏，需更换芯片。

（3）系统显示的电量与实际电量不符合：芯片内部检测不准确，需更换芯片；更换或检修电池。

（4）插上电池不能开机，不插电池能开机：电池内部有短路或断路；电池接口接触不良，导致南桥保护；放电电路有问题。

（5）插上电源适配器不能开机，插上电池能开机：从保护隔离电路到电源管理芯片之间有断路现象；充电管理电路损坏。

6.3.3　IBM T30 待机与开机电路检修

待机状态是指接上电源适配器没有按下开机键的状态，由电源适配器提供待机电压，没有接上电源适配器时，由电池提供待机电压。在待机状态下，笔记本电脑耗电十分微弱。拔掉电源后，待机电路由电池供电，因此在维修或长期不用时，需要同时拔下电源适配器并取下电池。

开机电路是指按下开机键时，通过开机电路控制单元电路，使其开始工作。

1．待机与开机电路组成

笔记本电脑待机与开机电路组成如图 6-44 所示。

电源适配器和电池分别经 VD2 和 VD4 给待机电路供电。由于电源适配器电压比电池高，因此当电源适配器有电压时，VD4 截止，由电源适配器给待机电路供电；当电源适配器无电压时，VD4 导通，由电池给待机电路供电。

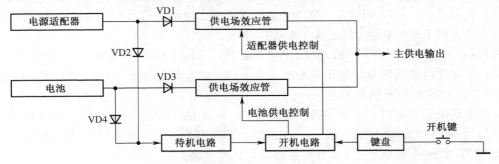

图 6-44　笔记本电脑待机与开机电路组成

当按一下开机键 SW1，开机电路将选择电源适配器或电池中的场效应管导通或截止，有主供电输出。

2. IBM T30 待机供电电路

待机供电电路的作用是：为主板上需要待机的芯片供电，一般为 3.3 V 或 5 V；给开机键提供高电平。

IBM T30 待机电路如图 6-45 所示。此电路有三路电压输入：第一路是电源适配器经隔离二极管 VD10 输入的 VINT16（16 V）电压，第二路是主电池经隔离二极管 VD19 输入的 M-BAT-PWR（12 V）电压，第三路是辅助电池经隔离二极管 VD23 输入的 S-BAT-PWR（12 V）电压。由于电源适配器电压高于电池电压，所以当插上电源适配器时，由电源适配

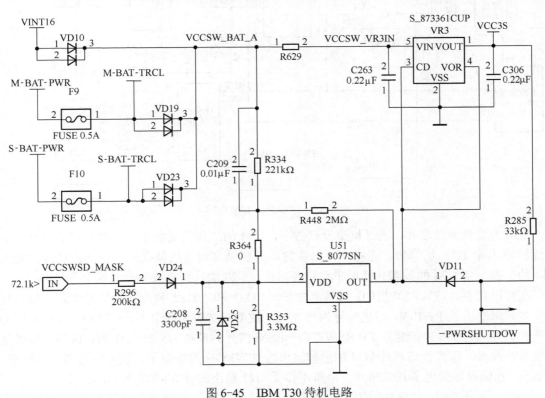

图 6-45　IBM T30 待机电路

器给待机电路供电，此时 VD19、VD23 截止；没有插上电源适配器时，由电池给待机电路供电。供电电压经 R629 加到待机芯片 VR3 的⑤脚。

待机芯片是 VR3，采用 S_87336CUP 集成芯片，实际电路采用 AOH331。不管是开机还是待机，不管是电源适配器供电还是电池供电，VR3 的①脚均输出 3.3 V 电压，即 VCC3SW 为 3.3 V，VCC3SW 为开机触发电压。

当电源适配器供电时，不管是待机还是开机，U51 的①脚均输出 9.9 V，即 VR3 的③脚与④脚均为 9.9 V。此时 VD11 截止，VR3 的①脚输出的 3.3 V 电压经 R285 降为 3 V，即 _PWRSHUTDOW 为高电平 3 V，开启系统单元供电电路。

当采用电池供电，开机时 U51 的①脚也为 9.9 V，与电源适配器供电时相同，_PWRSHUTDOW 为高电平 3 V，开启系统单元电路。待机时 U51 的①脚输出低电平，即 VR3 的③、④脚均为低电平。此时 VD11 导通，拉低 VR3 的①脚输出的 3.3 V 电压，即_PWRSHUTDOW 为低电平，关闭系统单元供电电路，节约电力。

3. IBM T30 开机电路

IBM T30 开机电路如图 6-46 所示。在待机状态，由待机芯片（如图 6-44 所示）产生的 3.3 V 的 VCC3SW 电压，给开机触发电路 U34、电源管理电路 U28 和电子开关 U32 供电。

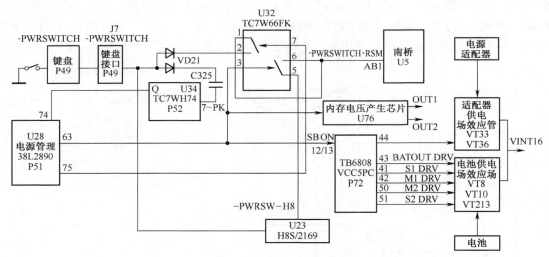

图 6-46　IBM T30 开机电路

U34 为开机触发芯片，若开机键没有按下，U34 的⑦脚为高电平，此时⑤脚输出 0 V 送电源管理芯片 U28 的⑭脚。当按一下开机键，开机键高端电压呈高→低→高的跳变，触发 U34 的⑦脚，使 U34 的⑤脚从低电平跳到高电平，U28 的⑭脚接收到此开机信号。

在待机状态，_PWRSWITCH 保持高电平，VD21 和 VD22 截止。待机时电源管理芯片 U28 的⑮脚输出的 PWRON 开机信号为高电平，使 U32⑦脚为高电平，U32①、②脚内部的电子开关导通，U32①脚输出_PWRSWITCH_RSM 信号到南桥 U5 的 AB1 脚，作为南桥的复位信号。同时，电源管理芯片 U28 的⑥脚输出的+PWRON 为低电平，使 U32③脚为低电平，U32⑤、⑥脚内部的电子开关断开，南桥不接受 U23 输出的_PWRSW_H8 的控制。

当按一下开机键，U28 的⑭脚接收到高电平开机信号后，U28 的⑥脚输出的+PWRON 为

3.3 V 高电平。首先，该高电平使 U32③脚为高电平，U32⑤、⑥脚内部的电子开关闭合，将 U23 的⑲脚输出的高电平_PWRSWITCH_RSM 信号送往南桥 U5 的 AB1 脚，南桥开始工作。其次，该高电平送到内存供电压产生芯片 U76 的 ON1 脚，显卡供电电源管理芯片的 ON1 脚及 U30 的_SD 脚（图中未画出），分别产生内存条供电电压、显卡芯片核心电压及 CPU 核心电压。再次，TB6808 的 SBON 脚接收到高电平开机信号后，TB6808 将从⑪、⑫、⑬、⑳、㉑脚输出电池供电场管控制信号，并从㊹脚输出电源适配器供电场管控制信号。

4. 待机与开机电路故障检修

（1）当待机电路有故障时，则按下开机键后无反应。测开机键引脚电压是否有高电平，待机电路有故障时，开机键引脚无电压。

（2）测待机芯片电压，若有输入电压，无输出电压，则为待机芯片损坏。若没有输入电压，则检查隔离保护二极管。

（3）不开机就是指不加电，开机电路常见故障是开机键损坏、开机芯片损坏、开机键到开机芯片之间的电路损坏。

6.3.4 IBM T30 CPU 供电电路检修

CPU（Central Processing Unit，中央处理器）是笔记本电脑最重要的核心元件，其内部结构由控制单元、运算单元和存储单元三大部分组成。CPU 正常工作时对电流和电压的要求特别苛刻，电路性能不良或不稳定将直接影响电脑的正常工作或运行速度。

CPU 供电单元电路，P3 的 CPU 分内核和外核两路供电（两个核心供电芯片），P4 以上的 CPU 只有一路供电。IBM T30 笔记本电脑采用 P4 CPU，核心电压控制芯片是 ADP3203。

1. ADP3202 的引脚功能

ADP3203 引脚功能如图 6-47 所示。①脚为延迟设置，②脚是 CPU 休眠方式，③脚是电池电压模式，④～⑧脚为 CPU 核心电压识别脚，⑨脚是电池最优化调节，⑩脚为休眠方式控制（低电平有效），⑪脚为休眠方式控制（高电平有效），⑫脚为电源信号输出，⑬脚为总控制信号，⑭脚为保护控制输出，⑮脚为驱动关闭控制输出，⑯脚为软启动，⑰脚为负反馈输入，⑱脚为 D/A 变换输出，⑲脚接地，⑳脚为低端方波输出，㉑脚为高端方波输出，㉒脚为通道 1 电流检测，㉓脚为通道 2 电流检测，㉔脚为 3.3 V 电源，㉕脚负反馈调节输入，㉖脚为基准电压输出，㉗脚为电流限制+，㉘脚为电流限制−。

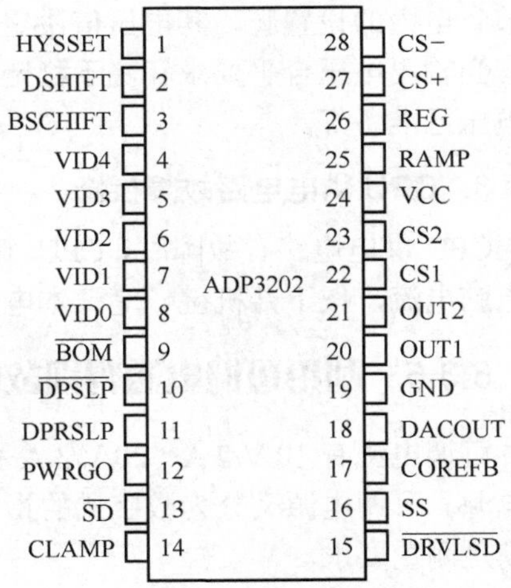

图 6-47 ADP3203 引脚

2. IBM T30 CPU 供电电路

IBM T30 CPU 核心电压供电简化电路如图 6-48 所示，它主要由 ADP3203 芯片及场管驱动电路 ADP3415 组成，这是一个开关稳压电源电路，其主要功能是生成高质量的 CPU 核心电压 VCCCPUCORE。

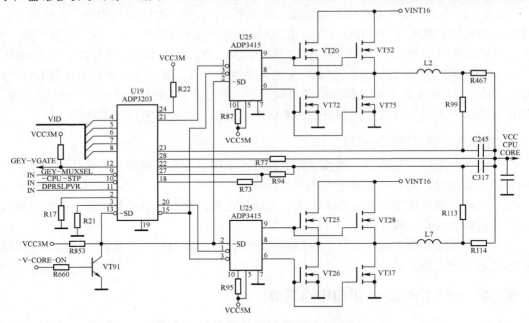

图 6-48　IBM T30 CPU 核心电压供电简化电路

　　VCC3M 经 R22 给 ADP3203③脚供电，VCC5M 给 ADP3415⑤脚供电，并经 R87、R95 给 ADP3415⑩脚 BST 提供 5 V 高端驱动器电压。VINT16 给高端门场管 VT20、VT52、VT25 和 VT28 供电。

　　VID 信号（4～0）为 CPU 核心识别电压，输入到 ADP3203 的④～⑧脚，_SD 信号为芯片关机信号，该信号分别送到 ADP3203 的⑬脚和 ADP3415 的②脚，低电平关闭 ADP3203 和 ADP3415；高电平开启 ADP3203 和 ADP3415。⑨、⑩、⑪脚的 BOM#、DSLP#和 DPRSLP 为节省电力的设置脚，其电压值决定 ADP3203 的工作状态，影响输出的核心电压值。

　　当输出电压合乎要求和趋于稳定后，ADP3203 的⑫脚输出 PWRGD 信号，表示 CPU 核心电压已准备好。

3．CPU 供电电路故障检修

　　CPU 供电电路有故障时，CPU 工作也不会正常，表现为开机不亮。用可调电源监控笔记本电脑电流，按下开机键，笔记本电脑可以开机，但电流达到 0.4～0.6 A 处就停止上升。

6.3.5　利用可调电源判别故障

　　可调电源有 10 V/2 A、20 V/3 A 和 30 V/5 A 等多种，维修笔记本电脑可选用 30 V/5 A 可调电源。可调电源又分为数字式的指针式两种，数字式可调电源更精确，指针式可调电源也能满足测量要求。

　　在可调电源输出端并联一只电压表，串联一只电流表，可同时观察输出电压和输出电流。笔记本电脑在启动时，是按照一定工作顺序，依次启动单元电路。因此在启动过程中，由于启动设备的不断增加，电流也会不断增大。当所有设备启动完毕，电流稳定在一定值。所以，通过观察电流值，推断笔记本电脑开机时启动了哪些设备，从而准确判别故障部位。

1．根据观察待机状态的电流判别故障

插上可调电源，不按开机键，此时笔记本电脑处于待机状态，电流最小，可调电源的电流表指针轻微摆动在 0.1～0.2 A。对于有故障的笔记本电脑，电流变化如下：

（1）电流表指针不摆动。说明电流为零，应检查待机电路和保护隔离电路。

（2）电流表指针摆动突然变化。说明主供电严重短路，可能滤波电容击穿，稳压二极管击穿。

（3）电流表指针摆动不停。说明电流变化大，可能是电池损坏或滤波电容漏电。

2．根据观察开机状态的电流判别故障

按下开机键后，启动笔记本电脑，根据可调电源电流表指针可以初步判别故障。

（1）电流表指针不摆动。说明系统单元电路不工作，或没有 3.3 V/5 V 电压，可能是待机电路损坏，或系统单元电路的控制信号不工作。

（2）电流表指针摆到正常 0.6～1 A 处，但马上掉回到原位置，这又称开机掉电。说明硬启动正常，可能是电源管理芯片的控制信号被中断。

（3）电流表指针摆到正常 0.6～0.8 A 处就停止上升。说明启动基本正常，但启动没有完全完成，应检查时钟电路及 CPU 工作条件。

（4）电流过大。说明 3.3 V/5 V 的负载或 CPU 供电短路。

（5）电流表指针停在 0.8 A 处不动或摆动一下就停住。表示硬启动完成，但不能进入软启动第一步（检查 CPU 与 BIOS）。应检查 CPU、CPU 缓存、南桥、北桥、BIOS 或时钟电路。

（6）电流表指针停到 0.8 A 处摆动两下就停住。表示硬启动完成，软启动第一步也正常，但不能进入软启动第二步（内存自检）。应检查内存条相关电路。

（7）电流表指针停到 0.8 A 处摆动三下就停住。表示硬启动完成，软启动第一、二步均正常，但不能进入软启动第三步（显卡自检），需检查显卡相关电路。

6.3.6 拓展知识

1．IBM T30 时钟电路检修

1）时钟信号

笔记本电脑内部数据交换，部件间数据传输需要有相同的频率。而不同总线的工作频率不一样，时钟电路产生频率为 14.318 MHz 的基准时钟，然后再给各个部件分配所需频率的时钟。

笔记本电脑主板上的时钟频率很多，有 33、48、66、75、83、100、133、150、266、333、400 和 533 MHz 等。时钟信号类型如下：

（1）系统时钟（SystemClock）。其频率与基准频率一样，均为 14.318 MHz。该时钟信号供主板上需要系统时钟的芯片和设备使用。

（2）CPU 时钟。时钟提供给 CPU 的时钟频率称为外频，有 66、75、83、100、133、150、200 MHz 等。

（3）前端总线时钟。CPU 连接到北桥芯片的总线，称为前端总线（Front Side Bus，FSB），是 CPU 输入的频率。目前，前端总线的频率有 266、333、400、533、800 MHz 等。前端总线频率越高，CPU 与北桥芯片之间的数据传输能力越强。

（4）PCI 总线时钟。PCI 总线时钟用于为 PCI 总线插槽上的声卡、网卡、显卡、SCSI 控制卡等设备提供时钟信号。当 FSB 频率小于 100 MHz 时，PCI 总线频率一般为 FSB 的 1/2；当 FSB 频率大于等于 100 MHz 时，PCI 总线频率一般为 FSB 的 1/3。

（5）南桥时钟。ICH 南桥除自身的振荡时钟频率 32.7 kHz 外，时钟电路还提供 14.318、33、48、66 MHz 的外部时钟信号。

（6）AGP 总线时钟。AGP 总线用于驱动显示电路，当 FSB 频率小于 100 MHz 时，AGP 总线频率一般等于 FSB；当 FSB 频率大于等于 100 MHz 时，AGP 总线频率一般为 FSB 的 2/3，本机 AGP 显卡的时钟频率为 66 MHz。

（7）北桥时钟。通常时钟电路提供 MCH 北桥芯片 66 MHz 和 100 MHz 两种时钟。

（8）其他时钟。北桥提供 133 MHz 时钟给 DIMM 内存，南桥提供 5～50 MHz 时钟给 LAN 网络，USB 总线的时钟频率固定为 48 MHz，FWH 所需的 33 MHz 时钟由时钟电路直接提供，SIO 输入/输出芯片所需时钟 14.318、33 和 48 MHz 由时钟电路提供。

2）IBM T30 时钟电路

IBM T30 时钟简化电路如图 6-49 所示，它主要由 C9827 时钟芯片组成，包括 OSC 振荡电路、PLL 锁相环电路、控制信号电路和驱动电路。

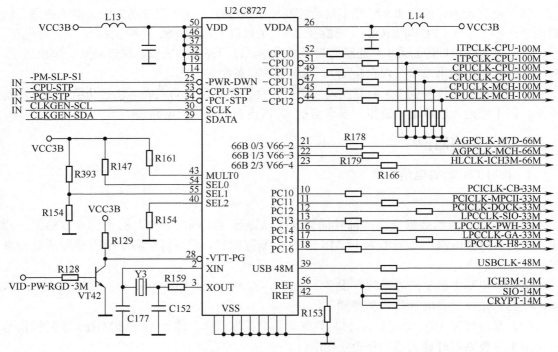

图 6-49 IBM T30 时钟简化电路

在 IBM T30 时钟电路中，C9827 有 VDD 和 VDDA 两组供电，电压均为 3.3 V。VDD 给振荡电路、PLL 和驱动电路供电，VDDA 供逻辑电路供电。

在 C9827 的②、③脚接有 14.318 MHz 的晶体 Y3，产生 14.318 MHz 基准时钟信号。时

钟输出信号有 CPC、AGP、PCI、USB、SIO、ICH 及 CRYPT 等，其输出的直流电压为 1.65 V 左右。

C9827 的⑭、⑮、⑩脚分别为 SEL0、SEL1、SEL2 引脚，即时钟频率选择引脚。

VIDPWRGD_3M 电源信号经 VT42 倒相放大后加到 C9827 的㉘脚，作为电源识别信号；从南桥输入的_PM_SLP_S1 信号，加到 C9827 的㉕脚，作为芯片是否允许工作的控制信号；从南桥输入的_CPU_STP 信号，加到 C9827 的㊽脚，作为 CPU 时钟的控制信号；从南桥输入的_PCI_STP 信号，加到 C9827 的㉞脚，作为 PCI 时钟的控制信号。

3）时钟电路维修

必须在系统供电 3.3 V、5 V 和 CPU 内外核都正常的情况下，才考虑排除时钟电路故障。此时电源指示灯亮，CPU 风扇转，也可以正常开关机。不拆机的情况下，采用可调监控电源，电流指示在 0.8 A 左右。

时钟电路故障原因有：

（1）无 3.3 V 供电电压。3.3 V 来自系统单元供电电路。

（2）基准时钟（14.318 MHz）晶体损坏。用万用表测晶体两端应有 0.03 V 左右的电压差，用示波器测两端有波形，否则视为晶体损坏。

（3）时钟芯片损坏。时钟输出脚均接有 33 Ω 小电阻，可在此小电阻上测量是否有时钟电压输出，此电压一般为 3.3 V 供电电压的一半，即 1.65 V。用示波器观察应有 $2V_{P-P}$ 幅度波形。

2. 笔记本电脑启动电路检修

按下开机键后，就开始启动了。启动过程分为硬启动和软启动两步。硬启动是指给笔记本电脑加电，产生各芯片所需的时钟信号和复位信号。软启动是指 BIOS 的 POST 信号自检过程。所有电脑均先硬启动而后软启动。维修人员可根据启动进度，确定哪些单元电路正常，哪些单元电路不正常。

1）硬启动工作过程

笔记本电脑硬启动过程如图 6-50 所示，硬启动过程简述为：供电→时钟→复位。

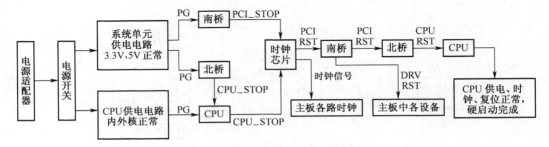

图 6-50　笔记本电脑硬启动过程

（1）供电产生过程。接上电源的适配器，将 16 V 主电压送到笔记本电脑，当按下开机键，系统单元供电电路将 16 V 主电压转换成 3.3 V 和 5 V 电压，给各单元电路供电；经 CPU 单元供电电路产生 CPU 的核心电压，为 CPU 供电。

（2）时钟信号产生。只有时钟电路供电和 PG 信号正常，时钟电路才能正常工作。当 CPU

产生的 CPU_STOP 信号和南桥产生的 PCI_STOP 信号送到时钟芯片，时钟电路才开始工作。时钟电路工作后，产生各路时钟信号，送往主板上各单元电路。

（3）复位信号产生。复位信号（RST）的作用是对数字电路清零。南桥收到时钟信号后，南桥复位电路开始工作，产生各种复位信号，其中 DRV_RST 去复位主板上各路设备，如键盘、光驱和插槽等；另一路 PCI_RST 信号去复位北桥，再由北桥芯片产生 CPU_RST 信号去复位 CPU，当 CPU 完成复位，就完成了硬启动。

2）硬启动故障检修

硬启动未完成的结果是 CPU 不工作，CPU 不工作的原因是工作条件不满足，原因有：

（1）3.3 V、5 V 及 CPU 内核供电不正常。

（2）时钟信号、复位信号中任意一个不正常。

（3）总线故障，包括地址总线、数据线漏电、断裂、南北桥损坏等。

（4）CPU 座虚焊、北桥虚焊。

3）软启动工作过程

硬启动完成加电、产生时钟与复位信号后，电脑进入软启动状态，即 BIOS 开始工作，将控制权交给 BIOS 的 POST 程序。由 POST 程序检查硬件设备的工作状态和配置信息，产生各种总线信号，初始化硬件，点亮显示器，然后将控制权交给操作系统，完成软启动。

3．IBM T30 显示系统检修

笔记本电脑显示系统由成像系统和背光系统组成，成像系统本身不发光，犹如黑夜中的物体图像。背光系统用于照亮屏上的图像，犹如日光灯。

1）液晶屏成像系统原理

液晶屏成像系统如图 6-51 所示。笔记本电脑一般采用板载显卡，输出 VGA、TTL 两种图像信号，VGA 信号送 VGA 接口，用于投影仪显示。TTL 图像信号送 LVDS 芯片，将 TTL 信号转换成 LVDS 信号，经过屏线送到液晶屏内的 LCDS 芯片，将 LVDS 信号转化回 TTL 信号，然后经 LCD 控制芯片控制行列驱动芯片，实现图像显示。

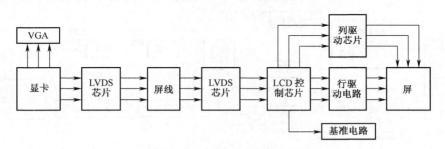

图 6-51　液晶屏成像系统

将 TTL 信号转化为 LVDS 信号后传送到液晶屏的优点是：屏线少；传输速度快；抗干扰性能好；扩展能力强。

2）液晶屏成像系统检修

通常液晶屏的 LVDS 芯片、LCD 控制芯片和行列驱动电路的显示屏制作成为一个整体，

损坏时需一起更换。部分笔记本电脑的显示核心芯片直接输出 LVDS 信号，因此液晶屏中没有 LVDS 芯片。

（1）屏线断：当笔记本电脑打开或关闭时，屏线经常弯曲，屏线局部断裂也经常发生。可用万用表 R×1 Ω挡测量屏线内每根导线的电阻值，正常时应为 0 Ω，部分屏线串有电阻。或将屏线对着灯光观察，看导线是否存在断裂。部分屏线上缠有保护的胶带或金属带，不宜观察。

（2）白屏：白屏即有背光无图像，其主要原因是显卡内 LVDS 芯片损坏；主板屏线接口虚焊；屏线断裂；屏上 LVDS 芯片损坏。排除故障方法：白屏说明背光系统正常，可外接显示器，若正常，说明故障在成像系统，若仍白屏，说明故障在显卡。

（3）花屏或缺色：显卡电路故障；屏线中的红、绿、蓝中某一条线断裂；屏本身损坏。排除故障方法：首先外接显示器，若正常，说明故障在屏，可拆开屏框检查，一般是屏线断裂或屏线接口虚焊；若仍不正常，说明故障的显卡。

（4）亮线、亮带、亮点、暗点：如果冷启动后故障消失，则说明是应用软件故障；若冷启动后故障仍存在，则为液晶屏故障，通常是源矩阵显示电极局部损坏，应更换 LVD 组件。

3）液晶屏背光系统原理

液晶屏的背光系统由高压板供电与控制电路、高压板、灯管、光导板组件及屏组成，如图 6-52 所示。高压板故障率较高，损坏后若无法购买原装高压板，就需要维修主高压板。大多数笔记本电脑高压板采用 BA9700A 芯片，下面以此例介绍高压板原理。

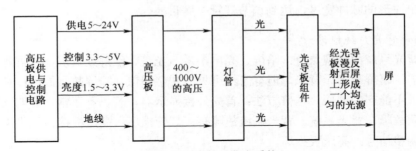

图 6-52　液晶屏背光系统

BA9700A 内部结构如图 6-53 所示。①脚为定时基准电压输入，②脚外接定时电阻，③脚外接定时电容，④脚为反馈元件，⑤脚为控制信号输出，⑥脚为空脚，⑦脚接地，⑧脚为电源输入，⑨脚为空脚，⑩脚为电源控制，⑪脚为基准电压输出，⑫脚为 1/2 基准电压输入，⑬脚为 1/2 基准电压输出，⑭脚为运放同相输入。

BA9700A 芯片应用电路如图 6-53 所示。由 VT3、VT4 组成双管推挽式自激振荡器，T 是振荡升压变压器，其中 4、5 绕组是正反馈绕组，6、7 绕组产生 400～1 000 V 高频交流电压，使灯管点亮。当按下开机键后，显卡向 BA9700A 的⑩脚发出一个 3.3 V 高电平，使芯片内部线性电压模块工作，从⑪脚输出基准电压，内部振荡电路也工作，经脉宽调制比较及达林顿管放大，从⑤脚输出控制信号。BA9700A 的⑤脚输出高电平时，VT5 截止，双管推挽式自激振荡器无供电；BA9700A 的⑤脚输出低电平时，VT5 导通，双管推挽式自激振荡器有供电。亮度控制信号使 VT1 的导通能力发生变化，通过 R21、R5 影响 BA9700A 的⑭脚，从而

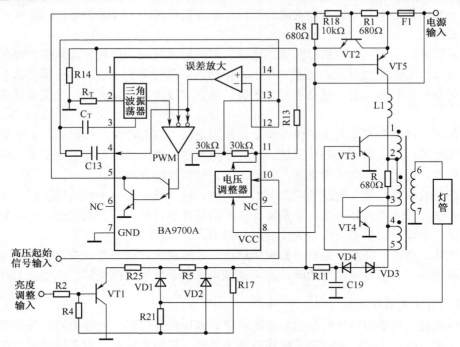

图 6-53　BA9700A 内部结构及应用电路

调整⑤脚输出波形的脉冲宽度，达到调节灯管亮度目的。

　　4）液晶屏背光系统检修

　　液晶屏背光系统故障现象有：暗屏、亮度不足、光斑、红屏或黄屏、黑屏等。

　　（1）暗屏：暗屏是指无背光，但有隐约可见的文字图像。暗屏故障原因：灯管两端接触不良；高压板不能产生高压。维修方法：首先外接显示器，若仍不正常，说明故障在显卡；若正常，说明故障在背光系统。背光系统故障有：灯管损坏；高压板接口无供电电压、控制信号或亮度调整信号；高压板损坏。

　　（2）亮度不足：亮度不足是指在光线直射或光线很强时，图像就消失了。原因有：笔记本电脑陈旧，背光板或灯管性能下降；高压板有故障。可用一个数千欧的电阻，一端接高压板中的亮度调整端，另一端接地（或接供电电压），即人为改变亮度调整电压，观察高压输出是否升高，若高压输出没有升高，说明高压升高较大而亮度变化不大，则可能需要换屏。

　　（3）光斑：光斑是指屏后有阴影或屏脏、显示模糊、背光较暗，调整无效。原因有：光导板老化；光导板内部有灰尘；光导板受潮等。维修方法：更换光导板组件。

　　（4）红屏或黄屏：是指屏的颜色泛红或泛黄，背光较暗，调整无效。原因有：灯管老化。维修方法：更换灯管。

　　（5）黑屏：若外接显示器正常，说明屏的成像系统和背光系统都没有工作。原因有：主板屏线插头虚插；主板屏线接口虚焊；多条屏线断裂。维修方法：打开 C 壳，检查屏线插头；测屏线接口供电及信号，测高压板接口供电及信号。

知识梳理与总结

　　笔记本电脑属于高档数码电子产品，随着社会拥有量的增大，维修问题日益突出。学习笔记本电脑维修技术，是很有用处的。

　　笔记本电脑有软件故障、硬件故障两大类，软件故障是笔记本电脑维修中最简单的，一般从事系统维护的技术员都能做。因此，项目6将重点放在硬件故障维修上。

　　硬件维修首先要拆卸笔记本电脑，这是维修人员的一项基本功。由于笔记本电脑体积小、结构紧凑，拆装很有技巧，不正确的拆卸方法很容易损坏笔记本电脑外壳。任务6-1简单介绍了笔记本电脑的硬件组成，重点是对学生进行笔记本电脑拆装训练。

　　板卡级维修就是检测某个板（主板等）卡（显卡、声卡等）是否损坏，通过更换板卡来排除故障。这种维修技术要求不高，能懂一些简单的原理、能拆装笔记本电脑、能购到待更换的新板卡，就能修复笔记本电脑。板卡级维修的重点是如何准确地判别板卡已损坏。

　　芯片级维修就是利用万用表、电烙铁以及示波器等专用工具，检测某个电子元件或芯片是否损坏来修复故障。芯片级维修对维修人员要求较高，要求能分析电路的工作原理，熟练掌握焊接技术。由于芯片级维修难度大，任务6-3主要介绍电源系统的芯片级维修，其他芯片级维修作为拓展知识供选学。

思考与练习6

　　1. 笔记本电脑的内部主要包括_____等配件。

　　2. 笔记本电脑的常用接口主要有_____。

　　3. 南桥的主要功能是_____，北桥的主要功能是_____。

　　4. 笔记本电脑拆卸可分为哪几部分？

　　5. 笔记本电脑主板故障现象有哪些？

　　6. 笔记本电脑电源系统由哪些电路组成？

　　7. 下列哪项是造成笔记本电脑开机与启动故障的原因？①电源适配器或电池不供电；②光驱损坏；③开机键损坏；④主板开机电路损坏。

　　8. 下列哪项是造成笔记本电脑电源系统故障的原因？①硬盘有坏道；②电源适配器损坏；③电池损坏；④电源适配器或电池与笔记本电脑接触不良。

　　9. 硬盘常见故障原因主要有？①硬盘坏道；②硬盘供电问题；③接口电路问题；④磁头芯片损坏；⑤电动机驱动芯片损坏。

　　10. 怎样判别笔记本电脑液晶屏有故障？

　　11. 怎样判别笔记本电脑显卡有故障？

参考文献

[1] 李雄杰，施慧莉，韩包海．电视技术（第三版）．北京：机械工业出版社，2015

[2] 李雄杰．新编黑白电视机原理与维修．北京：电子工业出版社，2000

[3] 李雄杰．平板电视技术．北京：电子工业出版社，2007

[4] 李雄杰．遥控彩色电视机原理与维修（第二版）．北京：电子工业出版社，1999

[5] 李雄杰，叶建波．家用音响原理与检修．北京：电子工业出版社，2002

[6] 高泽涵．电子电路故障诊断技术．西安：西安电子科技大学出版社，2001

[7] 朱大奇．电子设备故障诊断原理与实践．北京：电子工业出版社，2004

[8] 劳动和社会保障部教材办公室．家用电子产品维修工——基础知识．北京：中国劳动社会保障出版社，2007

[9] 陈梓城．电子设备维修技术．北京：机械工业出版社，2008

[10] 家电维修技术精华丛书-收音机．北京：电子工业出版社，1992

[11] 欧汉文，唐学斌．笔记本电脑维修标准教程．北京：人民邮电出版社，2008

[12] 王红军．笔记本电脑维修技术实训．北京：科学出版社，2008

[13] 上海无线电三厂．晶体管收音机修理与调试．上海：上海人民出版社，1974

[14] IBM T30 维修手册

[15] 杨海祥．电子电路故障查找技巧．北京：机械工业出版社，2008

[16] 李雄杰．模拟电子技术教程．北京：电子工业出版社，2004

[17] 韩雪涛．智能手机维修就这几招．北京：人民邮电出版社，2013

[18] 三星智能手机 Galaxy S6 拆卸与组装指南